LA STRUCTURE DES RÉVOLUTIONS SCIENTIFIQUES

Du même auteur

La Tension essentielle : tradition et changement dans les sciences, Gallimard, 1990.

La Révolution copernicienne, Le Livre de poche, 1992 ; Les Belles Lettres, 2016.

Thomas S. Kuhn

LA STRUCTURE DES RÉVOLUTIONS SCIENTIFIQUES

Traduit de l'anglais (États-Unis) par Laure Meyer

Précédé d'un entretien avec Jean-Pierre Luminet

Champs sciences

Titre de l'ouvrage original :
The Structure of Scientific Revolutions
Éditeur original :
The University of Chicago Press, Chicago, Illinois, U.S.A.
Cette traduction correspond à la nouvelle édition augmentée
de 1970 et a été revue par l'auteur. Les éditions Flammarion
et l'auteur remercient le professeur Claude Savary de l'Université
du Québec à Trois-Rivières pour ses conseils dans la révision
de la traduction française.

Published 1962, Second Edition, enlarged 1970.

ISBN : 978-2-0813-9601-2

À James B. Conant
qui a été à l'origine de ce livre

Cinq questions à Jean-Pierre Luminet

Comment avez-vous découvert* La Structure des révolutions scientifiques *? Vous souvenez-vous de votre première lecture ?

Quand j'ai commencé mon métier de chercheur, je n'avais aucune culture en histoire des sciences en dehors des idées générales reçues un peu partout : à l'époque, on ne l'enseignait pas dans les cursus scientifiques et je n'avais pas fait l'effort de m'y intéresser. J'y ai fait ma première incursion par nécessité littéraire : on m'a demandé d'écrire un ouvrage de vulgarisation sur les trous noirs, et j'ai cru bon de faire un historique des conceptions de la gravitation – repartir de Galilée, Newton jusqu'à la relativité générale… C'est là que j'ai compris à quel point l'histoire des sciences était précieuse. Auguste Comte a dit : « On ne connaît pas complètement une science tant qu'on n'en sait pas l'histoire. » C'est très juste !

Le vrai déclencheur de mon intérêt pour l'histoire des sciences et l'épistémologie – c'est même plus qu'un intérêt, une véritable passion – remonte à la fin des années 1980. Au cours d'une grande expédition en Islande où j'avais tout mon temps pour lire le soir, j'ai lu *Les Somnambules* d'Arthur Koestler. C'est de l'histoire des sciences, mais pas sous la forme d'un manuel, ni romancée ; c'est un livre à la fois fort bien documenté et fort bien écrit, qui m'a fasciné. Après cela, j'ai lu les grands auteurs : Koyré, Popper, Bachelard… et Kuhn.

« Le propos de Kuhn est limpide. »

Il m'a plu immédiatement pour la très grande clarté de son discours. Clarté du langage, clarté des idées, concision : le propos de Kuhn est limpide, ce qui est à mon sens la plus grande qualité. D'autre part, cela correspondait d'assez près à des idées intuitives que je m'étais forgées au hasard de mes lectures, sans aller jusqu'à les formuler. La lecture de Kuhn a cristallisé des idées que j'avais confusément à l'esprit : ce fut un grand moment pour moi.

Pourquoi, selon vous, est-ce une œuvre si marquante ?

Parce que Kuhn y formule des idées capitales qui permettent de penser non seulement l'histoire des sciences, mais l'histoire des idées en général. Il a inventé des concepts aujourd'hui incontournables en épistémologie.

« Un paradigme est une façon de penser le monde. »

En premier lieu, la notion de paradigme. Kuhn l'utilise dans le cadre des sciences, mais on peut l'étendre beaucoup plus généralement : un paradigme est le cadre de réflexions et de pratiques d'une communauté à une époque donnée. C'est une façon de penser le monde. Le paradigme définit des problèmes et des méthodes qui sont légitimes, et en fournissant un langage commun à la communauté des scientifiques, il permet une plus grande efficacité de la pensée. Cela favorise la diffusion des idées, canalise les recherches et les investigations. Au sein d'un paradigme donné, on pratique ce que Kuhn appelle la « science normale » : une science qui progresse, de façon lente et continue, sans grande rupture.

Mais si l'on y regarde de plus près, on s'aperçoit que les recherches ne font que nourrir le paradigme qui fait consensus. Or plus le paradigme s'installe, moins il est soumis à un examen rigoureux. Et le consensus finit par se transformer en doxa – ce qui est contraire à l'idée de l'évolution et du progrès des sciences. C'est pour cela qu'il y a si peu de révolutions scientifiques : les paradigmes se laissent difficilement bouleverser.

Dans le domaine des sciences de l'univers, par exemple, il n'y en a pas eu beaucoup. Le premier grand paradigme est le paradigme aristotélicien ; il a perduré pendant presque deux mille ans. Vient ensuite la révolution copernico-galiléenne, puis la révolution newtonienne – la deuxième pouvant à certains égards être considérée comme le couronnement de la première. Enfin, la double révolution relativiste et quantique, au XXe siècle. Trois révolutions, donc, en vingt-quatre siècles…

De quelle manière Kuhn peut-il encore nous éclairer ? Diriez-vous qu'il faut connaître l'histoire des sciences pour en faire ?

C'est même absolument capital ! On ne peut pas se passer de l'histoire des sciences pour bien comprendre la science d'aujourd'hui. Mais il faut bien voir que Kuhn ne fait pas seulement de l'histoire des sciences : il fait de l'épistémologie. Et ses travaux permettent d'éclairer les grandes problématiques contemporaines, non seulement dans le domaine des sciences, mais aussi au-delà.

Si l'on s'en tient aux sciences de l'univers, on s'aperçoit que règnent aujourd'hui certains paradigmes qui correspondent à ce que décrit Kuhn : nous vivons l'une de ces périodes de la « science normale » qui patinent parfois. Par exemple, le paradigme de l'inflation en cosmologie, ou le paradigme de la théorie des cordes : plutôt que de s'engouffrer dans ces voies pour multiplier les publications, il est bon de prendre du recul, ce qui nécessite de savoir ce qu'est un paradigme et d'être conscient de la difficulté d'en sortir.

« Nous sommes au cœur d'une tentative de révolution ! »

Certains s'y efforcent : les physiciens théoriciens qui travaillent aujourd'hui sur la théorie de la gravitation quantique essaient de sortir du paradigme relativiste et quantique pour marier les deux théories, afin d'aboutir à un nouveau paradigme. Les recherches sont en cours, il n'y a rien de certain ; chacun a son approche, nous sommes au cœur d'une tentative de révolution !

Ce qui me fascine dans ces changements de paradigme, c'est qu'ils finissent par changer la vision du monde. Parfois avec retard : il y a des paradigmes qui mettent des décennies à être digérés par la communauté scientifique, et pratiquement des siècles à être ingérés dans la culture commune. Les décalages peuvent être extravagants : le paradigme copernico-galiléen lui-même n'est toujours pas complètement accepté, une partie de la population n'admet pas que c'est la Terre qui tourne autour du Soleil. Alors ne parlons pas du paradigme relativiste et quantique…

Plusieurs de vos romans sont consacrés à des hommes qui ont révolutionné la science, dont Copernic, Kepler, Galilée et Newton : les travaux de Kuhn ont-ils guidé votre plume ?

Mes romans traitent plusieurs aspects de ce dont parle Kuhn. Par exemple, dans *Le Rendez-vous de Vénus*, je raconte l'expédition du XVIIIe siècle chargée de mesurer la parallaxe solaire à travers l'observation du passage de Vénus : c'est de la science normale, il s'agissait de vérifier la théorie de Newton. Ce qui montre bien que même dans le contexte d'une science normale, on avance et on progresse : arriver à mesurer la parallaxe du Soleil pour la première fois a été une étape très importante.
Ensuite, dans la série des « Bâtisseurs du ciel », je me suis intéressé aux grands briseurs de paradigme. *Le Bâton d'Euclide* raconte, sur un période de mille ans, l'évolution du paradigme aristotélicien sur l'organisation du cosmos (le modèle géocentrique). J'y raconte notamment une étape fascinante de l'histoire des sciences, qu'on a oubliée – Kuhn, d'ailleurs, n'en parle pas : une tentative de brisure de paradigme qui n'a pas abouti. Au IIIe siècle avant J.-C., un certain Aristarque de Samos sème le germe de la révolution héliocentrique : avançant différents arguments, il pressent que le Soleil est au centre du système solaire et que la Terre tourne autour de lui. Mais c'était prématuré. Aristarque de Samos est accusé d'impiété, critiqué y compris par ses plus brillants contemporains ; son

traité d'origine est perdu, mais tous les comptes rendus indirects dont on dispose, chez Plutarque ou Archimède par exemple, sont négatifs. Ce n'était pas le bon moment. Il faudra attendre Copernic pour que le grand changement de paradigme se réalise.

« Changer de paradigme demande de jeter à la poubelle tout ce qu'on a fait auparavant. »

Car le contexte extérieur est décisif. Les conditions politiques, philosophiques, religieuses, le milieu social des chercheurs aussi, jouent beaucoup. À l'époque de Copernic par exemple, les écarts entre les observations astronomiques et le paradigme de Ptolémée étaient manifestes et reconnus par tous. Pourtant tout le monde, hormis un esprit révolutionnaire comme celui de Copernic, préférait fermer les yeux plutôt que de changer de paradigme. Est ici à l'œuvre un processus mental et psychologique très humain, dont parle très bien Thomas Kuhn : changer de paradigme demande de jeter à la poubelle tout ce qu'on a fait auparavant, de sorte qu'on y résiste. Comme le dit Max Planck, cité par Kuhn, pour qu'un nouveau paradigme soit accepté par la communauté il faut attendre que tous les tenants de l'ancien soient morts. Je trouve cela assez juste !

C'est ce qui se passe aujourd'hui. Prenons les théories de gravitation quantique : depuis trente ans, un consensus quasi dominant s'est créé autour de la théorie des cordes comme si c'était la seule issue possible pour concilier la mécanique quantique et la relativité générale, malgré tous les problèmes, techniques, mathématiques, physiques, épistémologiques, qu'elle pose ; pourtant les créateurs de la théorie des cordes s'y accrochent ferme. Pour en sortir, il faudra sans doute attendre de nouvelles générations, qui n'y auront pas investi toute leur carrière et toute leur énergie.

« Dans l'ombre des hommes célèbres, il y a des passeurs du savoir. »

Dernier élément décisif dans les grandes avancées de l'histoire des sciences : les passeurs. À côté des noms célèbres passés à la postérité, il y a des passeurs du savoir, qui restent dans leur ombre ; or sans eux, pas de révolution scientifique. Pour Copernic par exemple, le passeur se nomme Rheticus. L'histoire des sciences l'a presque oublié, pourtant c'est grâce à lui que Copernic s'est enfin décidé à la fin de sa vie, alors qu'il travaillait depuis trente ans sans oser écrire le moindre traité, à diffuser ses travaux. Copernic, qui détestait la controverse, avait peur d'être critiqué s'il publiait officiellement. Rheticus a donc pris les devants : c'est lui qui a écrit le premier livre d'astronomie copernicienne, *Narratio prima*, « Le récit premier », en 1540, trois ans avant le *De Revolutionibus* de Copernic. C'est en voyant que le texte de Rheticus était relativement bien accepté que Copernic s'est mis à écrire le sien.

Pour Kepler, le passeur capital a été Michael Maestlin – encore plus oublié que Rheticus –, son professeur d'astronomie et de mathématiques à l'université de Tübingen. C'était l'un des très rares astronomes de l'époque à adopter la théorie de Copernic : sans pouvoir l'enseigner officiellement à l'université, il la dévoilait à ses élèves les plus prometteurs en cours particuliers. Il a repéré tout de suite le jeune Kepler… qui est ainsi devenu copernicien. Ainsi, c'est en quelque sorte grâce à Maestlin que Kepler a ensuite réalisé les travaux que l'on connaît.

Qu'aimeriez-vous dire à un lecteur qui découvrirait aujourd'hui ce livre pour la première fois ?

Je lui rappellerais que les révolutions dans l'histoire des sciences ne se font pas toutes seules : elles accompagnent de grands bouleversements, sociaux, politiques ou économiques. Cela éclaire ce qui se passe aujourd'hui : ne vivons-nous pas l'apparition progressive d'un nouveau paradigme ? Je sors ici de ma discipline, les sciences de l'univers : que l'on pense à l'intelligence artificielle, au transhumanisme… Ce sont des changements de paradigme radicaux, qui modifient carrément le statut de l'espèce humaine. Et il est bon qu'on y réfléchisse : dans quel type de paradigme essaie-t-on de nous entraîner ?

Jean-Pierre Luminet,
astrophysicien, directeur de recherches au CNRS

Préface

L'essai qui suit est la première publication complète d'un projet dont l'origine remonte à près de quinze ans. À cette époque, j'avais passé mes examens de physique théorique et j'entrevoyais déjà la fin de mon mémoire. Par un heureux hasard, on me demanda de collaborer à un enseignement universitaire expérimental de physique pour des non-scientifiques. Ce fut mon premier contact avec l'histoire des sciences. À ma grande surprise, ce contact avec des théories et des pratiques scientifiques dépassées mina en profondeur certaines de mes conceptions fondamentales sur la nature de la science et les raisons de son succès particulier.

Ces conceptions, je les avais tirées en partie de ma formation scientifique elle-même, en partie d'un intérêt ancien et spontané que je portais à la philosophie des sciences. Or, quelles que fussent leur utilité pédagogique et leur plausibilité abstraite, ces notions ne s'adaptaient pas du tout à l'entreprise que révélait l'étude historique. Pourtant elles étaient et sont à la base de nombreuses discussions sur la science ; les invraisemblances que je leur découvrais semblaient donc mériter vraiment qu'on s'y attache. Il en résulta un changement total dans mes projets de carrière : je passais de la physique à l'histoire des sciences puis, graduellement, de problèmes purement historiques je revins aux préoccupations plus philosophiques qui m'avaient à l'origine conduit à l'histoire. À l'exception de quelques articles, cet essai est le premier, parmi mes œuvres publiées, où ces anciennes préoccupations tiennent la première place. Il constitue parfois une tentative pour expliquer à moi-même et à mes amis comment j'en suis arrivé à passer de la science à son histoire.

Une première possibilité de poursuivre en profondeur certaines des idées exposées ci-dessous m'a été fournie par une bourse de trois ans de la Society of Fellows de l'université de Harvard. Sans cette période de liberté, passer à un nouveau domaine d'étude m'aurait été beaucoup plus difficile, peut-être impossible. Une partie de mon temps durant ces années a été consacrée à l'histoire proprement dite des sciences. J'ai poursuivi en particulier l'étude des œuvres d'Alexandre Koyré et abordé pour la première fois celles d'Emile Meyerson, Hélène Metzger et Anneliese Maier [1]. Ce groupe a montré avec une clarté particulière ce que c'était que de penser scientifiquement à une époque où les canons de la pensée scientifique étaient très différents de ceux qui sont courants aujourd'hui. Bien que me paraissent de plus en plus discutables certaines de leurs interprétations historiques particulières, leurs œuvres et le livre de A. O. Lovejoy, *The Great*

1. M'ont particulièrement influencé : les *Études galiléennes* d'Alexandre Koyré (3 vol., Paris, 1939) ; Emile Meyerson, *Identité et réalité*, trad. Kate Loewenberg, New York, 1930 ; Hélène Metzger, *Les Doctrines chimiques en France du début du XVIIe à la fin du XVIIIe*, Paris, 1923 et *Newton, Stahl, Boerhaave et la doctrine chimique*, Paris, 1930 ; Anneliese Maier, *Die Vorläufer Galileis im XIV Jahrhundert* (« *Studien zur Naturphilosophie der Spätscholastik* », Rome, 1949).

Chain of Being, ont joué un rôle capital, immédiatement après les textes originaux, dans la formation de ma conception de ce que peut être l'histoire des idées scientifiques.

J'ai cependant passé beaucoup de temps durant ces années à explorer des domaines apparemment sans liens avec l'histoire des sciences, mais où la recherche révèle maintenant des problèmes semblables à ceux que l'histoire me proposait. Une note explicative rencontrée par hasard me fit connaître les expériences de Jean Piaget explorant les différents univers de l'enfant qui grandit et le processus de transition qui permet de passer de l'un à l'autre [1]. L'un de mes collègues me fit lire les articles de psychologie de la perception, en particulier ceux des psychologues gestaltistes ; un autre m'initia aux spéculations de B. L. Whorf à propos des effets du langage sur notre conception du monde. W. V. O. Quine me fit apprécier les énigmes philosophiques que pose la distinction entre l'analytique et le synthétique [2]. Sans ce genre d'exploration au hasard que permet la Society of Fellows je n'aurais jamais rencontré la monographie presque inconnue de Ludwig Fleck, *Entstehung und Entwicklung einer wissenschaftlichen Tatsache* (Bâle, 1935), essai qui anticipait nombre de mes idées. Le

1. Du fait qu'ils exposent des concepts et des processus qui se dégagent directement de l'histoire des sciences, deux domaines dans les recherches de Piaget se sont révélés particulièrement importants : *La Causalité physique chez l'enfant*, Paris, 1927, et *Les Notions de mouvement et de vitesse chez l'enfant*, Paris, 1946.

2. Les articles de Whorf ont été réunis par John B. Caroll dans *Language, thought and reality – selected writings of Benjamin Lee Whorf* (New York, 1956). Quine a présenté ses vues dans « Two Dogmas of Empiricism » ; réimprimé dans son livre *From a Logical Point of View* (Cambridge, Mass., 1953), p. 20-46.

travail de Fleck, et aussi une remarque d'un autre boursier, Francis X. Sutton, m'ont fait comprendre que ces idées demanderaient peut-être à être rattachées à la sociologie de la communauté scientifique. Les lecteurs ne trouveront ci-dessous que peu de références à ces travaux et à ces conversations, mais je leur suis redevable à plus d'égards qu'il ne m'est possible actuellement d'analyser ou d'évaluer.

Durant ma dernière année de bourse, je fus invité à faire des conférences pour l'Institut Lowell de Boston, première occasion pour moi de mettre à l'épreuve ma conception des sciences, encore en formation, dans une série de huit conférences, en mars 1951, sur « La Recherche de la théorie en physique ». L'année suivante, je commençai à enseigner l'histoire des sciences proprement dite, et les problèmes posés par l'enseignement dans un domaine que je n'avais jamais étudié systématiquement ne me laissèrent que peu de temps pour expliciter et organiser les idées qui m'y avaient à l'origine amené. Heureusement, ces idées se révélèrent être une source d'orientation implicite et de structure pédagogique.

Je dois donc remercier mes étudiants pour des renseignements précieux sur la viabilité de mes conceptions et sur les techniques permettant de les communiquer efficacement. Les mêmes problèmes, les mêmes perspectives donnent une unité à la plupart des études, principalement historiques et sans lien apparent, que j'ai publiées depuis cette époque. Plusieurs traitent du rôle capital qu'a joué tel ou tel principe métaphysique dans la recherche scientifique créatrice ; d'autres de la façon dont les bases expérimentales d'une nouvelle théorie sont accumulées et assimilées par les tenants d'une théorie plus ancienne et incompatible. Au cours de ce processus, elles en viennent à décrire ce type de développement que j'appellerai l'*émergence* d'une nouvelle théorie ou découverte. Il y a par ailleurs d'autres liens semblables.

L'étape finale du développement de cette monographie a commencé avec une invitation à passer l'année 1958-1959 au Centre de recherches supérieures sur les sciences du comportement. Une fois de plus, il m'était permis d'accorder toute mon attention aux problèmes étudiés ci-dessous. Mais surtout, vivant dans une communauté composée en majorité de spécialistes des sciences sociales, si différents des spécialistes des sciences de la nature parmi lesquels j'avais été formé, je me trouvai en face de problèmes imprévus. En particulier, je fus frappé par le nombre et l'ampleur des divergences avouées opposant les spécialistes des sciences sociales au sujet de la nature des méthodes et des problèmes scientifiques légitimes. L'histoire, tout autant que ma propre expérience, m'amenait à mettre en doute que les spécialistes des sciences de la nature fussent en mesure d'apporter à ces questions des réponses plus précises ou plus définitives que leurs collègues des sciences sociales. Dans l'ensemble pourtant, la pratique de l'astronomie, de la physique, de la chimie ou de la biologie ne fait pas naître de ces controverses sur les faits fondamentaux qui semblent aujourd'hui endémiques parmi les psychologues ou les sociologues. C'est en essayant de découvrir l'origine de cette différence que j'ai été amené à reconnaître le rôle joué dans la recherche scientifique par ce que j'ai depuis appelé les *paradigmes*, c'est-à-dire les découvertes scientifiques universellement reconnues qui, pour un temps, fournissent à une communauté de chercheurs des problèmes types et des solutions. Une fois mise en place cette pièce de mon puzzle, le brouillon de cet essai prit rapidement forme.

Jusqu'au moment où une première version fut achevée et en grande partie revue, j'ai cru que le manuscrit paraîtrait exclusivement sous la forme d'un volume de l'*Encyclopedia of Unified Science*. Les directeurs de cette œuvre pionnière qui m'avaient d'abord sollicité, puis tenu fermement à ma promesse, attendirent finalement le résultat avec un tact et une patience extraordinaires. J'ai une grande dette envers eux, en particulier envers Charles Morris qui me stimula particulièrement et me conseilla à propos de mon manuscrit. Les limites restreintes de l'encyclopédie m'obligèrent cependant à présenter mes vues sous une forme extrêmement condensée et schématique. Bien que des événements ultérieurs aient atténué ces restrictions et permis une publication simultanée indépendante, ce travail reste un essai plutôt que le livre complet que mon sujet exigera finalement.

Pourtant, mon objectif étant avant tout de plaider pour un changement dans la perception et l'évaluation des données familières, le caractère schématique de cette première présentation n'est pas forcément un inconvénient. Les lecteurs, que leurs propres recherches auront préparés au genre de réorientation préconisé ici, trouveront même peut-être que la forme de l'essai est plus suggestive et plus facile à assimiler. Mais elle a ses désavantages, qui justifieront peut-être que j'expose dès le début quels compléments, tant en ampleur qu'en profondeur, j'espère inclure finalement dans une version plus longue de ce livre. On dispose de beaucoup plus de témoignages historiques que je n'ai pu en exploiter ici et ces témoignages viennent de l'histoire de la biologie aussi bien que de la physique. Si j'ai décidé dans cet essai de traiter exclusivement de ces dernières, c'est en partie pour lui donner plus de cohérence et en partie à cause de mes compétences actuelles. De plus, la conception de la science qui sera développée ici fait croire à la fécondité potentielle de nouveaux genres de recherches, historiques et sociologiques. Par exemple, la manière dont les anomalies, les faits contraires à toute attente, attirent l'attention croissante d'un groupe scientifique serait à étudier en détail, de même que l'apparition possible de crises lorsque les tentatives répétées pour qu'une anomalie se conforme à la règle aboutissent régulièrement à un échec. Autre exemple : si j'ai raison de dire que chaque révolution scientifique modifie la perspective historique du groupe qui la vit, ce changement de perspectives devrait alors influer sur la structure des manuels et des publications de recherches postrévolutionnaires. Un des effets de ce changement – une nouvelle distribution des textes techniques cités dans les notes des comptes rendus de recherches – devrait être étudié en tant qu'indice possible de l'avènement d'une révolution.

La nécessité de condenser mon texte à l'extrême m'a aussi forcé à supprimer la discussion d'un certain nombre de problèmes primordiaux. Ma distinction entre les périodes précédant et suivant l'établissement du paradigme dans le développement d'une science est, par exemple, beaucoup trop schématique. Chacune des écoles dont la concurrence caractérise la période antérieure est guidée par quelque chose qui ressemble beaucoup à un paradigme ; il y a des circonstances, que toutefois je crois rares, où deux paradigmes peuvent coexister en paix durant la période postérieure. La simple existence d'un paradigme n'est pas un critère suffisant pour que l'on trouve la transition évolutive étudiée au chapitre premier. Et, ce qui est plus grave, je n'ai rien dit du rôle du progrès technique et des conditions extérieures du développement des sciences. Il suffit cependant de penser à Copernic et au calendrier pour voir que les conditions extérieures peuvent aider à faire d'une simple anomalie une cause de crise aiguë. Le même exemple illustrerait de quelle façon les conditions extérieures à la science peuvent influer sur l'éventail des possibilités offertes à celui qui cherche à mettre fin à une crise en proposant telle ou telle réforme révolutionnaire [1]. Une prise en considération explicite d'influences extérieures de ce genre ne modifierait pas, me semble-t-il, les thèses principales développées dans cet essai, mais elle lui ajouterait une dimension analytique de première importance pour la compréhension du progrès scientifique.

Enfin, et ce point est peut-être le plus important de tous, l'espace restreint dont je disposais a sévèrement affecté la manière dont j'ai traité les implications philosophiques de cette conception des sciences orientée dans un sens historique. Il est évident que ces implications

1. Ces faits sont étudiés dans : T. S. Kuhn, *The Copernican revolution : Planetary astronomy in the development of western thought* (Cambridge, Mass, 1957), p. 122-132, 270-271. D'autres effets de la situation intellectuelle et économique sur le développement scientifique sont exposés dans mes articles : « Conservation of Energy as an Example of Simultaneous Discovery », « Critical Problems in the History of Science », éd. Marshall Clagett (Madison, Wis., 1959) p. 321-356 ; « Engineering Precedent for the Work of Sadi Carnot », *Archives internationales d'histoire des sciences*, XIII (1960), p. 247-251 ; et « Sadi Carnot and the Cagnard Engine », *Isis*, LII (1961), p. 567-674. C'est donc seulement par rapport aux problèmes étudiés dans cet essai que je considère comme mineur le rôle des facteurs extérieurs.

existent, et j'ai essayé à la fois de les signaler et de citer des références pour les plus importantes. Mais, ce faisant, je me suis généralement interdit de discuter en détail les différentes positions prises par les philosophes contemporains sur les questions correspondantes. Là où j'ai témoigné du scepticisme, c'est plus souvent l'attitude philosophique que je jugeais plutôt que ses expressions plus précises. De ce fait, certains de ceux qui connaissent bien l'une de ces positions et l'ont choisie comme cadre de travail auront peut-être l'impression que je n'ai pas compris leur point de vue. Impression fausse, je crois, mais cet essai n'est pas calculé pour les convaincre. Il y aurait fallu un livre beaucoup plus long et très différent.

Les détails biographiques au début de cette préface auront dit ma reconnaissance pour les dettes principales que j'ai envers les œuvres d'érudition et les institutions qui m'ont aidé à donner forme à ma pensée. Quant au reste de mes dettes, j'essaierai de m'en libérer par des citations dans les pages qui suivent. Mais ce que j'ai dit ou dirai ne pourra jamais que suggérer le nombre et la nature de mes obligations personnelles envers tous ceux dont les suggestions et les critiques ont, à un moment ou un autre, soutenu et dirigé mon développement intellectuel. Trop de temps s'est écoulé depuis que les idées exposées dans cet essai ont commencé à prendre forme ; une liste de tous ceux qui pourraient à juste titre trouver quelques preuves de leur influence dans ces pages serait presque aussi longue qu'une liste de mes amis et connaissances. Dans ces conditions, je dois me contenter de mentionner les quelques influences les plus significatives que même une mémoire défectueuse ne supprimera jamais entièrement.

C'est James B. Conant, alors directeur de l'université de Harvard, qui m'initia pour la première fois à l'histoire des sciences et se trouva ainsi à l'origine de la transformation de mes conceptions sur la nature du progrès scientifique. Depuis lors, il m'a toujours généreusement fait bénéficier de ses idées, de ses critiques et de son temps – y compris le temps nécessaire pour lire mon manuscrit et suggérer d'importants remaniements. Leonard K. Nash, avec qui, cinq ans durant, j'ai professé ce cours orienté vers l'histoire qu'avait créé le Dr Conant, a été un collaborateur encore plus actif durant les années où mes idées ont commencé à prendre forme, et il m'a beaucoup manqué durant les étapes ultérieures de leur développement. Heureusement, après mon départ de Cambridge, son rôle d'interlocuteur fécond fut assumé par mon collègue de Berkeley, Stanley Cavell. J'ai toujours été encouragé par le fait que Cavell, philosophe particulièrement préoccupé d'éthique et d'esthétique, ait abouti à des conclusions qui s'accordent si bien aux miennes. Il est d'ailleurs la seule personne avec qui j'aie jamais pu tenter d'explorer mes idées en parlant à demi-mot. Cette compréhension particulière lui a permis de m'aider à franchir ou contourner plusieurs obstacles majeurs, au moment où je préparais mon premier manuscrit.

Depuis ce premier brouillon, beaucoup d'autres amis m'ont aidé au cours des rédactions ultérieures. Ils me pardonneront, je l'espère, si je ne nomme que quatre d'entre eux dont les contributions se sont révélées les plus décisives et les plus fécondes : Paul K. Feyerabend de Berkeley, Ernest Nagel de Columbia, H. Pierre Noyes du Lawrence Radiation Laboratory, et mon élève, John L. Heilbron, qui a souvent travaillé en liaison étroite avec moi pour la version finale de l'ouvrage. J'ai trouvé toutes leurs réserves et suggestions extrêmement utiles, mais je n'ai aucune raison de croire (j'aurais plutôt des raisons de douter) qu'eux-mêmes ou les autres amis que j'ai mentionnés approuvent dans sa totalité le présent livre.

Les remerciements que j'adresserai pour finir à mes parents, ma femme et mes enfants seront d'un ordre assez différent. Par des processus que je serai probablement le dernier à reconnaître, chacun d'eux a apporté sa contribution intellectuelle à mon travail. Mais ils ont aussi, à des degrés variés, fait quelque chose de plus important : ils m'ont permis de m'y consacrer et m'y ont même encouragé. Tous ceux qui se sont attaqués à un projet semblable au mien sauront ce que cela leur a parfois coûté. Je ne sais comment les remercier.

T. S. K.

Berkeley, Californie, février 1962

Introduction

Un rôle pour l'histoire

L'histoire, si on la considérait comme autre chose que des anecdotes ou des dates, pourrait transformer de façon décisive l'image de la science dont nous sommes actuellement empreints. Cette image a été tirée en grande partie, même par les scientifiques, de l'étude des découvertes scientifiques, telles qu'elles sont rapportées dans les classiques et, plus récemment, dans les manuels où chaque nouvelle génération scientifique apprend la pratique de son métier. Il est cependant inévitable que le but de tels livres soit de persuader et d'instruire ; le concept de science qu'on en tirerait n'a pas plus de chances de refléter la recherche qui leur a donné naissance que n'en aurait l'image d'une culture nationale tirée d'un prospectus de tourisme ou d'un manuel de langue. Cet essai se propose de montrer qu'ils nous ont égarés sur des points fondamentaux, et d'esquisser de la science la conception toute différente qui se dégage du compte rendu historique de l'activité de recherche elle-même.

Pourtant, même en partant de l'histoire, ce nouveau concept ne se révélera pas de lui-même si, en recherchant et dépouillant les données historiques, on continue à s'assigner pour but de répondre aux questions posées par les conceptions stéréotypées et a-historiques que l'on tire des manuels scientifiques. Ceux-ci, par exemple, semblent souvent sous-entendre que le contenu de la science se limite aux seules observations, lois et théories décrites dans leurs pages. Avec une régularité presque aussi grande, on fait dire à ces livres que les méthodes scientifiques sont uniquement celles qui sont illustrées par les techniques expérimentales utilisées pour obtenir les faits décrits dans les manuels, ainsi que les opérations logiques effectuées pour rattacher ces faits aux généralisations théoriques du manuel. Il en résulte une conception de la science comportant des implications profondes sur sa nature et son développement.

Si la science est l'ensemble des faits, théories et méthodes rassemblés dans les ouvrages courants, alors les savants sont les hommes qui, avec ou sans succès, se sont efforcés d'ajouter tel ou tel élément à cet ensemble particulier. Le développement scientifique devient le processus fragmentaire par lequel ces éléments ont été ajoutés, séparément ou en combinaison, au fonds commun en continuelle croissance qui constitue la technique et la connaissance scientifiques. Et l'histoire de la science devient la discipline qui retrace à la fois ces apports successifs et les obstacles qui ont gêné leur accumulation. Face au développement scientifique, l'historien semble alors avoir deux tâches principales : d'une part, déterminer par quel homme et à quel moment chaque fait, loi ou théorie scientifique a été découvert ou inventé ; d'autre part, décrire et expliquer les masses d'erreurs, de mythes et de superstitions qui ont freiné l'accumulation des éléments constituant la doctrine scientifique moderne. De nombreuses recherches ont été et sont encore orientées dans ce sens.

Récemment, cependant, quelques historiens des sciences ont éprouvé des difficultés croissantes à remplir les fonctions que leur assigne ce concept de développement par accumulation. Dans ce rôle de chroniqueurs d'un processus d'accroissement, ils découvrent que des recherches supplémentaires rendent plus difficile, et non plus simple, de répondre à des questions telles que : quand fut découvert l'oxygène ? Qui a le premier conçu la notion de conservation de l'énergie ? Certains d'entre eux pensent que ce sont là simplement des questions mal posées, que peut-être la science ne se développe pas par accumulation de découvertes et d'inventions individuelles. Simultanément, ces mêmes historiens éprouvent des difficultés croissantes à établir une distinction entre l'aspect scientifique des observations et croyances du passé et ce que leurs prédécesseurs ont étiqueté sans hésiter *erreur* et *superstition*. Plus ils étudient de près par exemple la dynamique aristotélicienne, la chimie du phlogistique ou la thermodynamique calorique, plus ils ont la certitude que ces conceptions de la nature qui furent courantes en leur temps n'étaient, dans l'ensemble, ni moins scientifiques ni davantage le produit de l'idiosyncrasie humaine que celles qui sont courantes aujourd'hui. S'il faut appeler mythes ces croyances actuellement dépassées, alors les méthodes qui ont pu conduire à ces mythes, les raisons qui ont fait tenir ceux-ci pour vrais sont bien semblables à celles qui conduisent aujourd'hui à la connaissance scientifique. Si, au contraire, il faut les ranger dans la catégorie des sciences, la science a alors contenu des ensembles de croyances absolument incompatibles avec ceux qui sont les nôtres. Face à cette alternative, l'historien doit choisir la seconde possibilité : les théories dépassées ne sont pas par principe contraires à la science parce qu'elles ont été abandonnées. Mais alors il devient plus difficile de considérer le développement scientifique comme un processus d'accumulation. La même recherche historique qui met en lumière combien il est difficile d'isoler les inventions et découvertes individuelles nous amène à douter profondément du processus cumulatif par lequel, pensait-on, ces contributions individuelles s'étaient combinées pour constituer la science.

Le résultat de tous ces doutes et difficultés est une révolution historiographique dans l'étude de la science, bien que cette révolution n'en soit encore qu'à ses débuts. Graduellement, et souvent sans en être pleinement conscients, les historiens des sciences commencent à se poser des questions d'un genre nouveau et à tracer le développement des sciences selon des lignes différentes, souvent moins que cumulatives. Plutôt que de rechercher dans la science d'autrefois ses contributions qui seraient durables selon notre point de vue moderne, ils s'efforceront de mettre en lumière l'ensemble historique que constituerait cette science à son époque. Ils ne se posent pas de questions, par exemple, sur les rapports entre les vues de Galilée et celles de la science moderne, mais plutôt sur ce qui lie ses conceptions à celles de son groupe, c'est-à-dire ses maîtres, ses contemporains et ses successeurs immédiats. Ils insistent en outre sur la nécessité d'étudier les opinions de ce groupe du point de vue (habituellement très différent de celui de la science moderne) qui donne à ces opinions le maximum de cohérence interne et l'adaptation la plus exacte aux phénomènes naturels. Considéré à travers les ouvrages de ces historiens, le meilleur exemple en est peut-être l'œuvre d'Alexandre Koyré : la science apparaît comme une tentative assez différente de celle que présentait l'ancienne tradition historiographique. Par leurs implications tout au moins, ces études historiques suggèrent la possibilité d'une nouvelle image de la science. Cette image, nous chercherons à la préciser en explicitant certaines des implications de la nouvelle historiographie.

Quels sont les aspects de la science que ce projet fera ressortir ? Tout d'abord, par ordre d'apparition, que les directives méthodologiques à elles seules ne suffisent pas à imposer des conclusions uniques à nombre de questions scientifiques. Si on lui demande d'étudier des phénomènes électriques ou chimiques, un homme ignorant de ces domaines mais sachant ce qu'est l'esprit scientifique, peut légitimement aboutir à n'importe quelle conclusion prise dans un ensemble de conclusions incompatibles. Parmi ces conclusions légitimes, les conclusions particulières auxquelles il aboutit sont probablement déterminées par son expérience antérieure en d'autres domaines, par les hasards de ses recherches, et par sa propre formation individuelle. Quelles croyances sur les étoiles, par exemple, l'accompagnent dans l'étude de la chimie ou de l'électricité ? Parmi les nombreuses expériences concevables à propos de ce nouveau domaine, lesquelles choisira-t-il de réaliser d'abord ? Et quels aspects du phénomène complexe qui en résultera lui paraîtront particulièrement importants pour élucider la nature de la transformation chimique ou de l'affinité électrique ? Pour l'individu tout au moins, et souvent aussi pour la communauté scientifique, les réponses à de telles questions sont des contributions déterminantes au développement scientifique. Nous remarquons par exemple, au chapitre II, que les stades primitifs du développement de la plupart des sciences ont été caractérisés par une concurrence continuelle entre un certain nombre de conceptions opposées de la nature, dont chacune était partiellement dictée par la méthode et l'observation scientifiques et, en gros, compatible avec elles. Ce qui différenciait ces diverses écoles, ce n'était pas telle ou telle erreur de méthode – elles étaient toutes *scientifiques* – mais ce que nous appellerons leurs manières incommensurables de voir le monde et d'y pratiquer la science. L'observation et l'expérience peuvent et doivent réduire impitoyablement l'éventail des croyances scientifiques admissibles, autrement il n'y aurait pas de science. Mais à elles seules, elles ne peuvent pas déterminer un ensemble particulier de ces croyances. Un élément apparemment arbitraire, résultant de hasards personnels et historiques, est toujours l'un des éléments formatifs des croyances adoptées par un groupe scientifique à un moment donné.

Cet élément arbitraire n'indique pas cependant qu'une communauté scientifique puisse fonctionner sans un ensemble d'idées reçues. Il ne diminue pas non plus les conséquences de l'ensemble particulier d'idées auxquelles la communauté souscrit à un moment donné. La recherche réelle ne commence guère avant qu'un groupe scientifique estime qu'il est en possession de réponses solides à des questions telles que : quelles sont les entités fondamentales dont l'univers est composé ? Comment réagissent-elles entre elles et agissent-elles sur les sens ? Quelles questions peut-on légitimement se poser sur de telles entités et quelles techniques employer pour chercher des solutions ? Pour les sciences pleinement développées tout au moins, des réponses (ou des substituts de réponses) aux questions de ce genre sont fermement intégrées à l'initiation qui prépare l'étudiant et lui donne accès à la pratique professionnelle. C'est parce que cette éducation est à la fois rigoureuse et rigide que ces réponses en arrivent à avoir une emprise profonde sur l'esprit des scientifiques, et cette emprise est une des grandes raisons de l'efficacité particulière de l'activité normale de recherche et de la direction dans laquelle elle se développe à tel moment donné. Lorsque nous étudierons la science normale, dans les chapitres II, III et IV, nous en arriverons finalement à décrire cette recherche comme une tentative opiniâtre et menée avec dévouement pour forcer la nature à se ranger dans les boîtes conceptuelles fournies par la formation professionnelle. Nous nous demanderons simultanément si la recherche pourrait avancer sans de telles boîtes, quel que soit l'élément arbitraire intervenant dans leurs origines historiques et, éventuellement, dans leur développement subséquent.

Cependant, cet élément arbitraire est présent, et lui aussi a un effet important sur le développement scientifique, effet qui sera étudié en détail dans les chapitres V, VI et VII. La science normale, activité au sein de laquelle les scientifiques passent inévitablement presque tout leur temps, est fondée sur la présomption que le groupe scientifique sait comment est constitué le monde. Une grande partie du succès de l'entreprise dépend de la volonté qu'a le groupe de défendre cette supposition, à un prix élevé s'il le faut. La science normale supprime par exemple souvent telle nouveauté fondamentale parce qu'elle est propre à ébranler ses convictions de base. Néanmoins, tant que ces convictions conservent un élément arbitraire, la nature même de la recherche normale garantit que cette nouveauté ne sera pas supprimée pour très longtemps. Tantôt un problème normal, qui devrait être résolu au moyen de règles et de procédés connus, résiste aux assauts réitérés des membres les plus compétents du groupe dont c'est la spécialité. Tantôt, un appareillage conçu et construit dans un but de recherche normale ne réussit pas à fournir les résultats prévus et révèle une anomalie qu'aucun effort ne permet de réduire à ce qu'attendaient les spécialistes. Ainsi, et de bien d'autres manières encore, la science normale s'égare fréquemment. Et quand cela se produit – c'est-à-dire quand les spécialistes ne peuvent ignorer plus longtemps des anomalies qui minent la tradition établie dans la pratique scientifique –, alors commencent les investigations extraordinaires qui les conduisent finalement à un nouvel ensemble de convictions, une nouvelle base pour la pratique de la science. Les épisodes extraordinaires au cours desquels se modifient les convictions des spécialistes sont qualifiés dans cet essai de révolutions scientifiques. Ces bouleversements de la tradition sont les compléments de l'activité liée à la tradition de toute science normale.

Les exemples les plus évidents de révolutions scientifiques sont les épisodes fameux du développement scientifique, souvent déjà qualifiés de révolutions. C'est pourquoi, aux chapitres VIII et IX, où la nature des révolutions scientifiques est pour la première fois directement étudiée en détail, nous parlerons à plusieurs reprises des principaux moments critiques du développement scientifique que l'on associe aux noms de Copernic, Newton, Lavoisier et Einstein. Plus clairement que la plupart des autres épisodes, tout au moins dans l'histoire des sciences physiques, ils montrent bien de quoi il s'agit dans les révolutions scientifiques. Chacune d'elles a exigé que le groupe rejette une théorie scientifique consacrée par le temps en faveur d'une autre qui était incompatible. Chacune a par conséquent amené un déplacement des problèmes offerts à la recherche scientifique et des critères selon lesquels les spécialistes décident de ce qui doit compter comme un problème admissible ou comme une solution légitime. Et chacune a transformé l'imagination scientifique en un sens qu'il nous faudra finalement décrire comme une transformation du monde dans lequel s'effectuait le travail scientifique. Ces changements, ainsi que les controverses qui les accompagnent presque toujours, sont les traits caractéristiques des révolutions scientifiques.

Ces traits caractéristiques émergent avec une clarté particulière d'une étude de la révolution newtonienne ou de la révolution chimique par exemple. Cependant, l'une des thèses fondamentales de cet essai est qu'ils se rencontrent aussi dans l'étude de nombreux autres épisodes d'apparence moins révolutionnaire. Pour le groupe beaucoup plus réduit de spécialistes qu'elles touchaient, les équations de Maxwell étaient aussi révolutionnaires que celles d'Einstein, et soulevèrent donc des résistances. L'invention de théories nouvelles provoque régulièrement et à juste titre les mêmes réponses chez certains spécialistes sur les domaines desquels ces théories empiètent. Pour eux, la nouvelle théorie implique un changement dans les règles qui gouvernaient jusque-là la pratique de la science normale. D'où un retentissement inévitable sur une partie du travail scientifique qu'ils ont déjà réalisé avec succès. C'est pourquoi une nouvelle théorie, quelque particulier que soit son champ d'application, est rarement ou n'est jamais un simple accroissement de ce que l'on connaissait déjà. Son assimilation exige la reconstruction de la théorie antérieure et la réévaluation de faits antérieurs, processus intrinsèquement révolutionnaire qui est rarement réalisé par un seul homme et jamais du jour au lendemain. Rien d'étonnant si les historiens ont eu de la difficulté à dater avec précision ce long processus que leur vocabulaire les contraint à considérer comme un événement isolé.

Les inventions de théories nouvelles ne sont pas les seuls événements scientifiques dont le rôle soit révolutionnaire pour les spécialistes dans le domaine desquels ils se produisent. Les options qui gouvernent la science normale ne spécifient pas seulement quelles entités l'univers contient, mais aussi, par implication, celles qu'il ne contient pas. Il en découle, bien que ce point exige une discussion approfondie, qu'une découverte comme celle de l'oxygène ou des rayons X n'ajoute pas seulement un élément de plus aux éléments constitutifs du monde du savant. C'est bien là son effet ultime, mais auparavant il faut que la communauté professionnelle réévalue la procédure expérimentale traditionnelle, qu'elle modifie la conception des entités qui lui sont depuis longtemps familières, et, ce faisant, déplace le réseau de théories au travers desquelles elle envisage le monde. Le fait scientifique et la théorie ne sont pas catégoriquement séparables, sauf peut-être dans une tradition particulière de pratique scientifique normale. C'est pourquoi la découverte inattendue revêt une importance qui dépasse les faits, c'est pourquoi le monde du savant est qualitativement transformé en même temps qu'il est quantitativement enrichi par les nouveautés fondamentales des faits tout autant que des théories.

C'est cette conception plus large de la nature des révolutions scientifiques qui sera développée dans les pages qui suivent. Il est vrai que cet élargissement dépasse l'usage habituel. Je continuerai néanmoins à qualifier même les découvertes de révolutionnaires parce que c'est justement la possibilité de rattacher leur structure à celle d'une révolution, celle de Copernic par exemple, qui donne tant d'importance, à mes yeux, à cette conception élargie.

La discussion qui précède a indiqué comment les notions complémentaires de science normale et de révolution scientifique seront développées dans les chapitres II à X. Le reste de l'ouvrage tente de résoudre trois autres questions majeures. Au chapitre X, en étudiant la tradition des manuels, j'ai cherché à comprendre pourquoi les révolutions scientifiques ont jusqu'ici été si difficiles à voir. Le chapitre XI décrit la concurrence révolutionnaire entre les tenants de l'ancienne tradition scientifique normale et les adeptes de la nouvelle théorie. Donc il présente le processus qui devrait, dans une théorie de la recherche scientifique, remplacer les méthodes de confirmation ou d'infirmation que notre conception habituelle de la science nous a rendues familières. La concurrence entre des fractions du groupe scientifique est le seul processus historique qui amène jamais réellement le rejet d'une théorie précédemment acceptée et l'adoption d'une autre. Finalement, au chapitre XII, je me suis demandé comment un développement s'effectuant au moyen de révolutions peut être compatible avec le caractère apparemment unique du progrès scientifique. Mais à cette question ne seront données que les grandes lignes d'une réponse qui dépend de certains caractères de la communauté scientifique et exige encore beaucoup de recherches supplémentaires.

À n'en pas douter, certains lecteurs se seront déjà demandé s'il est même concevable que l'étude historique puisse effectuer la transformation que je vise ici. Tout un arsenal de dichotomies nous affirme que non. L'histoire, répétons-nous trop souvent, est une discipline purement descriptive. Or les thèses avancées ci-dessus sont souvent interprétatives et quelquefois normatives. Beaucoup de mes généralisations concernent la sociologie ou la psychologie sociale des scientifiques ; tandis que certaines au moins de mes conclusions appartiennent traditionnellement à la logique ou à l'épistémologie. Dans le paragraphe précédent, je donne peut-être même l'impression d'avoir contrevenu à la distinction contemporaine très importante entre *le contexte de découverte* et *le contexte de justification*. Ce mélange de domaines et de problèmes divers peut-il indiquer autre chose qu'une profonde confusion ?

Ayant été nourri intellectuellement de ces distinctions et d'autres du même genre, il me serait difficile de ne pas avoir profondément conscience de leur importance et de leur force. Pendant de nombreuses années, je les ai considérées comme faisant partie de la nature même de la connaissance, et je pense toujours que, convenablement refondues, elles auraient quelque chose d'important à nous apprendre. Pourtant mes tentatives pour les appliquer, même *grosso modo*, aux situations réelles, qui donnent naissance au savoir, à son acceptation, à son assimilation, les ont fait apparaître extrêmement problématiques. Plutôt que des distinctions élémentaires logiques ou méthodologiques qui seraient antérieures en somme à l'analyse de la connaissance scientifique, elles me semblent une partie intégrante d'un ensemble traditionnel de réponses fondamentales aux questions mêmes qui ont été l'occasion de leur développement. Cette situation circulaire ne leur enlève rien de leur valeur. Mais elle fait d'elles des éléments d'une théorie et, ce faisant, les soumet aux mêmes examens que ceux qui s'appliquent aux théories dans d'autres domaines. Pour que leur contenu soit plus que de l'abstraction pure, il faut alors découvrir ce contenu en les observant en liaison avec les faits qu'elles sont destinées à élucider. Comment l'histoire des sciences pourrait-elle ne pas être une source de phénomènes auxquels on puisse à juste titre demander que s'appliquent les théories sur la connaissance ?

CHAPITRE PREMIER

L'acheminement vers la science normale

Dans cet essai, le terme *science normale* désigne la recherche solidement fondée sur un ou plusieurs accomplissements scientifiques passés, accomplissements que tel groupe scientifique considère comme suffisants pour fournir le point de départ d'autres travaux. De nos jours, les manuels scientifiques élémentaires ou supérieurs rendent compte de ces accomplissements, mais rarement sous leur forme originale. Ils exposent l'ensemble de la théorie acceptée, mentionnant un plus ou moins grand nombre de ses applications réussies et comparent ces applications avec des observations et des expériences servant d'exemples. Avant que de tels livres ne deviennent courants, au début du XIXe siècle (et plus récemment encore pour les sciences nouvellement arrivées à maturité), certains textes scientifiques classiques ont joué un rôle semblable. La *Physique* d'Aristote, l'*Almageste* de Ptolémée, les *Principia* et l'*Optique* de Newton, l'*Électricité* de Franklin, la *Chimie* de Lavoisier et la *Géologie* de Lyell – tous ces livres et bien d'autres ont longtemps servi à définir implicitement les problèmes et les méthodes légitimes d'un domaine de recherche pour des générations successives de chercheurs. S'ils pouvaient jouer ce rôle, c'est qu'ils avaient en commun deux caractéristiques essentielles : leurs accomplissements étaient suffisamment remarquables pour soustraire un groupe cohérent d'adeptes à d'autres formes d'activité scientifique concurrentes ; d'autre part, ils ouvraient des perspectives suffisamment vastes pour fournir à ce nouveau groupe de chercheurs toutes sortes de problèmes à résoudre.

Les performances qui ont en commun ces deux caractéristiques, je les appellerai désormais *paradigmes,* terme qui a des liens étroits avec celui de *science normale.* En le choisissant, je veux suggérer que certains exemples reconnus de travail scientifique réel – exemples qui englobent des lois, des théories, des applications et des dispositifs expérimentaux – fournissent des modèles qui donnent naissance à des traditions particulières et cohérentes de recherche scientifique, celles par exemple que les historiens décrivent sous les rubriques d'« Astronomie de Ptolémée » (ou de Copernic), « Dynamique aristotélicienne » (ou newtonienne), « Optique corpusculaire » (ou optique ondulatoire), etc. C'est l'étude des paradigmes, dont beaucoup sont bien plus spécialisés que ceux que je viens d'énumérer, qui prépare principalement l'étudiant à devenir membre d'une communauté scientifique particulière avec laquelle il travaillera plus tard. Comme il se joint ici à des hommes qui ont puisé les bases de leurs connaissances dans les mêmes modèles concrets, son travail l'amènera rarement à s'opposer à eux sur des points fondamentaux. Les hommes dont les recherches sont fondées sur le même paradigme adhèrent aux mêmes règles et aux mêmes normes dans la pratique scientifique. Cet engagement et l'accord apparent qu'il produit sont des préalables nécessaires de la science normale, c'est-à-dire de la genèse et de la continuation d'une tradition particulière de recherche.

Comme dans cet essai le concept de paradigme se substituera souvent à diverses notions familières, il est nécessaire d'en expliquer mieux la raison. Pourquoi la performance scientifique concrète, comme point de ralliement professionnel, est-elle antérieure aux divers concepts, lois, théories et points de vue que l'on peut en faire dériver ? Dans quel sens ce paradigme commun est-il une unité fondamentale pour celui qui étudie le développement scientifique, une unité qui ne se réduit pas complètement à des éléments qui la composent logiquement et qui pourraient en tenir lieu ? Lorsque nous les rencontrerons au chapitre IV, les réponses à ces questions et à quelques autres se révéleront fondamentales pour comprendre à la fois la science normale et le concept connexe de paradigme. Cette discussion plus abstraite dépendra cependant de l'exposé préalable d'exemples de science normale et de paradigmes mis en œuvre. Ces deux concepts dépendants s'éclairent notamment si l'on remarque qu'il peut exister une certaine sorte de recherche scientifique sans paradigme ou tout au moins sans rien d'aussi défini et d'aussi impératif que ceux évoqués ci-dessus. L'acquisition d'un paradigme et des types plus ésotériques de recherche qu'il permet est un signe de maturité dans le développement de n'importe quel domaine scientifique donné.

Si l'historien, en remontant dans le temps, étudie les connaissances scientifiques concernant n'importe quel groupe choisi de phénomènes liés entre eux, il rencontrera sans doute quelque variante du processus que j'illustrerai ici par l'exemple de l'optique physique. Les manuels de physique enseignent de nos jours à l'étudiant que la lumière est constituée de photons, c'est-à-dire d'entités de la mécanique quantique qui présentent certaines caractéristiques des ondes et certaines caractéristiques des particules. Les recherches se poursuivent dans ce sens, ou plutôt dans le sens d'une caractérisation plus élaborée et mathématique dont dérive cette définition courante. Cette conception de la lumière date cependant à peine d'un demi-siècle. Avant qu'elle ne soit développée par Planck et Einstein, entre autres, au début de ce siècle, les manuels de physique enseignaient que la lumière résulte du mouvement d'une onde transversale, conception issue d'un paradigme dérivant finalement des travaux d'optique de Young et Fresnel, au début du XIXe siècle. La théorie des ondes n'était d'ailleurs pas la première qui ait su faire l'unanimité, ou presque, des spécialistes de l'optique. Au XVIIIe siècle le paradigme dans ce domaine était fourni par l'*Optique* de Newton pour qui la lumière était composée de corpuscules matériels. À la différence des premiers partisans de la théorie des ondes, les physiciens de cette époque cherchèrent des preuves de la pression exercée par les particules de lumière sur les corps solides [1].

Ces transformations successives des paradigmes de l'optique sont des révolutions scientifiques et le passage d'un paradigme à un autre par l'intermédiaire d'une révolution est le modèle normal du développement d'une science adulte. Toutefois ce processus n'était pas caractéristique de la période antérieure à l'œuvre de Newton, et c'est ce contraste qui nous intéresse maintenant. À aucun moment, de la haute Antiquité à la fin

1. Joseph Priestley, *The History and present state of discoveries relating to vision, light and colour* (Londres, 1772), p. 385-390.

du XVIIe siècle, il n'y a eu de théorie unique généralement acceptée sur la nature de la lumière, mais au contraire plusieurs écoles et cénacles concurrents dont la plupart adoptaient telle ou telle variante de la théorie épicurienne, aristotélicienne ou platonicienne. Les uns considéraient que la lumière résultait de particules émanant des corps matériels ; pour d'autres, c'était une modification du milieu entre le corps et l'œil ; d'autres enfin l'expliquaient par l'interaction du milieu et d'une émanation des yeux ; sans parler d'autres combinaisons et modifications. Chaque école puisait son autorité dans ses rapports avec une métaphysique particulière et chacune insistait, dans ses observations paradigmatiques, sur le groupe particulier de phénomènes optiques que sa théorie pouvait expliquer avec le plus de succès. Pour les autres observations, on élaborait des raisonnements *ad hoc*, ou bien le problème restait sans solution en attendant des recherches ultérieures [1].

À diverses reprises, toutes ces écoles apportèrent des contributions valables à l'ensemble de concepts, phénomènes et techniques dont Newton dégagea le premier paradigme presque uniformément accepté en optique. Toute définition de l'homme de science qui exclurait les personnalités les plus créatrices de ces diverses écoles exclura également leurs successeurs modernes. Ces hommes étaient des hommes de science. Cependant, quiconque jetterait un coup d'œil général sur l'optique avant Newton serait tenté de conclure que, bien que les spécialistes en ce domaine fussent des hommes de science, le résultat net de leur activité n'était pas encore

1. Vasco Ronchi, *Histoire de la lumière*, trad. Jean Taton (Paris, 1956), chap. I-IV.

de la science. Ne pouvant considérer comme acquis un ensemble commun de connaissances, tous ceux qui traitaient une question d'optique se sentaient contraints de tout reconstruire en partant de zéro. Ce faisant, chacun était relativement libre de choisir les observations et expériences appuyant sa théorie, puisqu'il n'y avait aucun ensemble standard de méthodes et de phénomènes qu'il se sentît contraint d'employer et expliquer. Dans ces conditions, l'argumentation des livres était souvent dirigée autant vers les théories des autres écoles que vers la nature elle-même. Ce processus n'est pas inconnu de nos jours dans un certain nombre de domaines créateurs et il n'est pas d'ailleurs incompatible avec des découvertes et des inventions valables. Mais il n'a rien du processus de développement auquel parvint l'optique après Newton et avec lequel d'autres sciences de la nature nous ont familiarisés.

L'histoire des recherches sur l'électricité dans la première moitié du XVIIIe siècle fournit un exemple plus concret et mieux connu de la manière dont une science se développe avant de trouver son premier paradigme universellement reçu. Durant ce demi-siècle, il y eut presque autant de conceptions sur la nature de l'électricité que d'expérimentateurs importants dans ce domaine, Hauksbee, Gray, Desaguliers, Du Fay, Nollett, Watson, Franklin et d'autres. Ces nombreuses conceptions de l'électricité avaient une chose en commun : elles dérivaient toutes d'une quelconque version de la philosophie mécanico-corpusculaire qui guidait toute la recherche scientifique de l'époque. De plus, elles étaient toutes des éléments de théories scientifiques réelles, de théories en partie déduites de l'expérimentation et de l'observation, et qui déterminèrent en partie le choix et l'interprétation des problèmes supplémentaires dont on entreprit l'étude. Cependant, bien que toutes les expériences concernassent l'électricité, et bien que la plupart des expérimentateurs fussent au courant des travaux de leurs confrères, leurs théories n'avaient en commun qu'un air de famille [1].

L'un des premiers groupes de théories, suivant les habitudes du XVIIe siècle, regardait l'attraction de l'électricité statique et sa génération par la friction comme les phénomènes électriques fondamentaux ; il tendait à traiter la répulsion comme un effet secondaire, dû à quelque rebondissement mécanique et à différer aussi longtemps que possible toute discussion ou recherche systématique concernant l'effet nouvellement découvert par Gray : la conduction électrique. D'autres « électriciens » (c'était le nom qu'ils se donnaient) considéraient que l'attraction et la répulsion étaient des manifestations également élémentaires de l'électricité et modifièrent en conséquence leurs théories et leurs recherches (ce groupe est en fait remarquablement réduit – même la théorie de Franklin

1. Duane Roller et Duane H. D. Roller, *The Development of the concept of electric charge : Electricity from the Greeks to Coulomb* (Harvard Case Histories in Experimental Science, Case 8 ; Cambridge, Mass., 1954) ; et I. B. Cohen, *Franklin and Newton : An inquiry into speculative newtonian experimental science and Franklin's work in electricity as an example thereof* (Philadelphia, 1956), chap. VII-XII. Pour certains détails analytiques du paragraphe qui suit dans le texte, je dois remercier mon élève, John L. Heilbron, qui m'a communiqué un article encore inédit. En attendant sa publication, on trouvera un compte rendu plus important et plus précis de l'apparition du paradigme de Franklin dans : T. S. Kuhn, « The Function of dogma in scientific research » dans le *Symposium on the history of science*, University of Oxford, 9-5 juillet 1961, édité par A. C. Crombie et qui doit être publié par Heinemann Educational Books LTD.

ne rendit jamais complètement compte de la répulsion réciproque de deux corps de charge négative). Mais ils eurent autant de difficultés que le premier groupe à rendre compte des effets de conduction, à l'exception des plus simples. Ces effets fournirent cependant le point de départ d'un autre groupe encore, pour qui l'électricité était un « fluide » capable de parcourir les conducteurs plutôt qu'un « effluvium » émanant des non-conducteurs. Mais là encore la théorie se conciliait difficilement avec un certain nombre d'effets d'attraction et de répulsion. Ce n'est qu'avec les travaux de Franklin et de ses successeurs immédiats que se dégagea une théorie susceptible de rendre compte avec une facilité à peu près égale de presque tous ces effets, théorie qui pouvait fournir et a fourni à une génération ultérieure d'« électriciens » un paradigme commun pour ses recherches.

Si l'on met à part les domaines dans lesquels les premiers paradigmes solides datent de la préhistoire (c'est le cas pour les mathématiques et l'astronomie) et ceux qui se sont créés par la division et la recombinaison de spécialités déjà arrivées à maturité, les situations décrites plus haut sont typiques sur le plan historique. Bien que cela m'oblige à user à mon tour de la simplification regrettable qui lie un épisode historique prolongé à un nom unique choisi avec un certain arbitraire (par exemple Newton ou Franklin), je dirai qu'un même désaccord fondamental a caractérisé l'étude du mouvement avant Aristote, de la statique avant Archimède, de la chaleur avant Black, de la chimie avant Boyle et Boerhaave, ou de la géologie historique avant Hutton. Pour certaines parties de la biologie – étude de l'hérédité par exemple –, les premiers paradigmes universellement reçus sont encore plus récents ; et l'on peut se demander quelles branches des sciences sociales ont déjà trouvé de tels paradigmes. L'histoire suggère que la route conduisant à un solide accord de base sur la recherche à entreprendre est extraordinairement ardue.

L'histoire suggère aussi, cependant, certaines des raisons de ces difficultés. En l'absence d'un paradigme ou d'une théorie prétendant à ce titre, tous les faits qui pourraient jouer un rôle dans le développement d'une science donnée risquent de sembler également importants. Par conséquent, l'observation des faits au début d'une science se fait beaucoup plus au hasard que de la manière rendue familière par son développement ultérieur. De plus, n'ayant aucune raison de rechercher quelque information abstruse, les premières observations des faits se cantonnent habituellement aux nombreux phénomènes faciles à constater. Le stock de faits qui en résulte contient ceux qui sont accessibles à l'observation et à l'expérimentation accidentelles aussi bien que certaines données plus ésotériques fournies par des arts établis, comme la médecine, la science du calendrier et la métallurgie. L'artisanat constituant une source facilement accessible de faits qui n'auraient pas pu être découverts accidentellement, la technologie a souvent joué un rôle vital dans l'émergence de nouvelles sciences.

Mais bien que cette manière d'accumuler les données ait été essentielle à l'origine de nombreuses sciences importantes, quiconque étudie, par exemple, les écrits encyclopédiques de Pline ou les histoires naturelles baconiennes du XVIIe siècle constatera qu'elle aboutit à un fatras. En un sens, on hésite à qualifier de scientifique cette littérature. Les « histoires » baconiennes concernant la chaleur, la couleur, le vent, les mines, etc., sont pleines de renseignements parfois abscons. Mais elles ne font que juxtaposer des faits qui se révéleront par la suite féconds (par exemple le chauffage par mélange) avec d'autres (par exemple la chaleur des tas de fumier) qui demeureront longtemps trop complexes pour être intégrés à aucune théorie [1]. De plus, toute description étant obligatoirement partielle, l'histoire naturelle typique omet souvent de ses comptes rendus extrêmement circonstanciés ces quelques détails précisément que les scientifiques trouveront par la suite particulièrement révélateurs. Par exemple, presque aucune des premières « histoires » de l'électricité ne mentionne que la balle du grain, attirée par un bâton de verre préalablement frotté, rebondit à nouveau. Cet effet semblait mécanique et non électrique [2]. De plus, comme celui qui recueille accidentellement ces faits a rarement le temps ou les moyens de les critiquer, les histoires naturelles mêlent souvent des descriptions, comme celles dont nous venons de parler, à d'autres (par exemple le chauffage par antipéristasis ou par rafraîchissement) que nous serions aujourd'hui bien empêchés de confirmer [3]. C'est seulement en de très rares occasions (ainsi dans le cas de l'ancienne statique, de

1. Comparer l'esquisse d'une histoire naturelle de la chaleur dans Bacon, *Novum Organum*, vol. VIII de *The Works of Francis Bacon*, éd. J. Spedding, R. L. Ellis et D. D. Heath (New York, 1969), p. 179-203.

2. Roller et Roller, *op. cit.*, p. 14, 22, 28, 43. Ce n'est qu'après le travail mentionné dans la dernière de ces citations que les effets de répulsion ont été généralement reconnus comme indubitablement dus à l'électricité.

3. Bacon, *op. cit.*, p. 235, 337, dit : « Une eau légèrement tiède gèle plus facilement qu'une eau complètement froide. » Pour un récit partiel de l'histoire antérieure de cette étrange observation, voir Marshall, Clagett, *Giovanni Marliani and late medieval physics* (New York, 1941), chap. IV.

la dynamique, de l'optique géométrique) que des faits collectés ainsi sans l'aide d'une théorie préétablie parlent avec une clarté suffisante pour permettre l'émergence d'un premier paradigme.

Telle est la situation qui crée les écoles caractéristiques des premiers stades du développement d'une science. Aucune histoire naturelle ne peut être interprétée en l'absence d'un minimum implicite de croyances théoriques et méthodologiques interdépendantes qui permettent la sélection, l'évaluation et la critique. Si cet ensemble de croyances ne préside pas déjà implicitement à la collecte des faits – auquel cas on dispose déjà d'autre chose que de « faits bruts » – il doit être fourni de l'extérieur, peut-être par une métaphysique courante, par une autre science, ou par un hasard personnel ou historique. Rien d'étonnant, donc, si, aux stades primitifs de développement de n'importe quelle science, différents hommes face au même éventail de phénomènes, mais généralement pas tous en face des mêmes phénomènes particuliers, les décrivent et les interprètent de manières différentes. Ce qui est surprenant, et qu'on ne rencontre peut-être à ce degré nulle part ailleurs que dans ces domaines que nous appelons sciences, c'est que de telles divergences initiales disparaissent ensuite largement.

Car elles disparaissent bien dans une mesure très considérable et apparemment une fois pour toutes. De plus, leur disparition est habituellement causée par le triomphe de l'une des écoles antérieures au paradigme qui, en raison de ses propres croyances et préconceptions caractéristiques, a insisté sur un aspect particulier de cette masse de renseignements trop vaste et chaotique. Ces électriciens qui, pensant que l'électricité est un fluide, ont accordé une importance particulière à la conduction, fournissent un excellent exemple en l'occurrence. Guidés par cette idée qui ne pouvait guère convenir à la multiplicité connue des effets d'attraction et de répulsion, plusieurs d'entre eux conçurent le projet de mettre en bouteille le fluide électrique. Le résultat immédiat de leurs efforts fut la bouteille de Leyde, appareillage que n'aurait jamais pu découvrir un homme explorant accidentellement ou au hasard, mais qui fut en fait réalisé indépendamment par deux chercheurs au moins, dans les années 1740 [1]. Presque dès le début de ses recherches, Franklin se préoccupa d'expliquer cet appareil étrange et, en l'occurrence, particulièrement révélateur. Le fait qu'il ait réussi fut le plus efficace des arguments qui firent de sa théorie un paradigme, bien qu'incapable encore de rendre compte de tous les cas connus de répulsion électrique [2]. Pour être acceptée comme paradigme, une théorie doit sembler meilleure que ses concurrentes, mais il n'est pas nécessaire qu'elle explique (en fait elle n'explique jamais) tous les faits auxquels elle peut se trouver confrontée.

Le rôle qu'avait eu la théorie du fluide pour le sous-groupe qui la défendait, le paradigme de Franklin l'a tenu plus tard pour le groupe entier des électriciens. Il a suggéré quelles expériences vaudraient la peine d'être réalisées, quelles autres, touchant à des manifestations secondaires ou exagérément complexes de l'électricité, étaient à écarter. Seulement le paradigme a accompli cette tâche beaucoup plus efficacement, en partie parce que l'arrêt des discussions entre les écoles mit fin à la

1. Roller et Roller, *op. cit.*, p. 51-54.

2. Le cas gênant était la répulsion mutuelle de corps chargés négativement. Voir à ce sujet Cohen, *op. cit.*, p. 491-494, 531-543.

réaffirmation constante des principes fondamentaux et en partie parce que l'assurance d'être sur la bonne piste encouragea les scientifiques à entreprendre un genre de travail plus précis, ésotérique et absorbant [1]. Libéré de ses préoccupations sur l'ensemble des phénomènes électriques, le groupe uni des électriciens put poursuivre l'étude beaucoup plus détaillée de phénomènes choisis, en créant pour cette tâche quantité d'appareils spéciaux et en les employant plus obstinément et systématiquement qu'on ne l'avait fait jusque-là. Les efforts pour accumuler des faits d'une part, pour ajuster la théorie d'autre part, commencèrent à être dirigés avec précision. L'efficacité et le rendement de la recherche électrique augmentèrent en conséquence, comme pour prouver une version sociale de la profonde maxime méthodologique de Francis Bacon : « La vérité émerge plus facilement de l'erreur que de la confusion [2]. »

Dans le prochain chapitre, nous examinerons la nature de cette recherche fondée sur un paradigme et dirigée

1. Il faut noter que l'acceptation de la théorie de Franklin ne mit pas absolument fin à toute discussion. En 1759, Robert Symmer proposa une version de cette théorie faisant intervenir deux fluides ; après quoi les électriciens furent longtemps divisés sur le point de savoir si l'électricité se composait d'un fluide unique ou de deux. Mais les débats sur ce point ne font que confirmer ce qui a été dit plus haut sur la manière dont une découverte universellement acceptée unit les membres de la profession. Les électriciens, tout en continuant à être divisés sur ce point, conclurent rapidement qu'aucune épreuve expérimentale ne pouvait départager les deux versions de la théorie et qu'elles étaient donc équivalentes. Ensuite les deux écoles purent réellement exploiter tous les avantages que fournissait la théorie de Franklin (*ibid.*, p. 543-546, 548-554).

2. Bacon, *op. cit.*, p. 210.

avec précision, mais il nous faut d'abord noter brièvement comment l'émergence d'un paradigme affecte la structure du groupe qui travaille dans ce domaine. Lorsque, au cours du développement d'une science de la nature, un individu ou un groupe produit pour la première fois une synthèse capable d'attirer la plupart des spécialistes de la génération suivante, les écoles antérieures disparaissent graduellement. Leur disparition est due en partie à la conversion de leurs membres au nouveau paradigme. Mais toujours quelques hommes continuent à s'accrocher à l'une ou à l'autre des vues anciennes ; ils seront simplement considérés comme extérieurs à la spécialité et on ignorera leurs travaux. Le nouveau paradigme implique une définition nouvelle et plus stricte du domaine de recherches. Ceux qui ne veulent ou ne peuvent pas y adapter leurs travaux doivent avancer dans l'isolement ou se joindre à quelque autre groupe [1]. Historiquement, ils sont souvent simplement restés dans les secteurs de la philosophie qui ont

1. L'histoire de l'électricité fournit un excellent exemple dont on retrouverait l'équivalent dans les carrières de Priestley, Kelvin et d'autres. Franklin rapporte que Nollet, qui, au milieu du siècle, était le plus influent des électriciens du continent, « se trouva à la fin de sa vie le dernier de sa secte, à l'exception de M. B. son élève et disciple immédiat ». (Max Farrand éd., *Benjamin Franklin's Memoirs*, Berkeley, Calif., 1949, p. 384-386). Plus intéressant encore est le fait que des écoles entières ont survécu dans un isolement croissant par rapport à la science professionnelle : pensons à l'astrologie qui fut jadis partie intégrante de l'astronomie ; ou à la survivance, à la fin du XVIIIe et au début du XIXe siècle, de la tradition jadis respectée de la chimie *romantique*. Cf. Charles C. Gillispie dans « The *Encyclopédie* and the jacobin philosophy of science : a study in ideas and consequences », *Critical problems in the history of science*, éd. Marshall Clagert (Madison, Wis., 1959), p. 255-289 ; et « The Formation of Lamarck's

donné naissance à tant de ces sciences nouvelles. Comme le laissent supposer ces indications, c'est souvent le simple fait de trouver un paradigme qui, d'un groupe s'intéressant auparavant seulement à l'étude de la nature, fait une spécialité ou tout au moins une discipline. Dans les sciences (à la différence des disciplines comme la médecine, la technologie, le droit, dont la principale raison d'être est un besoin social extérieur), la création de journaux spécialisés, la fondation de sociétés de spécialistes et la revendication d'une place spéciale dans l'ensemble des études sont généralement liées au moment où un groupe trouve pour la première fois un paradigme unique. Il en était tout au moins ainsi entre l'époque, vieille d'un siècle et demi, où le processus institutionnel de la spécialisation scientifique s'est développé pour la première fois et l'époque toute récente où les attributs de la spécialisation ont acquis un prestige particulier.

La définition plus stricte du groupe scientifique a d'autres conséquences. Quand le chercheur individuel peut considérer un paradigme comme acquis, il n'a plus besoin, dans ses travaux majeurs, de tout édifier en partant des premiers principes et en justifiant l'usage de chaque nouveau concept introduit. Il peut laisser cela à l'auteur de manuels. Pourvu donc qu'il existe un manuel, le chercheur peut commencer ses recherches là où s'arrête le manuel et se concentrer exclusivement sur les aspects les plus subtils et les plus ésotériques des phénomènes naturels, dans le domaine qui est le sien. Ses communiqués sur ses recherches commenceront alors à changer

evolutionary theory », *Archives internationales d'histoire des sciences*, XXXVII (1956), p. 323-338.

de caractère, selon une évolution trop peu étudiée, mais dont le résultat actuel n'est pas du goût de tout le monde. Au lieu de consigner ses recherches dans des livres adressés, comme les *Expériences… sur l'électricité* de Franklin ou l'*Origine des espèces* de Darwin, à tous ceux qui pourraient s'intéresser aux problèmes de sa spécialité, il les fera paraître généralement sous forme d'articles brefs, adressés à ses seuls collègues, des hommes qui assurément connaissent le paradigme commun et sont en fait les seuls capables de comprendre ce genre de littérature.

Actuellement, les livres qui paraissent dans le domaine scientifique sont généralement soit des manuels, soit des réflexions rétrospectives sur tel ou tel aspect de la vie scientifique. Un scientifique, s'il en écrit un, a plus de chances de voir sa réputation professionnelle compromise qu'améliorée. Ce n'est que dans les premiers stades de développement des sciences, antérieurs au paradigme, que le livre a possédé régulièrement le caractère de réalisation professionnelle qu'il conserve encore dans d'autres genres de création. Et c'est seulement dans les domaines où le livre, avec ou sans articles, reste un moyen de communication pour la recherche, que les exigences de la professionnalisation sont encore assez vagues pour que le profane puisse espérer se tenir au courant du progrès en lisant les textes originaux des spécialistes. Tant en mathématiques qu'en astronomie, les comptes rendus de recherche ont cessé dès l'Antiquité d'être intelligibles pour un public cultivé. En dynamique, la recherche, devenue également ésotérique à la fin du Moyen Âge, n'a retrouvé son caractère d'intelligibilité générale que durant une brève période, au début du XVIIe siècle, lorsqu'un nouveau paradigme a remplacé celui qui avait guidé la recherche médiévale. La recherche électrique exigeait une traduction à l'intention du profane dès avant la fin du XVIIIe siècle et la plupart des autres branches de la physique ont cessé d'être généralement accessibles au XIXe siècle. Au cours des deux derniers siècles, une évolution semblable s'est dessinée dans les différents domaines des sciences biologiques. Dans certains secteurs des sciences sociales, il est bien possible qu'elle se produise actuellement. Bien qu'il soit maintenant habituel, et certainement légitime, de déplorer le gouffre toujours plus grand qui sépare le scientifique professionnel de ses collègues des autres disciplines, on a accordé trop peu d'attention aux relations essentielles qui existent entre ce gouffre et le mécanisme intrinsèque du progrès scientifique.

Depuis la préhistoire, chaque domaine de recherche a successivement franchi la limite entre ce que l'historien pourrait appeler sa préhistoire en tant que science véritable et son histoire proprement dite. Ces transitions aboutissant à la maturité ont rarement été aussi soudaines et nettes que ma présentation nécessairement schématique peut le laisser supposer. Mais elles n'ont pas non plus été graduelles au point de vue historique, c'est-à-dire coextensives du développement entier des domaines dans lesquels elles se sont produites. Durant les quatre premières décennies du XVIIIe siècle, les spécialistes possédaient beaucoup plus de renseignements sur les phénomènes électriques que leurs prédécesseurs du XVIe. Et pendant le demi-siècle qui a suivi 1740, peu de phénomènes électriques nouveaux s'ajoutèrent à leurs connaissances. Néanmoins, sur les points importants, la distance est plus grande entre les œuvres de Cavendish, Coulomb et Volta (dernier tiers du XVIIIe siècle) et celles de Gray, Du Fay et même Franklin (début du même siècle) qu'entre ces dernières et celles du XVIe siècle [1]. À un moment quelconque entre 1740 et 1780, les électriciens ont pu, pour la première fois, considérer comme acquises les bases de leur domaine. Dès lors, ils se sont orientés vers des problèmes plus concrets et plus ésotériques, et de plus en plus ils ont consigné leurs résultats dans des articles adressés à d'autres électriciens plutôt que dans les livres destinés au public cultivé. En tant que groupe, ils avaient fait le même pas en avant que les astronomes de l'Antiquité, les spécialistes du mouvement au Moyen Âge, ceux de l'optique à la fin du XVIIe siècle et ceux de la géologie historique au début du XIXe. C'est-à-dire qu'ils avaient trouvé un paradigme, capable de guider les recherches du groupe tout entier. Il est difficile de trouver un autre critère, applicable sans l'avantage de la rétrospection, qui proclame si clairement qu'un domaine de recherche est devenu une science.

1. Les développements postérieurs à Franklin comprennent une augmentation énorme de la sensibilité des détecteurs de charge, les premières techniques sûres et largement diffusées pour mesurer la charge, l'évolution du concept de capacité et sa mise en rapport avec la notion de tension électrique récemment dotée d'une plus grande précision, et la quantification de la force électrostatique. Pour toutes ces questions, voir Roller et Roller, *op. cit.*, p. 66-81 ; W. C. Walker, « The Detection and estimation of electric charges in the Eighteenth Century », *Annals of Science*, I (1963), p. 66-100 ; et Edmund Hoppe, *Geschichte der Elektrizität* (Leipzig, 1884), Part. I, chap. III-IV.

CHAPITRE II

La nature de la science normale

Quelle est donc la nature de cette recherche plus spécialisée et ésotérique que permet l'adoption par un groupe d'un paradigme unique ? Si le paradigme représente un travail fait une fois pour toutes, quels autres problèmes laisse-t-il à résoudre au groupe désormais uni ? Ces questions paraîtront encore plus urgentes si nous indiquons maintenant en quel sens les termes utilisés jusqu'ici ont pu être trompeurs.

Selon l'usage habituel, un paradigme est un modèle ou un schéma accepté, et cette signification particulière m'a permis de m'approprier ici ce terme, à défaut d'un meilleur. Mais on réalisera rapidement que le sens de *modèle* et de *schéma* qui permet l'appropriation n'est pas tout à fait le sens habituel de la définition du *paradigme*. En grammaire, par exemple, « *amo, amas, amat* » est un paradigme parce qu'il met en évidence le modèle à utiliser pour conjuguer un grand nombre d'autres verbes latins, par exemple « *laudo, laudas, laudat* ». Dans cette application classique, le paradigme fonctionne en permettant de reproduire des exemples dont n'importe lequel pourrait, en principe, le remplacer. Dans une science, au contraire, un paradigme est rarement susceptible d'être reproduit : comme une décision judiciaire admise dans le droit commun, c'est un objet destiné à être ajusté et précisé dans des conditions nouvelles ou plus strictes.

Pour voir comment cela est possible, il nous faut réaliser combien un paradigme peut être limité, tant en envergure qu'en précision, au moment de sa première apparition. Les paradigmes gagnent leur rôle privilégié parce qu'ils réussissent mieux que leurs concurrents à résoudre quelques problèmes que le groupe de spécialistes est arrivé à considérer comme aigus. Réussir mieux, ce n'est pourtant pas réussir totalement dans tel problème unique, ni même réussir bien dans un grand nombre de problèmes. Qu'il s'agisse de l'analyse du mouvement par Aristote, des calculs de Ptolémée pour la position des planètes, de l'utilisation de la balance par Lavoisier ou de la traduction mathématique du champ électromagnétique par Maxwell, le succès d'un paradigme est en grande partie au départ une promesse de succès, révélée par des exemples choisis et encore incomplets. La science normale consiste à réaliser cette promesse, en étendant la connaissance des faits que le paradigme indique comme particulièrement révélateurs, en augmentant la corrélation entre ces faits et les prédictions du paradigme, et en ajustant davantage le paradigme lui-même.

Parmi les gens qui ne sont pas vraiment des spécialistes d'une science adulte, bien peu réalisent quel travail de nettoyage il reste à faire après l'établissement d'un paradigme, ou à quel point ce travail peut se révéler passionnant en cours d'exécution. Il faut bien comprendre ceci. C'est à des opérations de nettoyage que se consacrent la plupart des scientifiques durant toute leur carrière. Elles constituent ce que j'appelle ici la science normale qui, lorsqu'on l'examine de près, soit historiquement, soit dans le cadre du laboratoire contemporain, semble être une tentative pour forcer la nature à se couler dans la boîte préformée et inflexible que fournit le paradigme. La science normale n'a jamais pour but de mettre en lumière des phénomènes d'un genre nouveau ; ceux qui ne cadrent pas avec la boîte passent même souvent inaperçus. Les scientifiques n'ont pas non plus pour but, normalement, d'inventer de nouvelles théories, et ils sont souvent intolérants envers celles qu'inventent les autres [1]. Au contraire, la recherche de la science normale est dirigée vers l'articulation des phénomènes et théories que le paradigme fournit déjà.

Ce sont peut-être là des défauts. Les domaines explorés par la science normale sont évidemment minuscules ; elle a le champ visuel sévèrement restreint. Mais ces restrictions nées de la confiance en un paradigme se révèlent essentielles pour le développement de la science. En concentrant l'attention sur un secteur limité de problèmes relativement ésotériques, le paradigme force les scientifiques à étudier certains domaines de la nature avec une précision et une profondeur qui autrement seraient inimaginables. Et la science normale possède un mécanisme inhérent qui tend à relâcher les restrictions qui limitent la recherche chaque fois que le paradigme dont elles dérivent cesse de fonctionner efficacement. À ce point-là, les scientifiques commencent à se comporter différemment, et la nature des sujets de recherche change. Dans l'intervalle, cependant, durant la période où le paradigme a fonctionné avec succès, les membres de la profession auront résolu des problèmes qu'on aurait

1. Bernard Barber, « Resistance by scientists to scientific discovery », *Science* CXXXIV (1961), p. 596-602.

difficilement imaginés et qu'on n'aurait pas entrepris de résoudre sans l'adhésion au paradigme. Et il arrive toujours qu'une partie au moins de ces solutions se révèle durable.

Pour exposer plus clairement ce que j'entends par recherche normale ou recherche basée sur un paradigme, je tenterai maintenant de classer et illustrer les problèmes qui composent principalement la science normale. Pour plus de commodité, remettant à plus tard l'étude de l'activité théorique, je commencerai par l'établissement des faits, c'est-à-dire par les expériences et observations décrites dans ces revues spécialisées que les scientifiques utilisent pour s'informer mutuellement des résultats des recherches en cours. De quels aspects de la nature ces rapports traitent-ils généralement ? Qu'est-ce qui détermine leur choix ? Et, puisque la plupart des observations scientifiques exigent beaucoup de temps, de matériel et d'argent, qu'est-ce qui pousse le scientifique à poursuivre le problème choisi jusqu'à une conclusion ?

Il n'y a, me semble-t-il, que trois espèces normales de faits sur lesquels se concentre l'investigation scientifique, et ils ne sont ni toujours ni continuellement distincts. Tout d'abord, il y a le groupe de faits dont le paradigme a montré qu'ils révèlent particulièrement bien la nature des choses. En les utilisant pour résoudre des problèmes, le paradigme leur a donné assez d'importance pour qu'on cherche à les déterminer à la fois avec plus de précision et dans une plus grande variété de situations. À un moment ou à un autre, ces déterminations significatives de faits ont compris : en astronomie, la position et la magnitude des étoiles, les périodes des éclipses, des étoiles doubles et des planètes ; en physique, les poids spécifiques et les compressibilités des matériaux, les longueurs d'ondes et les intensités spectrales, les conductivités électriques et les potentiels de contacts ; en chimie, la composition, les proportions de poids entrant en combinaison, les points d'ébullition et l'acidité des solutions, les formules structurales et les activités optiques. Les efforts pour atteindre une connaissance plus exacte et plus étendue de ces faits tiennent une place significative dans les comptes rendus d'expériences ou d'observations scientifiques. Bien souvent, ils ont entraîné la mise au point d'un appareillage spécial et complexe dont l'invention, la construction et la mise en œuvre ont demandé un talent exceptionnel, beaucoup de temps et des ressources financières considérables. Les synchrotrons et les radiotélescopes ne sont que les exemples les plus récents du chemin qui peut être parcouru par les chercheurs si un paradigme leur assure que ce qu'ils recherchent est important. De Tycho Brahé à E. O. Lawrence, certains hommes de science ont acquis une grande réputation, non en raison de la découverte d'une nouveauté quelconque, mais parce que les méthodes qu'ils ont mises au point pour redéterminer une catégorie de faits préalablement connus étaient précises, sûres et de grande portée.

Une deuxième catégorie, fréquente mais plus restreinte, de déterminations factuelles concerne les phénomènes qui, bien que sans grand intérêt intrinsèque, ont l'avantage d'être directement comparables aux résultats prédits par la théorie-paradigme. Comme nous le verrons sous peu, quand j'abandonnerai les problèmes expérimentaux pour aborder les problèmes théoriques de la science normale, il est rare que les domaines dans lesquels une théorie scientifique peut se comparer directement à la nature soient nombreux, en particulier si elle s'exprime principalement sous forme mathématique. Jusqu'à présent, trois groupes de faits seulement ont pu être mis en rapport avec la théorie générale de la relativité d'Einstein [1]. Et encore, même quand une application est possible, il est souvent nécessaire d'avoir recours à des approximations théoriques et expérimentales qui limitent énormément la concordance que l'on peut attendre. Améliorer cette concordance, découvrir de nouveaux domaines où l'on puisse la vérifier, constitue un défi constant à l'habileté et à l'imagination des expérimentateurs et observateurs. Les télescopes spéciaux pour démontrer la parallaxe annuelle prédite par Copernic ; la machine d'Atwood inventée près d'un siècle après les *Principia* pour fournir la première démonstration indiscutable de la deuxième loi de Newton ; l'appareillage de Foucault pour montrer que la vitesse de la lumière est plus grande dans l'air que dans l'eau ; ou le gigantesque compteur à scintillation mis au point pour démontrer l'existence du neutrino – ces éléments d'appareillage spécialisé et bien d'autres du même genre illustrent

1. Le seul indice vérifiable connu depuis longtemps et encore généralement admis est la précession du périhélie de Mercure. La fuite vers le rouge dans le spectre lumineux provenant des étoiles éloignées peut s'expliquer par des considérations plus élémentaires que celles de la relativité, et il en est de même pour la courbure des rayons lumineux autour du Soleil, question actuellement discutée. De toute manière, les mesures faites sur ce dernier phénomène demeurent équivoques. Il a été possible, très récemment, d'établir un indice vérifiable supplémentaire : le déplacement gravitationnel de la radiation de Mossbauer. Il y en aura peut-être d'autres dans ce domaine aujourd'hui actif, mais qui était resté longtemps endormi. Pour un résumé des données les plus récentes de ce problème, voir L. I. Shiff, « A Report on the NASA conference on experimental tests of theories of relativity », *Physics Today* (1961).

l'immense effort et l'ingéniosité qui ont été nécessaires pour établir entre la nature et la théorie une concordance de plus en plus étroite [1]. Cette démonstration de la concordance, seconde catégorie du travail expérimental normal, dépend du paradigme encore plus étroitement que la première. L'existence du paradigme pose le problème à résoudre. La théorie-paradigme est souvent directement impliquée dans la conception de l'appareillage susceptible de résoudre le problème. Sans les *Principia*, par exemple, les mesures faites à l'aide de la machine d'Atwood n'auraient eu aucun sens.

Une troisième classe d'expériences et d'observations, qui épuise, me semble-t-il, les activités visant à rassembler des faits dans la science normale, comprend les travaux empiriques entrepris pour ajuster la théorie-paradigme, pour résoudre certaines de ses ambiguïtés résiduelles et permettre la solution de problèmes sur lesquels elle avait seulement attiré l'attention auparavant. Cette catégorie se révèle être la plus importante de toutes et, pour la décrire, il faut établir des subdivisions.

Dans les sciences les plus mathématiques, certaines expériences destinées à l'articulation sont orientées vers

---

1. Au sujet des deux télescopes de la parallaxe, voir Abraham Wolf, *A history of science, technology and philosophy in the Eighteenth Century* (2e éd. ; Londres, 1952), p. 103-105. Au sujet de la machine d'Atwood, voir N. R. Hanson, *Patterns of discovery* (Cambridge, 1958), p. 100-102, 207-208. Au sujet des deux derniers appareils spéciaux, voir M. L. Foucault, « Méthode générale pour mesurer la vitesse de la lumière dans l'air et les milieux transparents. Vitesses relatives de la lumière dans l'air et dans l'eau... » *Comptes rendus... de l'Académie des Sciences*, XXX (1850), p. 551-560 ; et C. L. Cowan, Jr. *et al.* « Detection of the free neutrino : a confirmation », *Science* (1956), p. 103-104.

la détermination de constantes physiques. Les travaux de Newton, par exemple, indiquaient que la force agissant entre deux unités de masse, à une unité de distance, serait la même pour toutes les matières et dans toutes les positions dans l'univers. Mais les problèmes auxquels il s'attaqua lui-même pouvaient être résolus sans même estimer la grandeur de cette attraction, la constante de la gravitation universelle ; et personne, au cours du siècle qui suivit la parution des *Principia*, ne put mettre au point un appareillage susceptible de la déterminer. La célèbre détermination de Cavendish vers 1790 ne fut pas non plus la dernière. En raison de sa position centrale dans la théorie physique, la recherche de valeurs améliorées de la constante gravitationnelle a fait, depuis lors, l'objet de tentatives répétées de la part de nombreux expérimentateurs de premier ordre [1]. Comme autres exemples du même genre, on peut citer la détermination de l'unité astronomique, du nombre d'Avogadro, du coefficient de Joule, de la charge électronique, etc. Parmi ces longues recherches quelques-unes seulement auraient pu être conçues, mais aucune n'aurait été réalisée sans une théorie-paradigme qui définisse le problème et garantisse l'existence d'une solution stable.

Mais les tentatives visant à préciser un paradigme ne se limitent pas à la détermination de constantes universelles. Elles peuvent aussi concerner l'établissement de lois quantitatives : la loi de Boyle rattachant la pression d'un gaz à son volume, la loi de Coulomb sur l'attraction

1. J. H. Poynting passe en revue environ deux douzaines de mesures de la constante gravitationnelle effectuées entre 1741 et 1901 dans « Gravitation constant and mean density of the Earth », *Encyclopedia Britannica* (2e éd. Cambridge, 1910-1911), XII, p. 385-389.

électrique, ou la formule de Joule, rattachant la chaleur produite au courant et à la résistance électriques. Il n'est peut-être pas évident qu'un paradigme soit le préalable nécessaire à la découverte de ce genre de lois. On entend souvent dire qu'on les découvre en examinant des mesures faites pour elles-mêmes et sans implication théorique. Mais l'histoire n'apporte aucune confirmation d'une méthode aussi exagérément baconienne. Les expériences de Boyle n'étaient pas concevables (et même si elles avaient été concevables, elles auraient été interprétées autrement ou pas du tout) tant que l'air n'a pas été considéré comme un fluide élastique auquel pouvaient s'appliquer toutes les conceptions élaborées de l'hydrostatique [1]. Coulomb a réussi parce qu'il a construit un appareillage capable de mesurer la force existant entre des charges ponctuelles (ceux qui avaient auparavant mesuré des forces électriques en utilisant des balances à plateaux ordinaires n'avaient jamais trouvé de résultats constants ni reproductibles), mais cet appareillage à son tour dépendait du fait qu'on avait préalablement constaté que chaque particule du fluide électrique agit à distance sur chacune des autres particules. C'était la force existant entre ces particules, la seule force dont on pouvait sans risque supposer qu'elle était simplement une fonction de la distance, que recherchait Coulomb [2]. On

1. Au sujet de l'utilisation des concepts de l'hydrostatique en pneumatique, voir *The Physical treatises of Pascal*, trad. I. H. B. Spiers et A. G. H. Spiers avec une introduction et des notes par F. Barry (New York, 1937). On trouve p. 164 la comparaison introduite à l'origine par Toricelli (« Nous vivons submergés au fond d'un océan de l'élément air »). On assiste à son développement rapide dans les deux principaux traités.

2. Duane Roller et Duane H. D. Roller, « *The Development of the concept of electric charge : Electricity from the Greeks to Coulomb* » (Har-

pourrait aussi utiliser les expériences de Joule pour montrer comment les lois quantitatives émergent de l'élaboration même du paradigme. En fait, la relation entre le paradigme qualitatif et la loi quantitative est si étroite et générale que, depuis Galilée, un paradigme a souvent permis de deviner sans erreur la forme de ces lois, nombre d'années avant qu'un appareillage soit mis au point pour le déterminer expérimentalement [1].

Finalement, il y a un troisième groupe d'expériences qui visent à élaborer un paradigme. Plus que les autres, il se rapproche de l'exploration et il est particulièrement important dans les périodes et dans les disciplines qui s'intéressent davantage à l'aspect qualitatif que quantitatif de la régularité de la nature. Il arrive souvent qu'un paradigme, établi pour un groupe de phénomènes, soit ambigu dans ses applications à d'autres groupes très proches. Des expériences sont alors nécessaires pour choisir entre différentes manières d'appliquer le paradigme à ce nouveau champ d'intérêt. Par exemple, les applications du paradigme de la théorie calorique concernaient le chauffage et le refroidissement par mélange et par changement d'état. Mais la chaleur pouvait être produite ou absorbée par de nombreux autres procédés : par combinaison chimique, par friction, par compression ou absorption d'un gaz ; et pour chacun de ces autres procédés, la théorie pouvait s'appliquer de

---

vard case histories in experimental science, Case 8 ; Cambridge, Mass., 1954), p. 66-80.

1. On trouvera des exemples dans T. S. Kuhn, « The Function of measurement in modem physical science », *Isis*, LII (1961), p. 161-193.

nombreuses manières. Si le vide avait une certaine capacité thermique, par exemple, le chauffage par compression pouvait s'expliquer par le résultat du mélange d'un gaz avec le vide. Ou bien, il pouvait être dû à une modification de la chaleur spécifique des gaz sous une pression variable. Et il y avait encore bien d'autres explications. Pour préciser ces diverses possibilités et pour les distinguer, une série d'expériences furent entreprises. Toutes avaient pour origine le paradigme de la théorie calorique, et toutes l'utilisaient pour concevoir les expériences et interpréter les résultats [1]. Une fois établi le phénomène de réchauffement par compression, toutes les expériences ultérieures dans ce domaine furent des conséquences du paradigme. Autrement, étant donné le phénomène, comment aurait-on pu choisir une expérience pour l'expliquer ?

Tournons-nous maintenant vers les problèmes théoriques de la science normale qui se répartissent à peu de chose près selon les mêmes catégories que les problèmes d'expérimentation et d'observation. Une partie (minime toutefois) du travail théorique de la science normale consiste simplement à utiliser la théorie existante pour fournir sur les faits des prédictions de valeur intrinsèque. La rédaction des calendriers astronomiques, les calculs des caractéristiques des lentilles et la production de courbes de propagation d'ondes sont des exemples de ce genre de problèmes. Les savants, cependant, les considèrent souvent comme des travaux de second ordre, dignes seulement des ingénieurs ou des techniciens, et qui n'ont pas droit généralement à l'honneur de figurer

1. T. S. Kuhn, « The Calorimetric theory of adiabatic compression », *Isis*, XLIX (1958), p. 132-140.

dans les journaux scientifiques marquants. Mais ces journaux contiennent quantité de discussions théoriques de problèmes qui, aux yeux d'un non-spécialiste, paraissent presque identiques. Ce sont des explorations théoriques entreprises, non pour la valeur intrinsèque des prédictions qui en résulteront, mais parce que celles-ci peuvent être directement vérifiées par l'expérience. Leur but est de faire apparaître une nouvelle application du paradigme ou d'augmenter la précision d'une application déjà faite.

Des travaux de ce genre sont nécessaires parce que les difficultés sont souvent énormes pour trouver des points de contact entre une théorie et la nature. Des exemples de ces difficultés sont fournis par l'histoire de la dynamique après Newton. Au début du XVIIIe siècle, les scientifiques qui donnèrent aux *Principia* valeur de paradigme acceptèrent sans les discuter l'ensemble de leurs conclusions, et ils avaient toutes les raisons de le faire. Aucun autre travail connu dans l'histoire des sciences n'a permis simultanément d'augmenter à un tel point l'étendue et la précision de la recherche. En ce qui concerne le ciel, Newton avait déduit les lois de Kepler concernant les mouvements planétaires et avait aussi expliqué pourquoi l'on avait remarqué que la Lune ne s'y conformait pas tout à fait. Pour les phénomènes terrestres, il avait déduit les résultats de certaines observations dispersées sur les pendules et les marées. À l'aide d'hypothèses supplémentaires et *ad hoc*, il avait pu aussi déduire la loi de Boyle et une importante formule pour la vitesse du son dans l'air. Étant donné l'état de la science à l'époque, le succès de ces démonstrations fit grande impression. Pourtant, étant donné l'universalité que l'on pouvait attendre des lois de Newton, le nombre de ces applications n'était pas grand et Newton n'en découvrit presque aucune autre. De plus, si on les compare à ce que n'importe quel jeune physicien peut réaliser de nos jours à partir de ces lois, les quelques applications trouvées par Newton n'ont même pas été exécutées avec précision. Les *Principia* avaient finalement été conçus pour s'appliquer surtout aux problèmes de mécanique céleste. On ne voyait pas clairement comment les adapter aux problèmes terrestres, en particulier à ceux du mouvement guidé. De toute façon, on s'attaquait déjà aux problèmes terrestres avec grand succès à l'aide d'un ensemble de techniques tout à fait différentes, primitivement mises au point par Galilée et Huyghens, et diffusées sur le continent durant le XVIIIe siècle par Bernouilli, d'Alembert et bien d'autres. On pouvait supposer que leurs techniques et celles des *Principia* n'étaient que des cas particuliers d'une formule plus générale, mais pendant un certain temps, personne ne vit exactement comment [1].

Concentrons notre attention pour le moment sur le problème de la précision. Nous avons déjà donné des exemples de son aspect empirique. Des appareillages spécialisés – comme l'appareillage de Cavendish, la machine d'Atwood ou les télescopes perfectionnés – ont été nécessaires pour obtenir les renseignements particuliers qu'exigeaient les applications concrètes du paradigme de

1. C. Truesdell, « A program toward rediscovering the rational mechanics of the age of reason », *Archive for history of the exact sciences*, I (1960), p. 3-36, et « Reactions of late baroque mechanics to success, conjecture, error and failure in Newton's Principia », *Texas Quarterly*, X (1967), p. 281-297. T. L. Hankins, « The Reception of Newton's second law of motion in the Eighteenth century », *Archives internationales d'histoire des sciences*, XX (1967), p. 42-65.

Newton. Du côté de la théorie, on rencontrait des difficultés semblables pour arriver à la concordance. En appliquant sa loi aux pendules, par exemple, Newton fut forcé de traiter la masse oscillante du pendule comme une masse ponctuelle, afin de donner au pendule une longueur définie. La plupart de ses théorèmes (à l'exception de quelques-uns qui étaient hypothétiques ou préliminaires) ignoraient aussi les effets de la résistance de l'air. C'étaient de bonnes approximations physiques. Néanmoins, en tant qu'approximations, elles limitaient la concordance que l'on pouvait s'attendre à trouver entre les prédictions de Newton et les vérifications expérimentales. Les mêmes difficultés apparaissent encore plus clairement dans les applications astronomiques de la théorie de Newton. De simples observations télescopiques quantitatives indiquent que les planètes n'obéissent pas tout à fait aux lois de Kepler, et selon les théories de Newton, elles ne doivent pas y obéir. Pour déduire ces lois, Newton avait été forcé de négliger toute attraction gravitationnelle autre que celle existant entre chaque planète et le Soleil. Comme les planètes s'attirent aussi réciproquement, on ne pouvait attendre qu'une concordance approximative entre l'application de la théorie et les observations télescopiques [1].

La concordance obtenue fut, évidemment, plus que satisfaisante pour ceux qui menaient ces recherches. Si l'on exceptait quelques problèmes terrestres, aucune autre théorie ne pouvait donner de résultats comparables. Aucun de ceux qui mirent en doute la validité des travaux de Newton ne le fit en raison de sa concordance

1. Wolf, *op. cit.*, p. 75-81, 96-101 ; et William Whewell, *History of the inductive Science* (éd. revue ; Londres 1847), II, p. 213-271.

limitée avec l'expérience et l'observation. Néanmoins, les limitations de cette concordance laissèrent aux successeurs de Newton beaucoup de problèmes passionnants à résoudre. Il fallait trouver, par exemple, des techniques théoriques pour traiter les mouvements de plus de deux corps qui s'attiraient simultanément et pour étudier la stabilité des orbites perturbées. Des problèmes de ce genre occupèrent beaucoup des meilleurs mathématiciens d'Europe durant le XVIIIe siècle et au début du XIXe. Euler, Lagrange, Laplace et Gauss consacrèrent tous certains de leurs travaux les plus brillants à améliorer la concordance entre le paradigme de Newton et les observations célestes. Plusieurs d'entre eux travaillèrent simultanément à mettre au point les outils mathématiques nécessaires à des applications que ni Newton ni l'école contemporaine continentale de mécanique n'avaient même envisagées. Cela est à l'origine d'un grand nombre d'articles et de quelques techniques mathématiques très puissantes pour l'hydrodynamique et pour les problèmes des cordes vibrantes, et, dans l'ensemble, de ce qui fut probablement au XVIIIe siècle le travail scientifique le plus brillant et le plus ardu. On pourrait trouver d'autres exemples en étudiant, dans la période qui fait suite au paradigme, le développement de la thermodynamique, la théorie des ondes lumineuses, la théorie électromagnétique ou n'importe quelle autre branche de la science dont les lois fondamentales soient pleinement quantitatives. Dans les sciences les plus mathématiques tout au moins, la plus grande partie du travail théorique est de ce genre.

Mais il n'est pas uniquement de ce genre ; même dans les sciences mathématiques, l'articulation du paradigme comporte des problèmes théoriques et durant les périodes où le développement scientifique est surtout qualitatif, ces problèmes sont dominants. Parfois, tant dans les sciences à prédominance quantitative que dans celles à prédominance qualitative, le problème est simplement de rendre plus clair le paradigme en le reformulant. Les *Principia*, par exemple, ne se révélèrent pas toujours faciles à appliquer, tantôt parce qu'ils avaient encore la maladresse inévitable d'une première tentative et tantôt parce que, pour une grande part, leur portée n'était encore qu'implicite en ce qui concerne les applications. Pour nombre d'applications terrestres, en tout cas, un ensemble de techniques continentales apparemment sans rapport semblèrent beaucoup plus efficaces. Ainsi, depuis Euler et Lagrange au XVIIIe siècle jusqu'à Hamilton, Jacobi et Hertz au XIXe, plusieurs des mathématiciens physiciens les plus brillants d'Europe ont tenté, à diverses reprises, de reformuler la théorie mécanique sous une forme équivalente mais plus satisfaisante du point de vue esthétique et logique. Ils souhaitaient, par exemple, exposer les thèses explicites et implicites des *Principia* sous une forme logiquement plus cohérente, qui s'appliquerait de façon à la fois plus uniforme et moins équivoque aux problèmes nouvellement élaborés en mécanique [1].

De semblables reformulations d'un paradigme se sont produites à plusieurs reprises et dans toutes les sciences, mais presque toujours en entraînant une transformation du paradigme plus importante que les reformulations des *Principia.* Cette transformation résulte du travail empirique déjà décrit, visant à élaborer le paradigme. En réalité, il est arbitraire de ranger ce genre de travail dans la catégorie empirique. Plus que tout autre secteur de

1. René Dugas, *Histoire de la mécanique* (Neuchâtel, 1950), livres IV-V.

recherche de la science normale, les travaux visant à préciser le paradigme sont simultanément théoriques et expérimentaux. Pour reprendre des exemples donnés ci-dessus, avant de pouvoir construire son équipement et l'utiliser pour des mesures, Coulomb dut faire appel à la théorie électrique pour déterminer comment il fallait le construire. Ensuite, ses mesures permirent d'enrichir la théorie. De même, les savants qui ont conçu les expériences permettant d'établir une distinction entre les diverses théories de chauffage par compression étaient généralement ceux qui étaient à l'origine des versions à comparer. Ils travaillaient à la fois sur les faits et sur la théorie, et leur travail ne fournit pas seulement de nouveaux renseignements, mais aussi un paradigme plus précis, débarrassé des ambiguïtés qu'il avait encore dans sa version originale. Dans beaucoup de branches scientifiques, la plupart des travaux de la science normale sont de ce genre.

Ces trois classes de problèmes – détermination des faits significatifs ; concordance des faits et de la théorie ; élaboration de la théorie – couvrent, me semble-t-il, l'ensemble de la littérature de la science normale, tant empirique que théorique. Elles n'épuisent pas, bien sûr, toute la littérature scientifique. Il y a aussi les problèmes extraordinaires, et c'est peut-être bien leur résolution qui donne à l'entreprise scientifique dans son ensemble sa valeur particulière. Mais les problèmes extraordinaires ne sont pas donnés au départ. Ils apparaissent seulement dans des cas particuliers créés par la progression de la recherche normale. Il est donc inévitable que la grande majorité des problèmes abordés par les hommes de science, même les meilleurs, se situent habituellement dans l'une des trois catégories énumérées ci-dessus. Dans le cadre d'un paradigme, il n'est pas possible de travailler autrement ; et, abandonner le paradigme, c'est cesser de pratiquer la science qu'il définit. Nous allons voir que de telles désertions se produisent effectivement. Ce sont les pivots autour desquels tournent les révolutions scientifiques. Mais avant d'entreprendre l'étude de ces révolutions, il nous faut nous faire une idée plus large des activités de la science normale qui leur préparent la voie.

CHAPITRE III

La science normale. Résolution des énigmes

Le caractère le plus frappant des problèmes de recherche normale que nous venons d'envisager est peut-être qu'ils se préoccupent très peu de trouver des nouveautés d'importance capitale, tant dans le domaine des concepts que dans celui des phénomènes. Parfois, comme dans une mesure de longueur d'onde, tout est connu d'avance sauf le détail le plus ésotérique ; et les variations que l'on peut attendre dans les résultats ne sauraient être que très limitées. Il n'était peut-être pas obligatoire que les résultats des mesures de Coulomb obéissent à la loi d'un carré inverse ; les hommes qui travaillaient sur la chaleur par compression n'ignoraient pas que plusieurs résultats étaient possibles. Cependant, même dans des cas comme ceux-ci, la gamme des résultats que l'on peut attendre, donc que l'on est prêt à admettre, est toujours étroite comparée à l'énorme gamme que peut proposer l'imagination. Et le projet dont le résultat ne concorde pas avec cette marge étroite n'est généralement qu'un échec de la recherche, qui met en cause non la nature, mais le savant.

Au XVIIIe siècle, par exemple, on accorda peu d'attention aux expériences mesurant l'attraction électrique avec des balances à plateaux et d'autres appareils semblables. Les résultats n'étant ni homogènes ni simples, il n'était pas possible de les utiliser pour élaborer le paradigme dont ils dérivaient. Ils restèrent donc simplement des faits, dépourvus de tout rapport possible avec la progression continue de la recherche électrique. C'est seulement rétrospectivement, à la lumière d'un autre paradigme, que nous pouvons voir quelles caractéristiques des phénomènes électriques ils mettent en évidence. Coulomb et ses contemporains connaissaient aussi ce dernier paradigme, bien sûr, ou un paradigme qui, appliqué au problème de l'attraction, permettait d'attendre les mêmes résultats. C'est pourquoi Coulomb fut capable de concevoir un appareillage dont le résultat put être intégré au paradigme. Mais c'est aussi pour cette raison que le résultat ne surprit personne et que plusieurs contemporains de Coulomb avaient été capables de le prédire. Même le projet de recherche qui vise à élaborer le paradigme n'a pas pour but de découvrir une nouveauté *inattendue*.

Mais si le but de la science normale n'est pas de découvrir des nouveautés d'importance majeure, si l'impossibilité de parvenir à un résultat proche de celui qu'on attendait est généralement considérée comme un échec pour un savant – pourquoi donc s'attacher à cette recherche-là ? Nous avons déjà donné une partie de la réponse. Pour les scientifiques tout au moins, les résultats obtenus par la recherche normale ont de l'importance parce qu'ils augmentent la portée et la précision de l'application du paradigme. Cette réponse ne suffit pourtant pas à expliquer l'enthousiasme et la dévotion des savants aux problèmes de la recherche normale. Personne ne consacre des années, par exemple, à mettre au point un meilleur spectromètre ou à trouver une meilleure solution au problème des cordes vibrantes, simplement en raison de l'importance des renseignements que l'on obtiendra. En calculant des calendriers ou en effectuant d'autres mesures avec un instrument déjà connu on risque d'obtenir des renseignements tout aussi importants, mais c'est une activité généralement dédaignée par les scientifiques parce qu'elle ne fait que reprendre des procédés déjà utilisés. Ce mépris met en lumière un aspect de la fascination exercée par les problèmes de la recherche normale. Bien que les résultats soient prévisibles, parfois avec une approximation si grande que ce qui reste douteux ne présente plus d'intérêt en soi, la manière de parvenir à ce résultat reste très problématique. Mener jusqu'à sa conclusion un problème de recherche normale, c'est trouver une voie neuve pour parvenir à ce que l'on prévoit et cela implique la résolution de toutes sortes d'*énigmes* sur les plans instrumental, conceptuel et mathématique. Celui qui réussit se révèle être un expert pour la résolution de ces *énigmes* et le défi posé par l'énigme constitue une part importante de sa motivation.

Ces termes *énigme* et *résoudre une énigme* mettent en évidence plusieurs thèmes qui ont pris une importance croissante dans les pages qui précèdent. Les énigmes, au sens où nous l'entendons ici, représentent ces problèmes spécifiques qui donnent à chacun l'occasion de prouver son ingéniosité ou son habileté. Pour ce terme général d'*énigme* (en anglais *puzzle*), les dictionnaires anglais donnent les exemples suivants : jeu de puzzle (en anglais : *jigsaw puzzle*) et mots croisés (en anglais : *crossword puzzle*). Il nous faut maintenant isoler les caractéristiques qui sont communes à ces *énigmes*-là et aux problèmes de la science normale. Nous venons d'en mentionner une. Le critère d'une bonne énigme, ce n'est pas que ce qui en découle soit intrinsèquement intéressant ou important. Au contraire, les problèmes réellement pressants, par exemple un remède contre le cancer ou les mesures permettant d'instaurer une paix durable, souvent ne sont pas du tout des énigmes, en particulier parce qu'il est possible qu'ils n'aient pas de solution. Imaginons maintenant un jeu de puzzle dont les morceaux seraient pris au hasard dans deux boîtes de jeux différents. Comme ce problème est susceptible de tenir en échec même les hommes les plus ingénieux (bien que ce ne soit pas obligatoire), il ne peut pas servir de critère pour prouver l'habileté du joueur. Ce n'est pas du tout une *énigme* au sens habituel, car bien que la valeur intrinsèque ne soit pas un critère pour une énigme, il est indispensable qu'elle ait une solution.

Or nous avons vu que l'établissement d'un paradigme apporte à une communauté scientifique, entre autres choses, le moyen de choisir des problèmes dont on peut supposer qu'ils ont une solution, tant que l'on tient le paradigme pour acquis. Dans une large mesure, ce sont là les seuls problèmes que la communauté considérera comme scientifiques ou qu'elle acceptera d'aborder comme tels. D'autres problèmes, dont certains jusque-là avaient paru valables, sont alors rejetés, parce que d'ordre métaphysique, ou relevant d'une autre discipline, ou parfois parce que trop problématiques pour valoir la peine d'y passer trop de temps. Un paradigme peut même tenir le groupe des chercheurs à l'écart de problèmes qui ont leur importance sociale, mais ne sont pas réductibles aux données d'une énigme parce qu'ils ne se posent pas en termes compatibles avec les outils conceptuels et instrumentaux que fournit le paradigme. Que de tels problèmes puissent constituer une distraction est brillamment illustré par diverses facettes du baconianisme du XVIIe siècle et certaines sciences sociales contemporaines. L'une des raisons qui fait que la science normale semble progresser si rapidement est que ses spécialistes se concentrent sur des problèmes que seul leur manque d'ingéniosité devrait les empêcher de résoudre.

Si toutefois les problèmes de la science normale sont des énigmes dans ce sens-là, il est facile de comprendre pourquoi les scientifiques s'y attaquent avec tant de passion et de dévouement. Un homme peut se sentir attiré vers les sciences pour toutes sortes de raisons : entre autres le désir d'être utile, le frisson ressenti en explorant un domaine neuf, l'espoir de découvrir un ordre et le besoin de mettre à l'épreuve les connaissances établies. Ces motifs contribuent à déterminer quels problèmes particuliers, par la suite, retiendront l'attention de l'homme de science. De plus, bien qu'il finisse parfois par éprouver un sentiment de frustration, ce qui l'attire d'abord puis l'incite à continuer, est facile à comprendre [1]. L'entreprise scientifique, dans son ensemble, se révèle effectivement utile de temps à autre, ouvre de nouveaux domaines, manifeste l'ordre et met à l'épreuve des idées bien établies. Néanmoins, ce n'est presque jamais là ce qui occupe *l'individu* qui se consacre à un problème de recherche normale. Une fois son travail commencé, sa motivation est assez différente. Ce qui l'aiguillonne, c'est la conviction que, si seulement il est

1. Cependant le sentiment de frustration produit par le conflit entre le rôle de l'individu et la forme générale prise par le développement scientifique peut parfois devenir sérieux. Voir à ce sujet Lawrence S. Kubie, « Some unsolved problems of the scientific career », *American Scientist,* XLI (1953), p. 596-613 ; et XLII (1954), p. 104-112.

assez habile, il réussira à résoudre une énigme que personne encore n'a résolue, ou résolue aussi bien. Bon nombre des plus grands esprits scientifiques ont consacré toute leur attention sur le plan professionnel à des problèmes de ce genre. La plupart du temps c'est la seule tâche qui s'offre dans n'importe quel domaine spécialisé, ce qui ne diminue en rien sa fascination pour ceux qui s'y adonnent.

Envisageons maintenant un autre aspect, plus difficile, mais plus révélateur, de cette comparaison entre des énigmes et les problèmes de la science normale. Il ne suffit pas qu'un problème ait une solution certaine pour qu'on puisse l'étiqueter *énigme*. Il doit aussi obéir à des règles limitant d'une part la nature des solutions acceptables, et d'autre part les étapes permettant d'y parvenir. Faire un puzzle, par exemple, ce n'est pas simplement *faire un dessin*, comme pourraient le faire un enfant ou un artiste contemporain en éparpillant sur un fond neutre certains morceaux choisis, considérés comme des formes abstraites. Le tableau ainsi produit serait peut-être bien meilleur et certainement plus original que celui à partir duquel le puzzle a été fabriqué, mais il ne représenterait pas la solution du problème. Celle-ci exige que toutes les pièces soient utilisées (leur face unie étant retournée pardessous) et qu'elles soient toutes encastrées les unes dans les autres sans laisser aucun intervalle. Telles sont les règles qui régissent la solution des puzzles et il serait facile d'en définir de semblables qui restreindraient les solutions admissibles dans les jeux de mots croisés, les devinettes, les problèmes d'échecs.

Si nous convenons de donner au terme *règle* une signification considérablement élargie – qui en fera parfois le synonyme de *point de vue adopté* ou *préconception* –, il apparaîtra que les problèmes susceptibles d'être résolus dans le cadre d'une certaine tradition de recherche se rapprochent beaucoup de ces énigmes. Le savant qui construit un dispositif pour déterminer des longueurs d'ondes optiques ne doit pas se contenter d'un appareil capable simplement d'attribuer des nombres particuliers à des spectres particuliers. Il n'est pas là seulement pour explorer ou mesurer. Il lui faut démontrer, par l'analyse de son appareillage, en termes compatibles avec les fondements établis de la théorie optique, que les nombres donnés par son instrument sont ceux que la théorie admet comme longueurs d'ondes. Si un certain manque de précision dans la théorie, ou certains éléments non analysés dans son appareillage l'empêchaient de terminer sa démonstration, ses collègues pourraient très bien conclure qu'il n'a rien mesuré du tout. Par exemple, les maxima de dispersion de l'électron, dans lesquels on devait voir par la suite des indices de la longueur d'onde de l'électron, n'avaient pas de signification évidente la première fois qu'ils ont été observés et enregistrés. Avant de devenir des mesures de quoi que ce soit, il a fallu qu'ils soient rattachés à une théorie prédisant que la matière en mouvement présenterait certains caractères des ondes. Et même après la mise en évidence de ce rapport, il a fallu réorganiser l'appareillage pour que les résultats expérimentaux puissent sans équivoque être mis en corrélation avec la théorie [1]. Tant que ces conditions n'avaient pas été remplies, aucun problème n'avait été résolu.

---

1. Pour avoir un bref compte rendu de l'évolution de ces expériences, voir Boas, *Robert Boyle and Seventeenth century chemistry* (Cambridge, 1958), la p. 4 de la conférence de C. J. Davisson dans les *Prix Nobel en 1937* (Stockholm, 1938).

Des restrictions du même ordre limitent les solutions admissibles pour les problèmes théoriques. Durant tout le XVIIIe siècle, les scientifiques qui essayèrent de déduire le mouvement observé de la Lune des lois newtoniennes du mouvement et de la gravitation aboutirent régulièrement à un échec. En conséquence, certains d'entre eux suggérèrent de remplacer la loi du carré inverse par une loi qui s'en écartait pour de petites distances. Mais c'eût été modifier le paradigme, définir une nouvelle énigme et non résoudre l'ancienne. En l'occurrence, les savants s'en tinrent à leurs règles jusqu'à ce que, en 1750, l'un d'entre eux découvrît la façon de les appliquer avec succès [1]. Seul un changement des règles du jeu aurait pu fournir une autre possibilité.

L'étude des traditions de la science normale révèle de nombreuses règles additionnelles qui nous renseignent clairement sur les obligations qu'implique pour les scientifiques l'acceptation des paradigmes. Si l'on veut classer ces règles en catégories [2], la plus évidente et probablement la plus contraignante est illustrée par le genre de généralisation dont nous venons de parler, à savoir les affirmations explicites de lois scientifiques ou les affirmations concernant des concepts et des théories scientifiques. Tant qu'elles continuent à être respectées, ces affirmations aident à formuler les énigmes et à limiter les solutions acceptables. Les lois de Newton, par exemple, ont joué ce rôle durant les XVIIIe et XIXe siècles. Tant qu'elles ont eu cours, la quantité de matière a été

1. W. Whewell, *History of the inductive science* (éd. revue ; Londres, 1847), II, p. 101-105, 220-222.

2. Cette question m'a été suggérée par W. O. Hagstrom dont les travaux de sociologie des sciences recoupent souvent les miens.

une catégorie ontologique fondamentale pour les physiciens, et les forces qui agissent entre les particules de matière ont constitué un des principaux sujets de recherche [1]. En chimie, les lois des proportions fixes et définies ont eu longtemps une importance semblable – pour poser le problème des poids atomiques, limiter les résultats admissibles dans les analyses chimiques, et expliquer aux chimistes ce qu'étaient les atomes et les molécules, les composés et les mélanges [2]. Les équations de Maxwell et les lois de thermodynamique statistique ont actuellement la même force contraignante et la même fonction.

Les règles de ce genre ne sont cependant ni les seules ni les plus intéressantes de toutes celles que révèle l'étude historique. À un niveau inférieur et plus concret que celui des lois et des théories, il y a, par exemple, une multitude d'impératifs concernant certains types d'instrumentation préférés et la manière légitime de les employer. Un changement d'attitude envers le rôle du feu dans les analyses chimiques a eu une importance capitale dans le développement de la chimie au XVIIe siècle [3]. Helmholtz, au XIXe siècle, s'est heurté à une résistance opiniâtre de la part des physiologistes

1. Au sujet de ces aspects des doctrines newtoniennes, voir I. B. Cohen, *Franklin and Newton : An inquiry into speculative newtonian experimental science and Franklin's work in electricity as an example thereof* (Philadelphie, 1956), chap. VII, en particulier p. 255-257, 275-277.

2. Cet exemple est étudié en détail à la fin du chap. X.

3. H. Metzger, *Les Doctrines chimiques en France du début du XVIIe siècle à la fin du XVIIIe siècle* (Paris, 1923), p. 359-361 ; Marie Boas, *Robert Boyle and XVIIth century chemistry* (Cambridge, 1958), p. 112-115.

quand il prétendit que l'expérimentation physique pouvait apporter des éclaircissements sur leur spécialité [1]. Et durant ce même siècle, la curieuse histoire de la chromatographie chimique donne un autre exemple de la persistance d'impératifs instrumentaux qui, tout autant que les lois et les théories, ont imposé aux scientifiques les règles de leur jeu [2]. Nous trouverons, en étudiant la découverte des rayons X, les raisons d'être d'autres impératifs du même genre.

Dépendant moins de facteurs locaux et temporaires, sans être toutefois imperméables à tout changement, d'autres impératifs, que l'étude historique met régulièrement en évidence, sont d'un niveau plus élevé, quasi métaphysique. Après 1630, par exemple, en particulier après la parution des œuvres de Descartes qui eurent une influence énorme sur les sciences, la plupart des physiciens partirent du principe que l'univers était composé de corpuscules microscopiques et que tous les phénomènes naturels pouvaient s'expliquer par la forme, la taille, le mouvement et l'interaction de ces corpuscules. Cet ensemble d'impératifs se révéla être métaphysique tout autant que méthodologique. Sur le plan métaphysique, il enseignait aux scientifiques quelles entités existaient ou n'existaient pas dans l'univers : il n'y avait que la matière pourvue de forme et de mouvement. Sur le plan méthodologique, il leur enseignait ce que devaient être des lois définitives et des explications fondamentales : les lois devaient préciser le mouvement et l'interaction des corpuscules, et l'explication devait réduire tout

1. Leo Königsberg, *Hermann von Helmholtz*, trad. anglaise par Francis A. Welby (Oxford, 1906), p. 65-66.

2. James E. Meinhard, « Chromatography : a perspective », *Science*, CX (1949), p. 387-392.

phénomène naturel donné à une interaction de corpuscules régie par ces lois. Fait plus important encore, la conception corpusculaire de l'univers dictait aux scientifiques ce que devraient être bon nombre de leurs problèmes de recherche. Par exemple, un chimiste qui adoptait, comme Boyle, la nouvelle philosophie accordait une attention particulière aux réactions qui pouvaient s'interpréter comme des transmutations. C'est que, plus clairement que toute autre, elles mettaient en évidence le processus de réarrangement corpusculaire qui devait être à la base de toutes les transformations chimiques [1]. D'autres effets semblables de la théorie corpusculaire peuvent s'observer dans l'étude de la mécanique, de l'optique et de la chaleur.

Finalement, à un niveau encore plus élevé, il existe un autre ensemble d'impératifs indépendamment desquels nul ne peut se dire homme de science. L'homme de science, par exemple, doit se préoccuper de comprendre le monde et d'éclairer toujours davantage la précision et la portée de l'ordre qui y règne. Cet impératif doit, à son tour, l'amener à étudier dans le plus grand détail certains aspects de la nature. Et, si cette étude détaillée révèle des zones de désordre apparent, celles-ci doivent l'inciter à mettre au point de nouvelles techniques d'observation plus exactes et à préciser davantage sa théorie. Il n'est pas douteux que d'autres règles analogues ont eu de tout temps une grande importance pour la vie scientifique.

---

1. Sur les théories corpusculaires en général, voir Marie Boas, « The Establishment of the mechanical philosophy », *Osiris*, X (1952), p. 412-541. À propos de ses effets sur la chimie de Boyle, voir T. S. Kuhn, « Robert Boyle and structural chemistry in the XVIIIth century », *Isis*, XLIII (1952), p. 12-36.

L'existence de ce réseau serré d'impératifs – conceptuels, théoriques, instrumentaux et méthodologiques – est la principale source de la métaphore qui assimile la science normale à la solution d'énigmes. C'est parce qu'il fournit au praticien d'une spécialité arrivée à maturité des règles qui lui disent ce que sont le monde et la science que celui-ci peut se concentrer avec assurance sur les problèmes ésotériques définis pour lui par ces règles et par les connaissances du moment. Ce qui constitue alors pour l'homme de science un défi personnel, c'est de savoir comment trouver une solution à l'énigme qui subsiste. À ce point de vue, et à d'autres, une étude des énigmes et de leurs règles permet de mieux comprendre la nature de la pratique scientifique normale.

D'un autre point de vue pourtant, cette comparaison peut produire une confusion sérieuse. Bien qu'il y ait de toute évidence des règles auxquelles adhèrent à un moment donné tous les praticiens d'une spécialité scientifique, il se peut que ces règles ne définissent pas, à elles seules, tous les traits communs des travaux de ces spécialistes. La science normale est une activité hautement déterminée, mais il n'est pas nécessaire qu'elle soit entièrement déterminée par des règles. C'est pourquoi, au début de cet essai, j'ai cherché la source de la cohérence des traditions de la recherche normale dans des paradigmes communs plutôt que dans des règles, des hypothèses ou des points de vue communs. Les règles, me semble-t-il, dérivent des paradigmes, mais les paradigmes peuvent guider la recherche même en l'absence de règles.

CHAPITRE IV

Priorité des paradigmes

Pour découvrir les rapports existant entre les règles, les paradigmes et la science normale, considérons d'abord la manière dont l'historien localise les points d'engagement que nous venons de décrire comme des règles acceptées. L'étude historique minutieuse d'une spécialité scientifique donnée, à un moment donné, révèle un ensemble d'illustrations répétées et presque standardisées de différentes théories, dans leurs applications conceptuelles, instrumentales et dans celles qui relèvent de l'observation. Ce sont les paradigmes du groupe, exposés dans ses manuels, son enseignement et ses exercices de laboratoire. En les étudiant et en les mettant en pratique, les membres du groupe apprennent leur spécialité. L'historien découvrira évidemment aussi une zone d'ombre, occupée par des réalisations dont les statuts sont encore douteux, mais l'ensemble des problèmes résolus et des techniques est habituellement clair. Malgré certaines ambiguïtés occasionnelles, il est relativement facile de déterminer avec une aisance relative les paradigmes d'une communauté scientifique arrivée à maturité.

Toutefois, déterminer des paradigmes communs n'équivaut pas à déterminer des règles communes. C'est là une seconde démarche d'un genre assez différent ; elle demande à l'historien de comparer entre eux les paradigmes du groupe, puis de les comparer aux comptes rendus des recherches habituelles du groupe, le but étant de découvrir quels éléments isolables, explicites ou implicites, les membres du groupe peuvent avoir abstraits de leurs paradigmes globaux pour en faire les règles de leurs recherches. Quiconque tente de décrire ou d'analyser l'évolution d'une tradition scientifique particulière cherche nécessairement à reconnaître ce genre de principes et de règles acceptés. Presque toujours, comme l'indiquent les chapitres précédents, on peut y réussir, au moins partiellement. Mais, si je puis me fonder sur ma propre expérience, la recherche des règles s'avère à la fois plus difficile et moins satisfaisante que celle des paradigmes. On peut, sans soulever de problèmes, utiliser certaines généralisations pour décrire les croyances communes du groupe. D'autres, cependant, y compris certaines de celles qui ont été données ci-dessus comme exemples, paraîtront un peu poussées. Sous cette forme générale ou sous n'importe quelle autre imaginable, elles auraient presque certainement été rejetées par certains membres du groupe étudié. Et pourtant, si l'on veut exprimer sous forme de règles la cohérence d'une certaine tradition de recherche, il est indispensable de déterminer un terrain commun dans le domaine correspondant. Par suite, la recherche de l'ensemble des règles qui sont la base d'une tradition de recherche normale donnée devient une source d'agacement continuel et profond.

Prendre conscience de cet agacement permet cependant d'en diagnostiquer la source. Des hommes de science peuvent s'accorder pour dire qu'un Newton, un Lavoisier, un Maxwell, ou un Einstein ont fourni une solution apparemment durable à un groupe de problèmes majeurs, et ne pas être d'accord pourtant, parfois même à leur insu, sur les caractéristiques abstraites particulières qui donnent à ces solutions leur valeur permanente. C'est-à-dire qu'ils peuvent être du même avis quant à l'identification d'un paradigme sans pouvoir se mettre d'accord, ou sans tenter même de se mettre d'accord, sur une interprétation ou une rationalisation complète de celui-ci. Un paradigme peut donc guider les recherches, même s'il ne se laisse pas réduire à une interprétation unique ou à des règles généralement admises. L'étude directe des paradigmes permet de déterminer en partie le degré d'évolution de la science normale et, si cette étude est facilitée par l'existence de règles et d'hypothèses clairement formulées, elle n'en dépend pas. L'existence d'un paradigme n'implique même pas celle d'un ensemble complet de règles [1].

Le premier résultat de ces affirmations est forcément de soulever des problèmes. En l'absence d'un ensemble satisfaisant de règles, qu'est-ce donc qui limite l'homme de science à une tradition particulière de la science normale ? Que peut signifier l'expression *inspection directe des paradigmes* ? Des réponses partielles à de telles questions ont été données par Ludwig Wittgenstein, bien que dans un contexte très différent. Ce contexte étant à la fois plus élémentaire et plus familier, nous aurons avantage à y recourir dans un premier temps.

---

1. Michael Polanyi a brillamment soutenu une thèse très semblable, en prétendant qu'une grande partie des succès d'un homme de science dépend de la *connaissance tacite*, c'est-à-dire d'une connaissance qui s'acquiert par la pratique et ne peut pas se formuler explicitement. Voir son livre *Personal knowledge* (Chicago, 1958), en particulier les chap. V et VI.

Qu'avons-nous besoin de savoir, demandait Wittgenstein, pour utiliser des termes comme *chaise* ou *feuille* ou *jeu* d'une façon qui ne laisse place ni à l'équivoque ni à la discussion [1] ? À cette question très ancienne, on a généralement répondu : nous devons savoir, consciemment ou intuitivement, ce qu'*est* une chaise, une feuille ou un jeu ; c'est-à-dire saisir un groupe d'attributs communs à tous les jeux et aux jeux seulement. Wittgenstein concluait pour sa part que, étant donné la manière dont nous utilisons le langage et le genre d'univers auquel nous l'appliquons, cette condition n'est pas indispensable. Bien que l'étude de *certains* des attributs communs à un groupe de chaises, de feuilles ou de jeux puisse nous aider à utiliser à bon escient le terme correspondant, il n'y a pas de groupe de caractères qui soit simultanément applicable à tous les membres de la classe et à eux seuls. D'autre part, mis en présence d'une activité nouvelle pour nous, nous y appliquons le mot *jeu* parce qu'il y a un air de famille entre ce que nous voyons et un certain nombre d'autres activités que nous avons déjà appris à appeler de ce nom. Bref, pour Wittgenstein, les jeux, les chaises et les feuilles sont des familles naturelles, caractérisées chacune par un réseau de ressemblances qui se recouvrent et s'enchevêtrent. L'existence de ce réseau suffit à expliquer que nous réussissions à identifier l'objet ou l'activité correspondante. C'est seulement si les familles que nous avons distinguées se recouvraient et se

1. Ludwig Wittgenstein, *Philosophical investigations*, trad. anglaise par G. E. M. Anscombe (New York, 1953), p. 31-36. Wittgenstein ne dit cependant presque rien du genre d'univers nécessaire pour donner un cadre au processus qu'il décrit. Une partie de l'argumentation qui suit ne peut donc lui être attribuée.

fondaient graduellement l'une dans l'autre – seulement donc s'il n'y avait pas de familles naturelles – que notre capacité à identifier et nommer les choses prouverait qu'il existe un groupe de caractéristiques communes correspondant à chacun des noms de classe que nous employons.

Il est bien possible qu'il en aille de même pour les différents problèmes et techniques de recherche qui se développent au sein d'une tradition particulière de science normale. Ce qui leur est commun, ce n'est pas le fait de répondre à un ensemble de règles et d'hypothèses explicites ou même susceptibles d'être entièrement formulées, ensemble qui donnerait à cette tradition son caractère et son emprise sur l'esprit des scientifiques. Bien au contraire, ils peuvent être liés par une simple ressemblance ou par conformité à l'une ou l'autre partie d'un ensemble de travaux scientifiques que le groupe en question reconnaît déjà comme établis. Les scientifiques travaillent d'après des modèles qui leur viennent de leurs études ou de ce qu'ils ont lu ensuite, et bien souvent ils ne savent pas, ou n'ont pas besoin de savoir, quelles caractéristiques ont donné à ces modèles valeur de paradigmes pour le groupe. De ce fait, ils n'ont pas besoin d'un ensemble complet de règles. Il se peut que la cohérence qui apparaît dans la tradition de recherche à laquelle ils participent n'implique même pas l'existence de cet ensemble sous-jacent de règles et d'hypothèses qu'une étude philosophique ou historique peut découvrir par la suite. Puisque les scientifiques ne se demandent généralement pas ce qui légitime tel problème ou telle solution, nous sommes tentés de supposer qu'ils connaissent la réponse, au moins intuitivement. Il se peut toutefois qu'ils aient simplement l'impression que ni la question ni la réponse ne relèvent de leur recherche. Il se peut que les paradigmes soient antérieurs, plus contraignants et plus complets que n'importe quel ensemble de règles de recherche que l'on pourrait en abstraire sans équivoque.

Ce point de vue a été jusqu'ici entièrement théorique. À mon affirmation que les paradigmes pourraient déterminer la science normale sans l'intervention de règles perceptibles, je voudrais maintenant essayer de donner à la fois plus de clarté et d'urgence en indiquant certaines des raisons qui nous amènent à penser que les paradigmes jouent bien ce rôle. La première, que nous avons déjà étudiée, c'est la grande difficulté que nous rencontrons pour déceler les règles qui ont guidé les diverses traditions de la science normale, difficulté très proche de celle que rencontre le philosophe lorsqu'il essaie de dire ce que tous les jeux ont en commun. La deuxième, dont la première n'est en fait qu'un corollaire, a ses racines dans la nature des études scientifiques. Les scientifiques, nous l'avons déjà montré, n'apprennent jamais des concepts, des lois et des théories dans l'abstrait et isolément. Dès le début, au contraire, ils rencontrent ces outils intellectuels dans une unité antérieure (tant du point de vue historique que du point de vue pédagogique) qui les met en évidence, avec leurs applications et par l'intermédiaire de celles-ci. Une nouvelle théorie est toujours annoncée en même temps que des applications concernant une gamme plus concrète de phénomènes naturels ; sans cela, elle ne serait même pas considérée. Une fois la théorie acceptée, ces mêmes applications, ou d'autres, accompagnent la théorie dans les manuels où le futur praticien apprendra sa spécialité. Ce n'est pas dans un but décoratif ou même documentaire qu'elles figurent là. Au contraire, apprendre une théorie est un processus qui dépend de l'étude de ses applications et de la résolution de problèmes pratiques, aussi bien avec un papier et un crayon qu'avec des instruments de laboratoire. Si, par exemple, un individu étudiant la dynamique d'après les lois de Newton découvre un jour le sens de termes comme *force, masse, espace* et *temps*, ce sera moins parce qu'il en aura trouvé dans son texte des définitions (incomplètes mais souvent utiles) que parce qu'il aura observé, en y participant lui-même, l'application de ces concepts à la solution de problèmes.

Ce processus d'apprentissage qui passe par l'exercice et par l'action se poursuit tout au long de l'initiation professionnelle. À mesure que l'étudiant progresse, depuis son cours de première année jusqu'à la rédaction de sa thèse, les problèmes qui lui sont posés deviennent plus complexes et moins riches de précédents. Mais ils continuent à se modeler de très près sur des réussites antérieures, au même titre que les problèmes qui l'occuperont normalement par la suite durant sa carrière scientifique indépendante. Chacun est évidemment libre de supposer qu'à un certain moment, au cours de ce processus, l'homme de science a intuitivement abstrait pour son propre compte les règles du jeu, mais il n'y a guère de raisons de le croire. Bien que de nombreux hommes de science parlent facilement et à bon escient des diverses hypothèses particulières qui sont à la base d'un problème concret de recherche courante, ils ne se débrouillent guère mieux que les non-initiés quand il s'agit de caractériser les bases établies de leur domaine de recherche, ses problèmes et ses méthodes légitimes. S'ils se sont le moins du monde familiarisés avec ces abstractions, ils le montrent surtout par leur compétence à mener des recherches fructueuses. Il est cependant possible d'expliquer cette compétence sans avoir recours à des règles du jeu hypothétiques.

Ces conséquences de la formation scientifique ont une réciproque qui fournit une troisième raison de supposer que les paradigmes guident la recherche par modelage direct tout autant que par l'intervention de règles abstraites. La science normale ne peut avancer sans règles qu'aussi longtemps que le groupe scientifique accepte, sans se poser de questions, les diverses solutions de problèmes déjà mises au point. Il serait donc normal que les règles deviennent importantes et que le manque d'intérêt qui les entoure habituellement s'évanouisse dès que les paradigmes ou les modèles semblent moins sûrs. Or c'est exactement ce qui se produit. La période antérieure à la formation d'un paradigme, en particulier, est régulièrement marquée par des discussions fréquentes et profondes sur les méthodes légitimes, les problèmes, les solutions acceptables, bien que cela serve plus à définir des écoles qu'à rallier l'unanimité. Nous avons déjà noté certaines de ces discussions en optique et en électricité, et leur rôle a été plus grand encore dans le développement de la chimie au XVIIe siècle et de la géologie au début du XIXe [1]. D'ailleurs, les discussions de ce genre ne disparaissent pas une fois pour toutes avec l'apparition du paradigme. Bien qu'elles soient presque inexistantes durant les périodes de science normale, elles se

1. Pour la chimie, voir H. Metzger, *Les Doctrines chimiques en France du début du XVIIe à la fin du XVIIIe siècle* (Paris, 1923), p. 24-27, 146-149 ; et Marie Boas, *Robert Boyle and Seventeenth Century Chemistry* (Cambridge, 1958), chap. II. Pour la géologie, voir Walter F. Cannon, « The Uniformitarian Catastrophist debate », *Isis*, LI (1960), p. 38-55 ; et C. C. Gillispie, *Genesis and Geology* (Cambridge, Mass., 1951), chap. IV-V.

reproduisent régulièrement juste avant et pendant les révolutions scientifiques, aux moments où les paradigmes sont attaqués et susceptibles de changer. Le passage de la mécanique newtonienne à celle des quanta a fait naître de nombreuses discussions sur la nature et les normes de la physique ; certaines durent toujours [1]. Il y a encore des savants qui peuvent se rappeler les discussions si vives engendrées par la théorie électromagnétique de Maxwell et par la mécanique statistique [2]. Et plus tôt encore, l'assimilation des mécaniques de Galilée et de Newton donna lieu à une série particulièrement célèbre de débats avec les aristotéliciens, les cartésiens et les leibniziens sur les normes admissibles en science [3]. Bref, quand les scientifiques ne s'entendent pas pour admettre que les problèmes fondamentaux de leur domaine ont été résolus, la recherche des règles assume une fonction qu'elle ne possède pas d'ordinaire. Tandis qu'aussi

1. Au sujet des controverses sur la mécanique quantique, voir Jean Ullmo, *La Crise de la physique quantique* (Paris, 1950), chap. II.

2. Pour la mécanique statistique, voir René Dugas, *La Théorie physique au sens de Boltzmann et ses prolongements modernes* (Neuchâtel, 1959), p. 158-184, 206-219. Sur l'accueil réservé aux travaux de Maxwell, voir Max Planck, « Maxwell's influence in Germany » dans *James Clerk Maxwell : A Commemoration Volume*, 1831-1931 (Cambridge, 1931), p. 45-65 et en partic. p. 58-63 ; et Silvanus P. Thompson, *The Life of William Thompson Baron Kelvin of Largs* (Londres, 1910), II, p. 1021-1027.

3. On trouvera un exemple de la bataille contre les aristotéliciens dans A. Koyré, « A documentary history of the problem of fall under Képler and Newton », *Transactions of the American Philosophical Society*, XLV (1955), p. 329-395. Sur les débats avec les cartésiens et les leibniziens, voir Pierre Brunet, *L'Introduction des théories de Newton en France au XVIIIe siècle* (Paris, 1931) et A. Koyré, *From the closed world to the infinite universe* (Baltimore, 1957), chap. XI.

longtemps que les paradigmes restent sûrs, ils peuvent fonctionner sans qu'il soit besoin de s'entendre sur leur rationalisation, ou même sans qu'on tente de les rationaliser du tout.

Une quatrième raison de reconnaître au paradigme un statut antérieur à celui des règles et des hypothèses communes pourra servir de conclusion à ce chapitre. L'introduction de cet essai suggérait qu'il peut y avoir de petites révolutions aussi bien que des grandes, que certaines révolutions ne touchent que les membres d'une sous-spécialité professionnelle, pour qui la simple découverte d'un phénomène nouveau et inattendu peut être révolutionnaire. Le prochain chapitre abordera l'étude de quelques révolutions choisies dans cette perspective. La façon dont elles se produisent est encore loin d'être élucidée. Si la science normale est aussi rigide et les communautés scientifiques aussi fortement soudées que le laissent entendre les pages qui précèdent, comment un changement de paradigme peut-il n'affecter qu'un petit sous-groupe ? Peut-être ce que nous avons dit jusqu'ici semblait-il impliquer que la science normale est une entreprise unique, monolithique et unifiée qui doit survivre ou s'écrouler avec chacun de ses paradigmes, et pas seulement avec l'ensemble de ceux-ci. Mais il est évident que la science ne se présente jamais, ou même rarement, ainsi. Si l'on en considère à la fois toutes les branches, elle apparaît souvent au contraire comme une structure fortuite dont les différentes parties ne sont liées par aucune cohérence. Rien de ce que nous avons dit ne devrait nous faire oublier cette observation très familière. Au contraire, substituer la notion de paradigme à celle de règles devrait nous rendre plus facilement compréhensible la diversité des domaines et des spécialités de la science. Les règles explicites, quand elles existent, sont habituellement communes à un groupe scientifique très large, mais ce n'est pas forcément le cas des paradigmes. Les spécialistes travaillant dans deux domaines très différents, par exemple l'astronomie et la botanique taxonomique, se forment au contact de découvertes très diverses, décrites dans des livres très différents. Et même des hommes qui, travaillant dans le même domaine ou dans des domaines très voisins, commencent par étudier en gros les mêmes découvertes et les mêmes livres, peuvent acquérir des paradigmes assez différents au cours de leur spécialisation professionnelle.

Considérons, pour prendre un exemple unique, le groupe assez vaste et divers constitué par tous les physiciens. De nos jours, on enseigne à chaque membre de ce groupe certaines lois, par exemple celles de la mécanique quantique, et la plupart d'entre eux les emploient à un moment ou à un autre dans leurs recherches ou leur enseignement. Mais ils n'apprennent pas tous les mêmes applications de ces lois, et ils ne sont donc pas tous touchés de la même manière par les changements intervenant dans la pratique de la mécanique quantique. Au cours de leur spécialisation professionnelle, certains physiciens ne rencontrent que les principes de base de la mécanique quantique. D'autres étudient en détail les applications paradigmatiques de ces principes à la chimie, d'autres encore à la physique des solides, et ainsi de suite. La signification de la mécanique quantique dans l'esprit de chacun d'eux dépend de l'enseignement qu'il a suivi, des manuels qu'il a lus, et des revues qu'il suit. Par conséquent, bien qu'un changement dans les lois de la mécanique quantique soit révolutionnaire pour l'ensemble de ces groupes, un changement affectant seulement telle ou telle application du paradigme ne sera obligatoirement révolutionnaire que pour les membres d'une sous-spécialité professionnelle particulière. Pour le reste de la profession, et pour ceux qui travaillent dans un autre domaine de la physique, il n'est pas du tout nécessaire que ce changement soit révolutionnaire. Bref, bien que la mécanique quantique (ou la dynamique de Newton ou la théorie électromagnétique) soit un paradigme pour de nombreux groupes scientifiques, ce n'est pas pour tous le même paradigme. Il peut donc déterminer simultanément plusieurs traditions de science normale qui se recouvrent partiellement sans être coextensives. Une révolution se produisant dans l'une de ces traditions ne s'étendra pas nécessairement à toutes les autres.

Un bref exemple des effets de la spécialisation donnera peut-être plus de force à cette série d'arguments. Un chercheur qui désirait savoir ce que représentait pour les scientifiques la théorie atomique demanda à un éminent physicien et à un éminent chimiste si un atome unique d'hélium était ou n'était pas une molécule. Chacun répondit sans hésiter, mais ils n'étaient pas d'accord. Pour le chimiste, l'atome d'hélium était une molécule parce qu'il se comportait comme une molécule au point de vue de la théorie cinétique des gaz. Pour le physicien, au contraire, l'atome d'hélium n'était pas une molécule parce qu'il ne permettait pas d'apercevoir un spectre moléculaire [1].

---

1. Le chercheur était James K. Senior, qui a bien voulu me faire un compte rendu verbal. Certains problèmes proches de celui-ci sont traités dans son article « The Vernacular of the laboratory », *Philosoph of Science*, XXV, 1958, p. 163-168.

On peut supposer que les deux hommes parlaient bien de la même particule, mais ils la considéraient à travers leur formation personnelle et leurs habitudes de travail. Leur expérience de la résolution des problèmes leur avait appris ce que *doit* être une molécule. À n'en pas douter, leur expérience avait beaucoup de points communs, mais, dans ce cas particulier, elle n'amenait pas les deux spécialistes au même résultat. À mesure que nous avancerons, nous verrons à quel point, parfois, des différences de cette sorte dans les paradigmes peuvent avoir des conséquences importantes.

CHAPITRE V

Anomalie et apparition des découvertes scientifiques

La science normale, cette activité consistant comme nous venons de le voir à résoudre des énigmes, est une entreprise fortement cumulative qui réussit éminemment à remplir son but : étendre régulièrement, en portée et en précision, la connaissance scientifique. À tous ces points de vue, elle correspond très exactement à l'image la plus courante que l'on se fait du travail scientifique. Nous n'y voyons pourtant pas figurer l'un des éléments habituels de l'entreprise scientifique. La science normale ne se propose pas de découvrir des nouveautés, ni en matière de théorie ni en ce qui concerne les faits, et, quand elle réussit dans sa recherche, elle n'en découvre pas. Pourtant la recherche scientifique découvre très souvent des phénomènes nouveaux et insoupçonnés, et les savants inventent continuellement des théories radicalement nouvelles. L'étude historique permet même de supposer que l'entreprise scientifique a mis au point une technique d'une puissance unique pour produire des surprises de ce genre. Si nous voulons que ce trait caractéristique de la science s'accorde à ce que nous avons dit précédemment, il nous faut admettre que la recherche dans le cadre d'un paradigme doit être une manière particulièrement efficace d'amener ce paradigme à changer.

Car c'est bien là le résultat des nouveautés fondamentales dans les faits et dans la théorie : produites par inadvertance, au cours d'un jeu mené avec un certain ensemble de règles, leur assimilation exige l'élaboration d'un autre ensemble de règles. Une fois qu'elles seront devenues parties intégrantes de la science, l'entreprise scientifique ne sera jamais plus exactement la même, tout au moins pour les spécialistes dans le domaine particulier desquels se situent ces nouveautés.

Il nous faut maintenant nous demander comment des changements de ce genre peuvent se produire, en considérant d'abord les découvertes ou nouveautés de faits, puis les inventions ou nouveautés de la théorie. Cette distinction entre découverte et invention, ou entre faits et théorie, se révélera cependant très vite excessivement artificielle et ce caractère artificiel est un élément important pour la compréhension de plusieurs des thèses principales de cet essai. En étudiant dans ce chapitre quelques découvertes choisies, nous constaterons rapidement que ce ne sont pas des événements isolés, mais des épisodes prolongés dont la structure se reproduit régulièrement. La découverte commence avec la conscience d'une anomalie, c'est-à-dire l'impression que la nature, d'une manière ou d'une autre, contredit les résultats attendus dans le cadre du paradigme qui gouverne la science normale. Il y a ensuite une exploration, plus ou moins prolongée, du domaine de l'anomalie. Et l'épisode n'est clos que lorsque la théorie du paradigme est réajustée afin que le phénomène anormal devienne phénomène attendu. L'assimilation d'un nouveau type de faits est donc beaucoup plus qu'un complément qui s'ajouterait simplement à la théorie, et jusqu'à ce que le réajustement qu'elle exige soit achevé – jusqu'à ce que l'homme de science ait appris à voir la nature d'une manière différente –, le fait nouveau n'est pas tout à fait un fait scientifique.

Pour vérifier à quel point les nouveautés de fait et de théorie sont intimement mêlées dans la découverte scientifique, nous prendrons l'exemple particulièrement fameux de la découverte de l'oxygène. Trois savants au moins peuvent légitimement y prétendre et plusieurs autres chimistes, peu après 1770, ont dû sans le savoir fabriquer un air enrichi dans les récipients de leur laboratoire [1]. Dans cet exemple tiré de la chimie des gaz, le progrès de la science normale avait longuement préparé la voie à cette rupture d'équilibre. Le premier de ceux qui peuvent prétendre avoir préparé un échantillon relativement pur d'oxygène est un apothicaire suédois, C. W. Scheele. Nous pouvons cependant ignorer son travail puisqu'il ne fut publié qu'après que la découverte de l'oxygène eut été annoncée ailleurs, à plusieurs reprises ; il n'a donc eu aucun effet sur le déroulement historique des faits qui nous intéresse ici [2]. Le deuxième prétendant (par ordre chronologique) à cette découverte est l'homme de science et de religion britannique Joseph

1. Au sujet de cette discussion toujours classique sur la découverte de l'oxygène, voir A. N. Meldrum, *The Eighteenth century Revolution in science – The First Phase* (Calcutta, 1930), chap. V. Une étude d'ensemble indispensable comprenant une analyse de la controverse sur la priorité a été faite par Maurice Daumas dans *Lavoisier, théoricien et expérimentateur* (Paris, 1955), chap. II-III. Pour une étude encore plus complète et une bibliographie, voir T. S. Kuhn, « The Historical structure of scientific discovery », *Science*, CXXXVI (1er juin, 1962), p. 760-764.

2. Voir pourtant : Uno Bocklund, « A lost letter from Scheele to Lavoisier », *Lychnos*, 1957-1958, p. 39-62, où l'on trouvera une évaluation différente du rôle de Scheele.

Priestley, qui recueillit le gaz libéré de l'oxyde rouge de mercure chauffé durant une recherche normale prolongée concernant les « airs » libérés par un grand nombre de substances solides. En 1774, il identifia le gaz ainsi produit comme étant du protoxyde d'azote, et en 1775, après de nouvelles expériences, comme étant de l'air commun, possédant moins que sa quantité habituelle de phlogistique. Le troisième prétendant, Lavoisier, commença les travaux qui l'amenèrent à trouver l'oxygène après les expériences de Priestley de 1774 et peut-être à cause d'une suggestion du savant anglais. Au début de 1775, Lavoisier écrivait que le gaz obtenu en chauffant l'oxyde rouge de mercure était « de l'air même, entier et sans altération [excepté que]… il sort plus pur, plus respirable [1] ». Vers 1777, probablement aidé par une seconde suggestion de Priestley, il concluait que le gaz était un corps distinct, l'un des deux éléments principaux de l'atmosphère, conclusion que Priestley ne voulut jamais admettre.

Cette forme de découverte soulève une question que l'on peut se poser à propos de tous les phénomènes nouveaux qui sont entrés dans le champ de conscience des scientifiques. Est-ce Priestley ou Lavoisier, ou bien ni l'un ni l'autre, qui a le premier découvert l'oxygène ? Sous cette forme, la question pourrait se poser même s'il n'existait qu'un prétendant. Notre but ici n'est pas du tout de trouver une réponse pouvant servir de règle générale sur les questions de priorité et de date. Néanmoins,

1. J. B. Conant, *The Overthrow of the phlogiston theory : The chemical revolution of 1775-1789*, « Harvard Case Histories in Experimental Science », Case 2 (Cambridge, Mass., 1950), p. 23. Cette brochure fort utile reproduit plusieurs des documents en cause.

en s'efforçant d'y parvenir, on mettra en lumière la nature de la découverte, d'autant plus que cette réponse n'existe pas. La découverte n'est pas un genre de processus pour lequel la question est posée correctement. Et le fait même que la question se pose – la priorité de la découverte de l'oxygène a été contestée bien souvent depuis 1780 – prouve que, dans cette image de la science qui donne à la découverte un rôle si fondamental, il y a quelque chose qui cloche. Reprenons notre exemple. Les prétentions de Priestley à la découverte de l'oxygène sont fondées sur le fait qu'il a été le premier à isoler un gaz qui, par la suite, fut reconnu comme étant un élément distinct. Mais l'échantillon de Priestley n'était pas pur, et si l'on peut considérer que tenir dans ses mains de l'oxygène impur équivaut à le découvrir, l'exploit avait été accompli par tous ceux qui avaient mis en bouteille de l'air atmosphérique. De plus, si la découverte revient bien à Priestley, de quand date-t-elle ? En 1774, il croyait avoir obtenu du protoxyde d'azote, corps qu'il connaissait déjà ; en 1775 de l'air déphlogistiqué, ce qui n'est pas encore de l'oxygène, ni entièrement, pour les tenants de la chimie du phlogistique, une sorte de gaz assez inattendue. Les prétentions de Lavoisier sont mieux fondées mais présentent les mêmes problèmes. Si nous refusons la palme à Priestley, nous ne pouvons pas la décerner à Lavoisier pour le travail de 1775 qui l'a amené à voir dans ce gaz de « l'air même entier ». Il faudrait attendre les travaux de 1776 et 1777 qui amenèrent Lavoisier non seulement à voir ce gaz, mais à voir ce qu'il était. Même alors, cependant, sa découverte est contestable, car en 1777 et jusqu'à la fin de sa vie, Lavoisier prétendit que l'oxygène était « un principe atomique d'acidité » et que le gaz oxygène se formait seulement lorsque ce « principe » s'unissait avec la calorique, constituant de la chaleur [1]. Dirons-nous alors qu'en 1777 l'oxygène n'avait pas encore été découvert ? Certains seront peut-être tentés de le faire. Mais c'est seulement après 1810 que le principe d'acidité a été banni de la chimie ; quant au calorique, il a survécu jusque vers 1860. Or bien avant ces dates, l'oxygène était devenu une substance chimique courante.

Il est clair qu'il faudrait un vocabulaire et des concepts nouveaux pour analyser des événements comme la découverte de l'oxygène. Bien que, sans aucun doute, elle soit correcte, la phrase « l'oxygène fut découvert » est trompeuse parce qu'elle laisse supposer un acte simple et unique, comparable au concept de vision (qui donnerait aussi lieu à discussion). C'est pourquoi nous admettons si facilement qu'une découverte, comme l'acte de voir ou de toucher, puisse sans équivoque être attribuée à un individu et située à un moment exact du temps. Le malheur est qu'il est presque toujours impossible de préciser le moment de la découverte et bien souvent aussi son auteur. En ignorant Scheele, nous pouvons dire avec certitude que l'oxygène n'avait pas été découvert avant 1774 ou peu après. Mais, à l'intérieur de ces limites, toute tentative pour dater plus précisément se heurte inévitablement à l'arbitraire parce que la découverte d'un type nouveau de phénomènes est forcément un événement complexe, qui implique le fait de reconnaître à la fois qu'il y a quelque chose et ce que c'est. Remarquons, par

1. H. Metzger, *La Philosophie de la matière chez Lavoisier* (Paris, 1935), et Damnas, *op. cit.*, chap. VII.

exemple, que si l'oxygène était pour nous de l'air déphlogistiqué, nous affirmerions sans hésitation que Priestley l'avait découvert, tout en étant toujours incapable de dire quand. Mais si les deux aspects du problème, observation et conceptualisation, fait et assimilation à une théorie, sont inséparablement liés dans la découverte, il nous faut considérer celle-ci comme un processus qui demande du temps. C'est seulement dans le cas où les catégories conceptuelles adéquates sont prêtes d'avance (et dans ce cas le phénomène n'est pas d'un genre nouveau) qu'il est possible de découvrir sans effort, ensemble et en un instant, l'*existence* du phénomène et sa *nature*.

Admettons maintenant que la découverte implique un processus d'assimilation conceptuelle étendu dans le temps, bien que pas forcément long. Pouvons-nous dire aussi qu'elle implique un changement de paradigme ? Il n'est encore possible de donner à cette question aucune réponse générale, mais dans ce cas précis tout au moins, il faut répondre oui. Ce que Lavoisier annonça dans ses articles à partir de 1777, ce n'était pas tellement la découverte de l'oxygène que la théorie de la combustion par l'oxygène. Cette théorie a été la clé de voûte d'un changement si complet dans la conception de la chimie qu'on l'appelle généralement la révolution chimique. Au fond, si la découverte de l'oxygène n'avait pas été partie intégrante de l'apparition d'un nouveau paradigme en chimie, le problème de priorité dont nous sommes partis n'aurait jamais semblé aussi important. Dans ce cas comme dans d'autres, la valeur accordée à un nouveau phénomène, et par suite à celui qui le découvre, varie selon que nous paraît grande ou petite la mesure dans laquelle le phénomène s'est écarté des résultats attendus, dans le cadre du paradigme. Remarquons pourtant, puisque cela aura son importance plus tard, que la découverte de l'oxygène ne fut pas en elle-même la cause du changement de la théorie chimique. Longtemps avant de jouer un rôle quelconque dans la découverte du nouveau gaz, Lavoisier était convaincu d'une part que la théorie du phlogistique était imparfaite, et d'autre part que les corps absorbent une certaine partie de l'atmosphère durant leur combustion. Et il s'en était expliqué dans une note scellée, déposée chez le secrétaire de l'Académie française en 1772 [1]. Les travaux sur l'oxygène n'ont fait que donner une forme et une structure plus précises aux impressions antérieures de Lavoisier, qui sentait que quelque chose n'allait pas. Ils lui apprirent ce qu'il était déjà préparé à découvrir – la nature de la substance que la combustion enlève à l'atmosphère. Cette conscience préalable de difficultés est sans doute pour une bonne part ce qui permit à Lavoisier, dans des expériences analogues à celles de Priestley, de voir apparaître un gaz que Priestley lui-même n'avait pas su voir. Réciproquement, c'est essentiellement parce qu'un changement majeur de paradigme était nécessaire pour voir ce que voyait Lavoisier que Priestley resta, jusqu'à la fin de sa vie, incapable de le voir.

Deux autres exemples plus courts, tout en confirmant ces conclusions, nous permettront de passer de la nature des découvertes aux circonstances qui permettent leur apparition dans la science. Afin de présenter les directions principales dans lesquelles ces découvertes peuvent

1. Le récit le plus digne de foi de l'origine du mécontentement de Lavoisier se trouve chez Henry Guerlac : *Lavoisier – The crucial year : The background and origin of his first experiments on combustion in 1772* (Ithaca, N.Y., 1961).

se produire, nous choisirons deux exemples différents l'un de l'autre et différents aussi de la découverte de l'oxygène. Le premier, les rayons X, est un cas classique de découverte due au hasard, d'un type plus fréquent qu'on ne le croit à lire les comptes rendus habituellement rédigés de façon impersonnelle, dans les milieux scientifiques. L'histoire commence le jour où le physicien Roentgen interrompit une recherche normale sur les rayons cathodiques parce qu'il avait remarqué qu'un écran de platino-cyanure de baryum, placé à quelque distance de son appareillage blindé, émettait une lueur quand la décharge se produisait. De nouvelles recherches – elles prirent sept semaines fiévreuses durant lesquelles Roentgen quitta rarement son laboratoire – indiquèrent que la cause de la lueur venait en ligne droite du tube de rayons cathodiques, que la radiation projetait des ombres, ne pouvait pas être détournée par un aimant, et bien d'autres choses encore. Avant d'annoncer sa découverte, Roentgen avait pour lui-même acquis la conviction que cet effet n'était pas dû aux rayons cathodiques, mais à un agent présentant au moins une certaine similitude avec la lumière [1].

Ce résumé, si bref soit-il, présente des ressemblances frappantes avec le récit de la découverte de l'oxygène : avant d'expérimenter avec l'oxyde rouge de mercure, Lavoisier avait réalisé des expériences qui n'avaient pas donné les résultats prévisibles dans le cadre du paradigme du phlogistique ; la découverte de Roentgen commença quand il constata que son écran émettait une lueur tout

---

1. L. W. Taylor, *Physics, the pioneer science* (Boston, 1941), p. 790-794 ; et T. W. Chalmers, *Historic researches* (Londres, 1949), p. 218-219.

à fait inattendue. Dans les deux cas, la perception de l'anomalie – c'est-à-dire d'un phénomène auquel le paradigme n'avait pas préparé l'expérimentateur – a joué un rôle essentiel pour préparer la voie à la perception de la nouveauté. Mais, dans les deux cas également, ce sentiment que quelque chose *n'allait pas* n'était que le prélude de la découverte. Ni l'oxygène ni les rayons X n'auraient émergé sans un processus ultérieur d'expérimentation et d'assimilation. À quel point des recherches de Roentgen devons-nous dire, par exemple, que les rayons X ont vraiment été découverts ? En tout cas, pas au premier instant, alors qu'on avait remarqué qu'un écran émettant une lueur. Un autre chercheur au moins avait déjà vu cette lueur, et, à son grand chagrin ultérieur, n'avait rien découvert du tout[1]. Il est presque aussi évident, d'autre part, que le moment de la découverte ne peut pas être reporté à la dernière semaine de recherches, alors que Roentgen explorait les propriétés des nouvelles radiations qu'il avait *déjà* découvertes. Nous dirons seulement que les rayons X sont nés à Würzburg, entre le 8 novembre et le 28 décembre 1895.

Il est un troisième domaine, cependant, où les ressemblances significatives entre la découverte de l'oxygène et celle des rayons X sont beaucoup moins apparentes. Au contraire de celle de l'oxygène, la découverte des rayons X, pendant une dizaine d'années tout au moins, n'a été mêlée à aucun bouleversement de la théorie scientifique. Dans

1. E. T. Whittaker, *A history of the theories of aether and electricity* (2e éd. Londres, 1951), p. 358, n° 1. Sir George Thompson m'a fait savoir qu'il s'en est fallu de peu, une seconde fois, que la découverte ne soit faite. Intrigué par des plaques photographiques inexplicablement brouillées, sir William Crookes était aussi sur la piste de la découverte.

quel sens alors peut-on dire que l'assimilation de cette découverte a exigé un changement de paradigme ? Les raisons de nier ce changement seraient très fortes. Il est vrai que les paradigmes admis par Roentgen et ses contemporains ne pouvaient servir à prédire les rayons X. (La théorie électromagnétique de Maxwell n'était pas encore acceptée partout, et la théorie particulaire des rayons cathodiques n'était qu'une spéculation entre plusieurs.) Mais d'autre part, au moins dans leur signification évidente, ils n'interdisaient pas non plus de croire à l'existence des rayons X, tandis que la théorie phlogistique interdisait l'interprétation donnée par Lavoisier du gaz de Priestley. En 1895, en effet, les habitudes et les théories scientifiques acceptées admettaient l'existence de différentes formes de radiations – visibles, infrarouges et ultraviolettes. Pourquoi n'aurait-on pas pu accepter les rayons X en les considérant simplement comme une autre forme d'une classe bien connue de phénomènes naturels ? Pourquoi ne furent-ils pas reçus, par exemple, comme la découverte d'un nouvel élément chimique ? À l'époque de Roentgen, on cherchait et on trouvait encore de nouveaux éléments pour remplir des places vides dans la table périodique. Leur recherche était un des buts courants de la science normale, et le succès était une occasion de congratulations, non de surprise.

Pourtant les rayons X furent accueillis non seulement comme une surprise, mais comme un fait choquant. Lord Kelvin déclara d'abord qu'il s'agissait d'une mystification habile [1]. D'autres, tout en acceptant le phénomène, étaient, de toute évidence, déconcertés. La théorie

1. Silvanus P. Thompson, *The Life of sir William Thomson Baron Kelvin of Largs* (Londres, 1910), II, p. 1125.

établie n'interdisait pas absolument l'existence des rayons X, mais ceux-ci s'opposaient à ce que des habitudes profondément ancrées rendaient prévisible ; ce qui, dirai-je, était implicitement admis dans les visées et les interprétations des procédures courantes de laboratoire. Vers 1890, les appareils à rayons cathodiques étaient courants dans de nombreux laboratoires d'Europe. Si l'appareil de Roentgen avait produit des rayons X, sans doute d'autres expérimentateurs en avaient-ils produit depuis un certain temps, sans le savoir. Peut-être ces rayons, qui pouvaient aussi fort bien avoir d'autres sources inconnues, avaient-ils joué un rôle dans des résultats préalablement expliqués sans faire appel à eux. En mettant les choses au mieux, il faudrait dorénavant entourer d'une épaisseur de plomb un certain nombre d'appareils familiers. Certains travaux déjà terminés, dans le domaine de la science normale, devraient être recommencés puisqu'une variable importante n'avait pas été reconnue et contrôlée. Les rayons X, c'était évident, ouvraient un nouveau champ de travail et augmentaient ainsi le domaine potentiel de la science normale. Mais en même temps, et c'est pour nous le plus important, ils modifiaient des spécialités. Ils refusaient à certains types d'instrumentation jusque-là paradigmatiques leur droit à ce titre.

Bref, consciemment ou non, la décision d'employer un appareillage particulier, d'une manière particulière, sous-entend qu'un certain genre de circonstances seulement se présentera. Sur le plan instrumental comme sur le plan théorique, on s'attend à certains résultats et cela a souvent joué un rôle décisif dans le développement scientifique. On en trouve un exemple dans l'histoire de la découverte tardive de l'oxygène. Utilisant un procédé courant pour mesurer « la bonne qualité de l'air », Priestley et Lavoisier mélangèrent chacun deux volumes de leur gaz avec un volume de bioxyde d'azote, secouèrent le mélange au-dessus de l'eau et mesurèrent le volume du résidu gazeux. L'expérience ancienne qui avait engendré ce procédé courant leur faisait prévoir qu'avec l'air atmosphérique le résidu serait d'un volume et que pour tout autre gaz (ou pour de l'air pollué) il serait plus grand. Dans les expériences sur l'oxygène, tous deux trouvèrent un résidu proche d'un volume et identifièrent donc le gaz d'après ce résultat. C'est seulement beaucoup plus tard, et en partie par hasard, que Priestley, renonçant au procédé habituel, essaya de mélanger du bioxyde d'azote avec son gaz dans d'autres proportions. Il trouva alors qu'avec un volume quadruple de bioxyde d'azote il n'y avait presque pas de résidu. En reconnaissant le premier procédé expérimental – procédé sanctionné par de nombreuses expériences antérieures – il avait reconnu simultanément la non-existence de gaz qui pourraient se comporter comme le faisait l'oxygène [1].

On pourrait multiplier les exemples de ce genre en se reportant, par exemple, à l'identification tardive de la fission de l'uranium. L'une des raisons pour lesquelles cette réaction nucléaire se révéla particulièrement difficile à reconnaître, c'est que les chercheurs qui savaient ce que l'on peut attendre quand on bombarde de l'uranium choisirent des réactions chimiques visant principalement les éléments de la moitié supérieure de la table périodique [2]. Considérant la fréquence avec laquelle ces obédiences instrumentales se révèlent causes d'erreurs,

1. Conant, *op. cit.*, p. 18-20.

2. K. K. Darrow, « Nuclear fission », *Bell system technical journal*, XIX (1940), p. 267-289. Le krypton, l'un des deux principaux pro-

devons-nous conclure que la science devrait abandonner les procédés standard et les instruments standard ? Il en résulterait une méthode de recherche inconcevable. Les procédés et les applications découlant du paradigme sont aussi nécessaires à la science que les lois et les théories du paradigme, et ils ont les mêmes effets. Ils restreignent inévitablement l'étendue des phénomènes accessibles à la recherche scientifique, à n'importe quel moment. Cela dit, nous pouvons voir simultanément que d'un point de vue essentiel une découverte comme celle des rayons X exigeait un changement de paradigme – donc un changement à la fois dans les procédés et dans les résultats prévisibles – pour une fraction spéciale de la communauté scientifique. Par conséquent, nous pouvons aussi comprendre comment la découverte des rayons X a pu sembler ouvrir à de nombreux savants un monde

---

duits de la fission, ne semble pas avoir été identifié par des moyens chimiques avant que la réaction ne soit bien comprise. L'autre produit, le baryum, fut presque identifié chimiquement à une phase tardive de la recherche, parce que, précisément, cet élément devait être ajouté à la solution radioactive pour précipiter l'élément lourd que les chimistes nucléaires recherchaient. Ce baryum que l'on ajoutait se révéla impossible à séparer du produit radioactif, et après des recherches répétées pendant près de cinq ans, on aboutit au rapport suivant : « En tant que chimistes, cette recherche nous amènerait… à changer tous les noms du schéma de la réaction précédente et à écrire ainsi Ba, La, Ce au lieu de Ra, Ac, Th. Mais en tant que *chimistes nucléaires* ayant des liens intimes avec la physique, nous ne pouvons pas nous résoudre à franchir ce pas qui contredirait toutes les expériences antérieures de la physique nucléaire. Il se peut qu'une série de hasards rende nos résultats trompeurs. » (Otto Hahn et Fritz Strassman, « Uber den Nachweis und das Verhalten der bei der Bestrahlung des Urans mittels Neutronen entstehended Erdalkalimetalle », *Die Naturwissenschaften*, XXVII [1939], p. 15.)

étrange et nouveau et participer ainsi de manière si effective à la crise qui a conduit à la physique du XXe siècle.

Notre dernier exemple de découverte scientifique, celui de la bouteille de Leyde, appartient à une catégorie d'exemples dont on pourrait dire qu'ils sont le fruit d'une théorie. Au premier abord, l'expression semblera paradoxale. La majeure partie de notre argumentation jusqu'ici suppose que les découvertes prédites par la théorie sont des parties de la science normale et n'apportent aucune catégorie nouvelle de faits. J'ai par exemple présenté plus haut les découvertes d'éléments chimiques nouveaux, durant la seconde moitié du XIXe siècle, comme résultant de la science normale. Mais toutes les théories ne sont pas des théories-paradigme. Aussi bien durant les périodes antérieures à la formation d'un premier paradigme que durant les crises qui aboutissent à un vaste changement de paradigme, les scientifiques émettent habituellement de nombreuses théories spéculatives et imprécises qui peuvent elles-mêmes mettre sur la voie de la découverte. Souvent, cependant, cette découverte n'est pas exactement celle que laissait attendre l'hypothèse spéculative et non confirmée. C'est seulement lorsque l'expérience et la théorie possible parviennent à une corrélation étroite que la découverte émerge et que la théorie devient paradigme.

La découverte de la bouteille de Leyde présente toutes ces caractéristiques, ainsi que celles que nous avons observées auparavant. Quand elle a commencé, il n'existait pas de paradigme unique pour la recherche en électricité. Au contraire, un certain nombre de théories, toutes dérivées de phénomènes relativement accessibles, étaient en compétition, aucune d'entre elles ne parvenant très bien à ordonner toute la variété des phénomènes électriques. Cette incapacité est la source de plusieurs des anomalies qui forment l'arrière-plan de la découverte de la bouteille de Leyde. L'une des écoles d'« électriciens » considérait que l'électricité était un fluide ; d'où les efforts d'un certain nombre de chercheurs pour mettre ce fluide en bouteille, en tenant dans leurs mains une fiole de verre remplie d'eau et en touchant l'eau pour la relier à un conducteur provenant d'un générateur électrostatique en activité. En écartant la bouteille de la machine et en touchant l'eau (ou un conducteur qui y était relié) de sa main libre, chacun de ces chercheurs reçut une forte décharge. Pourtant, ces premières expériences ne fournirent pas aux électriciens la bouteille de Leyde. Cet appareillage prit forme plus lentement, et là encore sans qu'il soit possible de dater exactement la découverte. Les premières tentatives visant à emmagasiner du fluide électrique ne réussirent que parce que les expérimentateurs tenaient le récipient avec leurs mains, tandis qu'ils étaient debout sur le sol. Les électriciens avaient encore à apprendre que la bouteille devait avoir une enveloppe conductrice à l'extérieur aussi bien qu'à l'intérieur et que le fluide n'est pas réellement emmagasiné dans la bouteille. À un moment ou à un autre, au cours des recherches qui le leur montrèrent et qui leur firent constater plusieurs autres effets anormaux, l'appareillage que nous appelons la bouteille de Leyde prit forme. D'ailleurs, les expériences qui la firent apparaître, et dont beaucoup furent réalisées par Franklin, furent aussi celles qui obligèrent à une révision complète de la théorie du fluide et fournirent ainsi le premier paradigme complet pour l'électricité [1].

1. Au sujet des divers stades de l'évolution de la bouteille de Leyde, voir I. B. Cohen, *Franklin and Newton : An inquiry into specu-*

Dans une mesure plus ou moins grande (correspondant à la distance séparant les résultats anormaux de ceux que l'on prévoyait), les caractéristiques communes aux trois exemples ci-dessus sont typiques de toutes les découvertes qui font apparaître de nouveaux phénomènes. Ces caractéristiques comprennent : la conscience antérieure de l'anomalie, l'émergence graduelle de sa reconnaissance, sur le plan simultanément de l'observation et des concepts ; enfin, dans les domaines et les procédés paradigmatiques, un changement inévitable, souvent accompagné de résistance. Il y a même des signes que ces mêmes caractéristiques sont inhérentes à la nature du processus perceptif lui-même. Au cours d'une expérience de psychologie qui mériterait d'être beaucoup plus connue du public, Bruner et Postman ont demandé à des sujets d'identifier une série de cartes à jouer, au cours de présentations brèves et contrôlées. Beaucoup de ces cartes étaient normales, certaines ne l'étaient pas, par exemple un six de pique rouge et un quatre de cœur noir. Chaque séquence expérimentale consistait à montrer une carte à un sujet unique, au cours de présentations de longueur croissante. Après chaque présentation, on demandait au sujet ce qu'il avait vu et la séquence se terminait quand deux identifications successives avaient été correctes [1].

---

lative newtonian experimental science and Franklin's work in electricity as an example thereof (Philadelphia, 1956), p. 385-386, 400-406, 452-467, 506-507. La dernière étape est décrite par Whittaker, *op. cit.*, p. 50-52.

1. J. S. Bruner et Leo Postman, « On the perception of incongruity : a paradigm », *Journal of personality*, XVIII (1949), p. 206-223.

Les premières présentations très courtes suffirent à de nombreux sujets pour identifier la plupart des cartes, et après une légère augmentation du temps d'exposition, tous les sujets les identifièrent toutes. Pour les cartes normales, ces identifications étaient habituellement correctes, mais les cartes anormales étaient presque toujours identifiées comme normales, sans hésitation ou surprise apparentes. Le quatre de cœur noir, par exemple, était pris pour le quatre de pique ou de cœur, sans aucune prise de conscience de l'anomalie ; il était immédiatement intégré à l'une des catégories conceptuelles fournies par l'expérience antérieure. On ne peut même pas dire que les sujets avaient vu quelque chose de différent de ce qu'ils avaient identifié. Si l'on augmentait le temps de présentation des cartes anormales, ils commençaient à hésiter et à montrer qu'ils prenaient conscience de l'anomalie. En face du six de pique rouge, certains disaient par exemple : c'est le six de pique, mais il y a quelque chose qui ne va pas – le noir a une bordure rouge. En augmentant encore le temps d'exposition, leur hésitation et leur confusion ne faisaient que croître jusqu'à ce que finalement, et parfois très soudainement, la plupart des sujets donnent l'identification correcte sans hésitation. Qui plus est, l'expérience répétée avec deux ou trois des cartes anormales, ils avaient ensuite peu de difficultés avec les autres. Quelques sujets pourtant ne furent jamais capables de réajuster leurs catégories de manière satisfaisante. Même avec un temps d'exposition quarante fois supérieur au temps moyen nécessaire pour reconnaître les cartes normales, plus de 10 % des cartes anormales n'étaient pas correctement identifiées. Et les sujets ressentaient souvent lors de cet échec une détresse personnelle intense. L'un d'eux s'exclama : « Je ne peux reconnaître le genre de carte, quel qu'il soit. Cela ne ressemblait même pas à une carte cette fois-ci. Je ne sais pas de quelle couleur elle est maintenant et si c'est un pique ou un cœur. Je ne sais même plus à quoi ressemble un pique. Mon Dieu [1] ! » Au cours du prochain chapitre, nous verrons parfois des scientifiques se conduire de cette manière.

Cette expérience psychologique (pour sa valeur de métaphore ou bien dans la mesure où elle reflète la nature de l'esprit) fournit un schéma merveilleusement simple et convaincant du processus de découverte scientifique. Comme dans cette expérience sur les cartes à jouer, la nouveauté scientifique n'apparaît qu'avec difficulté (ce qui se manifeste par une résistance) sur un fond constitué par les résultats attendus. Au début, on ne perçoit que ces résultats attendus et habituels, même si les conditions de l'observation sont celles mêmes où l'on remarquera plus tard une anomalie. Une meilleure connaissance du sujet permet cependant de réaliser que quelque chose ne va pas, ou de rattacher l'effet à quelque chose qui déjà n'allait pas auparavant. Cette prise de conscience de l'anomalie ouvre une période durant laquelle les catégories conceptuelles sont réajustées jusqu'à ce que ce qui était à l'origine anormal devienne le résultat attendu. À ce moment, la découverte est achevée. J'ai déjà insisté sur le fait que ce processus, ou un autre très voisin, intervient dans l'apparition de toutes les nouveautés scientifiques fondamentales. Je voudrais maintenant faire remarquer que, ce processus étant reconnu,

1. *Idem*, p. 218. Mon collègue Postman me dit que, bien qu'il connût d'avance le matériel et la présentation, il avait néanmoins trouvé très désagréable de regarder les cartes anormales.

nous pouvons enfin commencer à voir pourquoi la science normale, cette entreprise qui n'est pas dirigée vers les nouveautés et tend d'abord à les supprimer, se révèle néanmoins si efficace pour les amener à la lumière.

Au cours du développement de toute science, le premier paradigme admis donne généralement l'impression de rendre compte avec succès de la plupart des observations et expériences facilement accessibles aux spécialistes de cette science. Son développement ultérieur exige donc généralement la construction d'un équipement compliqué, le développement d'un vocabulaire et de techniques ésotériques, et un affinement des concepts qui les éloigne de plus en plus de leur signification courante et habituelle. Cette professionnalisation conduit d'une part à une restriction énorme du champ de vision de l'homme de science et à une résistance considérable aux changements de paradigmes. La science devient de plus en plus rigide. D'autre part, dans les domaines sur lesquels le paradigme attire l'attention du groupe, la science normale aboutit à une information particulièrement détaillée et à une cohérence précise entre l'observation et la théorie qu'il serait impossible d'atteindre autrement. Qui plus est, cette information détaillée et cette cohérence précise ont une valeur qui transcende leur valeur intrinsèque, parfois peu élevée. Sans l'appareillage spécial construit surtout en vue de résultats attendus, les résultats qui aboutissent finalement à la découverte d'une nouveauté ne pourraient pas se manifester. Et même quand l'appareillage existe, la nouveauté n'apparaît ordinairement qu'à l'homme qui, sachant avec précision ce qu'il doit attendre, est capable de reconnaître qu'il s'est produit quelque chose d'autre. L'anomalie n'apparaît que sur la toile de fond fournie par le paradigme. Plus la précision et la portée du paradigme sont grandes, plus celui-ci se révèle un *indicateur* sensible pour signaler les anomalies et amener éventuellement un changement de paradigme.

Dans le processus habituel de découverte, même la résistance au changement a une utilité qui sera étudiée plus complètement dans le chapitre suivant. En empêchant que le paradigme soit trop facilement renversé, la résistance garantit que les scientifiques ne seront pas dérangés sans raison et que les anomalies qui aboutissent au changement de paradigmes pénétreront intégralement les connaissances existantes. Le fait même qu'une nouveauté scientifique importante émerge si souvent simultanément de plusieurs laboratoires, prouve d'une part la nature fortement traditionnelle de la science normale et d'autre part le fait que cette entreprise traditionnelle prépare parfaitement la voie de son propre changement.

Chapitre VI

Crise et apparition des théories scientifiques

Toutes les découvertes mentionnées au chapitre V ont causé des changements de paradigme ou y ont contribué. En outre, les changements dans lesquels ces découvertes étaient impliquées furent tous destructifs autant que constructifs. Une fois la découverte assimilée, les scientifiques ont été capables de rendre compte d'un nombre accru de phénomènes naturels ou de rendre compte avec plus de précision de ceux qui étaient déjà connus. Mais ce progrès ne s'est accompli qu'en éliminant et en remplaçant certaines croyances et certains procédés admis jusque-là comme éléments du paradigme antérieur. Des substitutions de ce genre sont associées, je l'ai dit, à toutes les découvertes réalisées dans le cadre de la science normale, à la seule exception des découvertes sans surprise qui ne portent que sur des précisions de détail. Toutefois les découvertes ne sont pas les uniques sources de ces changements de paradigme, à la fois destructeurs et constructeurs. Nous aborderons, dans ce chapitre, les changements analogues, mais d'une envergure généralement beaucoup plus vaste, qui résultent de l'invention de nouvelles théories.

Mais les faits et les théories, la découverte et l'invention ne sont pas catégoriquement et durablement distincts ;

nous pouvons donc nous attendre à certains chevauchements entre ce chapitre et le précédent. (La suggestion impossible selon laquelle Priestley aurait le premier découvert l'oxygène, après quoi Lavoisier l'aurait inventé, ne manque pas d'attrait. Nous avons déjà rencontré l'oxygène en tant que découverte ; nous allons le retrouver comme invention.) En étudiant l'émergence de nouvelles théories, nous étendrons inévitablement par la même occasion notre compréhension de la découverte. Pourtant, chevauchement ne signifie pas identité. Les découvertes du genre de celles que nous avons envisagées au chapitre précédent ne furent pas, tout au moins à elles seules, responsables de changements de paradigme tels que la révolution chimique ou les bouleversements causés par les idées de Copernic, de Newton ou d'Einstein. Elles ne furent pas non plus responsables de ces changements de paradigme plus limités, parce que circonscrits à des domaines plus étroits, provoqués par la théorie des ondes lumineuses, la théorie dynamique de la chaleur ou la théorie électromagnétique de Maxwell. Comment des théories de ce genre peuvent-elles prendre racine dans la science normale, cette entreprise qui est encore moins orientée vers leur recherche que vers celle des découvertes ?

Si la conscience de l'anomalie joue un rôle dans l'émergence de nouveaux phénomènes, on ne trouvera pas surprenant que ce soit là encore, mais en plus profond, la condition préalable de tous les changements acceptables de théorie. Il me semble que sur ce point les preuves historiques ne laissent absolument aucun doute. L'astronomie de tradition ptolémaïque était dans un état scandaleux avant les travaux de Copernic [1]. Les contributions de

1. A. R. Hall, *The Scientific revolution, 1500-1800* (Londres, 1954), p. 16.

Galilée à l'étude du mouvement dépendent étroitement des difficultés découvertes dans la théorie d'Aristote par les critiques scolastiques [1]. La nouvelle théorie de Newton pour la lumière et la couleur vient de ce qu'aucune des théories existant antérieurement ne parvenait à expliquer la longueur du spectre ; et la théorie des ondes qui remplaça celle de Newton fut lancée dans une atmosphère de préoccupation croissante, les effets de diffraction et de polarisation révélant de plus en plus d'anomalies par rapport à la théorie de Newton [2]. La thermodynamique est née du choc de deux théories physiques en présence au XIXe siècle, et la mécanique quantique d'un ensemble de difficultés concernant la radiation du corps noir, les chaleurs spécifiques et les effets photoélectriques [3]. Dans tous ces cas, celui de Newton excepté, la conscience de l'anomalie durait depuis si longtemps et avait pénétré si profondément que l'on peut, sans exagération, parler d'un état de crise croissante. Justement parce qu'elle exige une démolition à grande échelle du paradigme et des changements majeurs dans les problèmes et les techniques de

1. Marshall Clagett, *The Science of mechanics in the Middle Ages* (Madison, Wis., 1959), parties II-III. A. Koyré fait état d'un certain nombre d'éléments médiévaux dans la pensée de Galilée dans ses *Études galiléennes* (Paris, 1939), en particulier dans le vol. I.

2. Au sujet de Newton, voir T. S. Kuhn « Newton's optical papers » dans *Isaac Newton's papers and letters in natural philosophy*, éd. I. B. Cohen (Cambridge, Mass., 1958), p. 27-45. Pour ce qui a précédé la théorie ondulatoire, voir E. T. Whittaker, *A history of the theories of electricity and aether*, I (2e éd., Londres, 1951), p. 94-109 ; et W. Whewell, *History of inductive sciences* (éd. revue ; Londres, 1847), II, p. 396-466.

3. Sur la thermodynamique, voir Silvanus P. Thompson, *Life of William Thomson Baron Kelvin of Largs* (Londres, 1910), I, p. 266-281. Sur la théorie des quanta, voir Fritz Reiche, *The Quantum theory*, trad. H. S. Hatfield et H. L. Brose (Londres, 1922), chap. I-II.

la science normale, l'émergence de nouvelles théories est généralement précédée par une période de grande insécurité pour les scientifiques. Comme on pouvait s'en douter, cette insécurité tient à l'impossibilité durable de parvenir aux résultats attendus dans la résolution des énigmes de la science normale. L'échec des règles existantes est le prélude de la recherche de nouvelles règles.

Considérons d'abord un changement de paradigme particulièrement célèbre, la naissance de l'astronomie copernicienne. Quand la théorie précédente, le système de Ptolémée, avait été pour la première fois mise au point durant les deux derniers siècles avant J.-C. et les deux siècles suivants, elle réussissait admirablement à prédire les changements de position des étoiles aussi bien que des planètes. Aucun autre système ancien n'avait aussi bien fonctionné ; pour les étoiles, l'astronomie de Ptolémée est encore largement utilisée aujourd'hui pour des approximations pratiques ; pour les planètes, les prédictions de Ptolémée valaient celles de Copernic. Mais, en matière de théorie scientifique, un succès remarquable n'est pas un succès complet. Pour la position des planètes d'une part, et la précession des équinoxes d'autre part, les prédictions faites d'après le système de Ptolémée n'étaient jamais tout à fait conformes aux meilleures observations. La réduction de ces divergences mineures a été le but des principaux problèmes de recherche astronomique normale, pour plusieurs des successeurs de Ptolémée, tout comme le désir de faire concorder les observations célestes et la théorie de Newton a fourni des problèmes de recherche normale aux successeurs de Newton, au XVIIIe siècle. Pendant un certain temps, les astronomes eurent tout lieu de supposer que ces tentatives auraient le même succès que celles qui avaient abouti au système de Ptolémée. Confrontés à une certaine divergence, les astronomes étaient invariablement capables de l'éliminer grâce à tel ou tel ajustement du système des cercles composés de Ptolémée. Mais à mesure que le temps passait, un spectateur considérant le résultat net des efforts de nombreux astronomes pouvait remarquer que la complexité de l'astronomie augmentait beaucoup plus vite que son exactitude et qu'une divergence corrigée à tel endroit se révélerait probablement à un autre [1].

Comme la tradition astronomique fut à plusieurs reprises interrompue par des interventions extérieures et que, en l'absence d'imprimerie, les communications entre astronomes étaient restreintes, ces difficultés ne furent reconnues que lentement. Mais on finit par en prendre conscience. Au XIIIe siècle, Alphonse X pouvait proclamer que si Dieu l'avait consulté pour créer l'univers il aurait été bien conseillé. Au XVIe, le collaborateur de Copernic, Domenico da Novara, soutenait qu'aucun système aussi compliqué et inexact que l'était devenu le système de Ptolémée ne pouvait être fidèle à la nature. Et Copernic lui-même écrivait dans la préface du *De Revolutionibus* que la tradition astronomique dont il avait hérité avait fini par créer un monstre. Dès le début du XVIe siècle, un nombre croissant des meilleurs astronomes d'Europe reconnaissaient que le paradigme astronomique ne pouvait être appliqué avec succès à ses propres problèmes traditionnels. Ce fut là la condition indispensable du rejet du paradigme de Ptolémée par Copernic et de sa recherche d'un nouveau paradigme.

---

1. J. L. E. Dreyer, *A history of astronomy from Thales to Kepler* (2e éd., New York, 1953), chap. XI-XII.

Sa préface célèbre fournit encore l'une des descriptions classiques d'un état de crise [1].

Cette incapacité de l'activité normale technique à résoudre des énigmes n'est évidemment pas le seul élément de la crise astronomique devant laquelle se trouva Copernic. Une étude approfondie tiendrait compte aussi de la pression sociale pour une réforme du calendrier, pression qui rendait le problème de la précession particulièrement urgent. Une étude encore plus poussée ferait place également à la critique d'Aristote au Moyen Âge, à la croissance du néoplatonisme au temps de la Renaissance et à d'autres éléments historiques importants. Dans une science arrivée à maturité – et l'astronomie l'était dès l'Antiquité –, des facteurs extérieurs comme ceux-là ont pour rôle principal de déterminer le moment de la rupture, la facilité avec laquelle elle sera perçue et le domaine dans lequel elle se produira d'abord parce qu'il est l'objet d'une attention particulière. Bien que fort importantes, les considérations de ce genre dépassent le cadre de cet essai.

Supposant ce point éclairci pour la révolution copernicienne, tournons-nous vers un second exemple assez différent, la crise qui a précédé l'apparition de la théorie de Lavoisier sur la combustion de l'oxygène. Peu après 1770, plusieurs facteurs se combinaient pour créer un état de crise dans le secteur de la chimie. Les historiens ne sont tout à fait d'accord ni sur leur nature ni sur leur importance relative, mais on considère en général que deux d'entre eux sont primordiaux : le développement de la chimie des gaz et la question des rapports de poids.

1. T. S. Kuhn, *The Copernican revolution* (Cambridge, Mass., 1957), p. 135-143.

Le premier apparaît au XVIIe siècle avec les progrès de la pompe à air et son utilisation dans l'expérimentation chimique. Au cours du siècle suivant, l'usage de cette pompe et d'autres procédés du même ordre suggérait de plus en plus fortement aux chimistes que l'air devait être un élément actif dans les réactions chimiques. Mais à quelques exceptions près – et tellement équivoques que ce ne sont peut-être pas même des exceptions –, les chimistes continuaient à croire que l'air était le seul genre de gaz. Jusqu'en 1756, date à laquelle Joseph Black montra que l'air fixé (CO_2) pouvait toujours se distinguer de l'air normal, on pensait que deux échantillons de gaz se distinguaient seulement par leurs impuretés [1].

Après les travaux de Black, les recherches sur les gaz avancèrent rapidement, en particulier entre les mains de Cavendish, Priestley et Scheele qui, ensemble, mirent au point un certain nombre de techniques nouvelles permettant de distinguer un gaz d'un autre. Tous ces savants, de Black à Scheele, croyaient à la théorie du phlogistique, qui intervenait souvent dans la conception et l'interprétation de leurs expériences. Scheele produisit pour la première fois réellement de l'oxygène au cours d'une série élaborée d'expériences conçues pour « déphlogistiquer » la chaleur. Il n'empêche que le résultat net de leurs expériences fut une variété si complexe d'échantillons de gaz et de leurs propriétés que la théorie phlogistique se révélait de plus en plus impuissante à rendre compte des faits d'expérience constatés dans les laboratoires. Bien qu'aucun de ces chimistes ne suggérât l'abandon de la théorie, ils étaient incapables de l'employer de

1. J. R. Partington, *A short history of chemistry* (2e éd. Londres, 1951), p. 48-51, 73-85, 90-120.

manière suivie. À l'époque où Lavoisier commença ses expériences sur les « airs », peu après 1770, il y avait presque autant de versions de la théorie du phlogistique que de chimistes spécialisés dans l'étude des gaz [1]. Cette prolifération de versions différentes d'une théorie est un symptôme de crise très fréquent. Dans sa préface, Copernic s'en plaignait aussi.

Le vague croissant et l'utilité décroissante de la théorie du phlogistique en chimie des gaz n'étaient cependant pas la seule source de la crise qu'affrontait Lavoisier. Il était très préoccupé également de trouver une explication au gain de poids qu'enregistrent la plupart des corps au cours de leur combustion ou d'un chauffage intense ; c'est là encore un problème dont l'histoire antérieure était longue. Quelques chimistes arabes au moins savaient déjà que certains métaux augmentent de poids durant un chauffage intense. Au XVIIe siècle, plusieurs chercheurs en avaient conclu qu'un métal chauffé prend à l'atmosphère certains éléments, mais sans que cette conclusion parût nécessaire à la plupart des chimistes. Si les réactions chimiques pouvaient modifier le volume, la couleur et l'aspect des éléments, pourquoi pas leur poids ? Le poids n'était pas toujours considéré comme la mesure d'une quantité de matière. De plus, son augmentation durant le chauffage demeurait un phénomène isolé. La plupart des corps naturels (le bois, par exemple) perdent du poids durant le chauffage, en accord avec ce que devait plus tard prédire la théorie du phlogistique.

1. On trouvera beaucoup d'indications intéressantes tout au long d'un livre qui traite pourtant d'une période un peu plus tardive : J. R. Parkington et Douglas McKie « Historical studies on the phlogiston theory », *Annals of Science*, II (1937), p. 361-404 ; III (1938), p. 1-58, 377-371 ; et IV (1939), p. 337-371.

Il devint cependant de plus en plus difficile au XVIIIe siècle de continuer à donner au problème du gain de poids ces réponses initialement satisfaisantes. D'abord parce qu'on utilisait de plus en plus la balance comme appareil normal de recherche chimique, mais aussi parce que, le développement de la chimie des gaz ayant rendu possible et désirable la rétention des produits gazeux des réactions, les chimistes découvraient de plus en plus de cas dans lesquels le chauffage s'accompagnait d'une augmentation de poids. Simultanément, l'assimilation progressive de la théorie gravitationnelle de Newton amenait les chimistes à soutenir qu'un gain de poids doit signifier gain de quantité de matière. Ces conclusions n'aboutirent pas au rejet de la théorie du phlogistique, car celle-ci pouvait s'adapter de diverses manières : peut-être le phlogistique avait-il un poids négatif ? ou peut-être des particules de feu ou d'autre matière entraient-elles dans le corps chauffé quand le phlogistique le quittait ? Sans parler d'autres explications. Mais si le problème du gain de poids n'aboutissait pas au rejet de la théorie, il incitait à un nombre croissant d'études particulières où il tenait la première place. L'une d'elles, « Du phlogistique considéré comme une substance ayant un poids et analysée au point de vue des changements de poids qu'il produit dans les corps auxquels il s'unit », fut lue à l'Académie française au début de 1772, l'année qui se termina sur la remise de la fameuse note scellée de Lavoisier au secrétaire de l'Académie. Avant la rédaction de cette note, ce problème qui avait déjà retenu l'attention du chimiste durant plusieurs années était devenu une énigme non résolue de première importance [1]. Pour y répondre, on

1. H. Guerlac, *Lavoisier – The crucial year* (Ithaca, N.Y., 1961). Le livre tout entier apporte des documents sur l'évolution et la pre-

mit au point différentes versions de la théorie du phlogistique. Mais les problèmes de gain de poids, comme ceux que posait la chimie des gaz, rendaient la définition de la théorie du phlogistique de plus en plus malaisée. Bien qu'on lui fît encore confiance comme outil de travail, ce paradigme du XVIIIe siècle perdait graduellement son autorité unique. De plus en plus, les recherches qu'il guidait ressemblaient à l'activité des écoles concurrentes de la période antérieure au paradigme, autre signe typique de crise.

Notre troisième et dernier exemple sera la crise de la physique qui, à la fin du XIXe siècle, prépara la voie à l'apparition de la théorie de la relativité. Dès la fin du XVIIe siècle, on distingue déjà l'une des racines de cette crise : un certain nombre de philosophes naturalistes, en particulier Leibniz, critiquaient alors Newton pour avoir continué à soutenir une version dépassée de la conception classique de l'espace absolu [1]. Il s'en fallut de peu qu'ils ne parviennent à démontrer que les positions et les mouvements absolus étaient sans aucune fonction dans tout le système de Newton ; et ils réussirent à faire entrevoir l'attrait esthétique considérable que revêtirait une conception entièrement relativiste de l'espace et du mouvement. Mais leur critique était purement logique. Comme les premiers adeptes de Copernic critiquant les preuves aristotéliciennes de la stabilité de la Terre, ils n'imaginaient pas que ce glissement vers un système relativiste pût avoir des conséquences du point de vue de

mière prise de conscience d'une crise. Pour un exposé clair de la situation en ce qui concerne Lavoisier, voir p. 35.

1. Max Jammer, *Concepts of space : The history of theories of space in physics* (Cambridge, Mass., 1954), p. 114-124.

l'observation. À aucun moment, ils n'établirent un lien entre leurs conceptions et tel ou tel problème soulevé par l'application à la nature de la théorie de Newton. En conséquence, leurs vues disparurent avec eux durant les premières décennies du XVIIIe siècle pour ne reparaître qu'à la fin du XIXe, dans une situation tout à fait différente par rapport à la pratique de la physique.

Les problèmes techniques auxquels une philosophie relativiste de l'espace devait finalement être reliée ont commencé à pénétrer la science normale avec l'acceptation de la théorie ondulatoire de la lumière, peu après 1815, mais ils n'ont pas provoqué de crise jusque vers 1890. Si la lumière est un mouvement ondulatoire propagé dans un éther mécanique gouverné par les lois de Newton, alors les observations célestes et les expériences terrestres deviennent potentiellement capables de déceler un mouvement relatif à travers l'éther. Parmi les observations célestes, seules les observations d'aberration laissaient espérer une exactitude suffisante pour fournir des renseignements valables, et la détection du mouvement à travers l'éther par des mesures d'aberration devint l'un des problèmes reconnus de la recherche normale. Pour le résoudre, on construisit beaucoup d'appareils spéciaux. Cet équipement ne décela pourtant aucun mouvement observable et le problème passa donc des expérimentateurs et observateurs aux théoriciens. Pendant plusieurs décennies au milieu du siècle, Fresnel, Stokes et d'autres donnèrent différentes versions de la théorie de l'éther susceptibles d'expliquer l'impossibilité d'observer un mouvement. Chacune de ces versions supposait qu'un corps en mouvement entraîne avec lui une certaine fraction de l'éther. Et chacune réussissait suffisamment à expliquer les résultats négatifs non seulement des observations célestes, mais aussi des expériences terrestres, y compris l'expérience célèbre de Michelson et Morley [1]. Il n'y avait toujours pas de conflit profond, sauf celui existant entre les diverses versions qui, en l'absence de techniques expérimentales convenables, ne devint jamais un conflit aigu.

C'est seulement dans les deux dernières décennies du XIXe siècle, avec l'acceptation de la théorie électromagnétique de Maxwell, que la situation changea. Maxwell lui-même était newtonien et croyait que la lumière et l'électromagnétisme en général étaient dus à des déplacements variables des particules d'un éther mécanique. Sa première version d'une théorie de l'électricité et du magnétisme faisait un usage direct des propriétés hypothétiques dont il douait ce milieu. Elles disparurent de sa version finale, mais il croyait encore sa théorie électromagnétique compatible avec une élaboration de la mécanique newtonienne [2]. Parvenir à cette élaboration satisfaisante lui apparut comme un défi, à lui et à ses successeurs. En pratique, cependant, comme c'est si souvent le cas au cours du développement scientifique, cette formulation nécessaire se révéla extrêmement difficile à élaborer. De même que les propositions astronomiques de Copernic avaient créé, malgré l'optimisme de l'auteur, un état de crise grandissante pour les théories du mouvement de

1. Joseph Larmor, *Aether and matter... including a discussion of the influence of the Earth's motion on optical phenomena* (Cambridge, 1900), p. 6-20, 320-322.

2. R. T. Glazebrook, *James Clerk Maxwell and modern physics* (Londres, 1896), chap. IX. Sur l'attitude finale de Maxwell, voir son propre livre, *A treatise on electricity and magnetism* (3e éd., Oxford, 1892), p. 470.

l'époque, la théorie de Maxwell, malgré son origine newtonienne, finit par créer une crise pour le paradigme dont elle était issue [1]. Et le point de cristallisation qui donna à cette crise son aspect le plus aigu fut constitué précisément par les problèmes dont nous venons de parler, ceux du mouvement par rapport à l'éther.

Les études de Maxwell sur le comportement électromagnétique des corps en mouvement ne faisaient pas intervenir l'entraînement de l'éther et il s'avéra très difficile d'introduire cet entraînement dans sa théorie. En conséquence, toute une série d'observations antérieures conçues pour déceler le mouvement à travers l'éther parurent anormales. Peu après 1890, on vit donc naître toute une série de tentatives, aussi bien expérimentales que théoriques, pour déceler le mouvement par rapport à l'éther et pour inclure dans la théorie de Maxwell la rigidité de l'éther. Les premières aboutirent uniformément à des échecs, bien que certains analystes aient jugé leurs résultats équivoques. Les dernières semblèrent au début plus prometteuses, en particulier celles de Lorentz et Fitzgerald, mais elles mirent en évidence d'autres énigmes et le résultat final fut précisément cette prolifération de théories concurrentes qui sont les signes concomitants d'une crise [2]. C'est sur cet arrière-plan historique qu'apparut en 1905 la théorie de la relativité restreinte d'Einstein.

Ces trois exemples sont presque parfaitement typiques. Dans chaque cas une nouvelle théorie n'est

---

1. Sur le rôle de l'astronomie dans le développement de la mécanique, voir Kuhn, *op. cit.*, chap. VII.

2. Whittaker, *op. cit.*, I, p. 386-410 ; et II (Londres, 1953), p. 27-40.

apparue qu'après des échecs caractérisés de l'activité normale de résolution des problèmes. De plus, sauf dans le cas de Copernic pour qui des facteurs extérieurs à la science ont joué un rôle particulièrement grand, cet échec et la prolifération de théories qui en est le signe se sont produits au maximum dix ou vingt ans avant la formulation de la nouvelle théorie. Celle-ci semble une réponse directe à la crise. Notons aussi, bien que ce ne soit peut-être pas aussi typique, que les problèmes qui se sont trouvés à l'origine de l'échec étaient tous d'un type connu depuis longtemps. L'activité antérieure de la science normale avait donné à chacun toute latitude de les considérer comme résolus ou quasi résolus, ce qui explique pourquoi le sentiment d'échec, quand il apparut, fut si aigu. Au contraire l'échec devant un problème de type nouveau, s'il est souvent décevant, n'est jamais surprenant, ni les problèmes ni les énigmes ne se laissant résoudre d'ordinaire à la première tentative. Enfin, ces exemples ont en commun un autre caractère qui nous amène à donner à la crise un rôle important : on avait, au moins partiellement, entrevu la solution de chacun de ces problèmes à une époque où il n'y avait pas de crise dans la science correspondante ; et, en l'absence de crise, on avait ignoré ces anticipations.

La seule anticipation complète est aussi la plus célèbre, c'est celle d'Aristarque devançant Copernic au IIIe siècle avant J.-C. On dit souvent que, si la science grecque avait été moins déductive et moins assujettie au dogme, l'astronomie héliocentrique aurait pu commencer à se développer dix-huit siècles plus tôt [1]. Mais c'est ignorer

1. Sur l'œuvre d'Aristarque, voir T. L. Heath, *Aristarchus of Samos : The ancient Copernicus* (Oxford, 1913), IIe partie. On trouvera un exposé un peu forcé de l'attitude traditionnelle face au dédain dont

tout le contexte historique. Quand Aristarque formula sa théorie, le système géocentrique, beaucoup plus conforme à la raison, ne présentait aucune lacune dont on aurait pu songer à chercher la solution dans un système héliocentrique. Tout le développement de l'astronomie de Ptolémée, ses succès autant que ses échecs, se situe dans les siècles qui ont suivi l'hypothèse d'Aristarque. De plus, aucune raison visible ne conseillait de prendre Aristarque au sérieux. Même la théorie plus élaborée de Copernic ne sera ni plus simple ni plus exacte que le système de Ptolémée. Les faits d'observations accessibles, comme nous le verrons plus clairement ci-dessous, ne permettaient pas de choisir. Dans ces conditions, l'un des facteurs qui rallia les astronomes à Copernic (et qui ne pouvait pas les rallier à Aristarque) fut l'état de crise patente à la veille de cette innovation. L'astronomie de Ptolémée n'était pas parvenue à résoudre ses problèmes ; il était temps de donner sa chance à un concurrent. Nos deux autres exemples ne montrent pas une anticipation aussi complète. Mais, à coup sûr, l'une des raisons pour lesquelles les théories de combustion par absorption de l'atmosphère – théories développées au XVIIe siècle par Rey, Hooke et Mayow – ne trouvèrent pas une audience suffisante, c'est qu'elles n'avaient aucun lien avec un point névralgique de la pratique scientifique normale [1]. Et c'est sans doute pour une grande part une absence semblable de confrontation qui amena les savants des XVIIIe et XIXe siècles à négliger si longtemps les critiques relativistes du système de Newton.

---

ont été l'objet les propositions d'Aristarque dans Arthur Koestler, *The Sleepwalkers : A history of man's changing vision of the universe* (Londres, 1959), p. 50.

1. Partington, *op. cit.*, p. 78-85.

Les philosophes des sciences ont souvent démontré que plusieurs constructions théoriques peuvent toujours être échafaudées pour une collection de faits donnée. L'histoire des sciences indique, en particulier aux premiers stades de développement d'un nouveau paradigme, qu'il n'est pas très difficile d'imaginer des alternatives de ce genre. Mais il est rare que les savants cherchent à inventer ces solutions de rechange en dehors des étapes de développement de leur science qui précèdent la formation du paradigme et des moments très spéciaux de son évolution subséquente. Aussi longtemps que les outils fournis par un paradigme se montrent capables de résoudre les problèmes qu'il définit, la science se développe plus vite et pénètre plus profondément les faits en employant ces outils avec confiance. La raison en est claire. Il en est des sciences comme de l'industrie – le renouvellement des outils est un luxe qui doit être réservé aux circonstances qui l'exigent. La crise signifie qu'on se trouve devant l'obligation de renouveler les outils.

CHAPITRE VII

Réponse à la crise

Admettons donc que les crises sont une condition préalable et nécessaire de l'apparition de nouvelles théories et demandons-nous maintenant comment les scientifiques réagissent en leur présence. Une partie, aussi évidente qu'importante, de la réponse est de remarquer d'abord ce que les scientifiques ne font pas, même en face d'anomalies graves et durables. Bien qu'ils commencent peut-être à perdre leurs convictions et à envisager d'autres théories, ils ne renoncent pas au paradigme qui les a menés à la crise. J'entends par là qu'ils ne considèrent pas ces anomalies comme des preuves contraires, bien que ce soit là leur véritable nature en termes de philosophie des sciences. Cette généralisation – qui s'appuie sur l'histoire, sur les exemples que nous avons donnés plus haut ou que nous donnerons ci-dessous – laisse déjà entrevoir ce que nous constaterons avec plus de précision en étudiant le rejet du paradigme : une fois qu'elle a rang de paradigme, une théorie scientifique ne sera déclarée sans valeur que si une théorie concurrente est prête à prendre sa place. L'étude historique du développement scientifique ne révèle aucun processus ressemblant à la démarche méthodologique qui consiste à « falsifier » une théorie au moyen d'une comparaison directe avec la nature. Ce qui ne veut pas dire que les scientifiques ne rejettent pas les théories scientifiques, ou que l'expérience et l'expérimentation ne soient pas essentielles dans le processus qui les y invite. Mais ce point est capital : l'acte de jugement qui conduit les savants à rejeter une théorie antérieurement acceptée est toujours fondé sur quelque chose de plus qu'une comparaison de cette théorie avec l'univers ambiant. Décider de rejeter un paradigme est toujours simultanément décider d'en accepter un autre, et le jugement qui aboutit à cette décision implique une comparaison des deux paradigmes par rapport à la nature et aussi de l'un par rapport à l'autre.

Une seconde raison incite à douter que les scientifiques rejettent un paradigme simplement parce qu'ils se trouvent en face d'anomalies ou de preuves contraires. Et en le développant, l'une des thèses essentielles de cet essai apparaîtra d'elle-même. Les motifs de doute scientifique indiqués plus haut étaient purement relatifs à des faits ; il s'agissait de preuves infirmant une théorie épistémologique généralement admise. En tant que telles, si mon raisonnement est correct, elles peuvent tout au plus contribuer à créer une crise ou, plus exactement, augmenter l'intensité d'une crise déjà existante. En soi, elles ne prouveront pas, elles ne pourront pas prouver la fausseté de cette théorie philosophique, car ses adeptes feront ce que nous avons vu faire aux savants face à une anomalie : ils élaboreront de nouvelles versions et des remaniements *ad hoc* de leur théorie afin d'éliminer tout conflit apparent. Si donc ces preuves épistémologiques contraires doivent en arriver à être plus qu'une source mineure d'agacement, ce sera parce qu'elles contribuent à permettre l'apparition d'une analyse scientifique nouvelle et différente, au sein de laquelle elles ne seront plus une cause de difficulté. D'ailleurs, s'il est possible d'appliquer ici un schéma typique que nous observerons plus tard dans les révolutions scientifiques, ces anomalies n'apparaîtront plus alors comme de simples faits. Sous l'angle d'une nouvelle théorie de la connaissance scientifique, il y a de fortes chances pour qu'elles apparaissent comme des tautologies, expressions de situations que l'on n'aurait pu concevoir différentes.

On a souvent observé, par exemple, que la deuxième loi du mouvement de Newton, bien que sa mise au point ait demandé des siècles de recherches dans le domaine des faits et des théories, se comporte, pour ceux qui admettent les théories de Newton, comme une affirmation purement logique, qu'aucune somme d'observations ne pourrait réfuter[1]. Au chapitre IX, nous verrons que la loi chimique des proportions fixes, qui était, avant Dalton, une constatation expérimentale d'une généralité très douteuse, devint après ses travaux un élément de la définition des composés chimiques qu'aucun travail expérimental n'aurait à lui seul renversé. Il se produit aussi quelque chose de très semblable quand on généralise en disant que les scientifiques ne parviennent pas à rejeter les paradigmes quand ils se trouvent devant des anomalies ou des preuves contraires. Ils ne pourraient pas le faire et rester pourtant des scientifiques.

Bien qu'il y ait peu de chances pour que l'histoire retienne leurs noms, certains hommes ont sans aucun doute été amenés à déserter la science, étant incapables de supporter un état de crise. Comme les artistes, les savants créateurs doivent de temps à autre être capables de vivre dans un monde disloqué – j'ai décrit ailleurs

1. Voir en particulier N. R. Hanson, *Patterns of discovery* (Cambridge, 1958), p. 99-105.

cette nécessité comme la « tension essentielle » impliquée par la recherche scientifique[1]. Mais ce rejet de la science en faveur d'un autre métier est, je pense, le seul genre de rejet du paradigme que puissent provoquer par elles-mêmes les preuves contraires. Une fois qu'on a trouvé un premier paradigme au travers duquel considérer la nature, il n'est plus question d'effectuer une recherche en l'absence de tout paradigme. Rejeter un paradigme sans lui en substituer simultanément un autre, c'est rejeter la science elle-même. C'est un acte qui déconsidère non le paradigme mais l'homme. Celui-ci apparaîtra inévitablement à ses collègues comme « l'ouvrier qui s'en prend à ses outils ».

Mais on peut tout aussi bien démontrer le point de vue opposé : il n'existe pas de recherche sans contre-exemples. Car, en fait, qu'est-ce qui différencie la science normale de la science en état de crise ? Certainement pas le fait que la première ne rencontre pas de contre-exemples. Tout à l'opposé, ce que nous avons appelé plus haut les énigmes de la science normale n'existe que parce qu'aucun paradigme accepté comme base de la recherche scientifique ne résout jamais complètement tous ses problèmes. Les très rares paradigmes qui ont jamais semblé le faire (l'optique géométrique par exemple) ont très vite cessé de proposer un problème quelconque de recherche et sont devenus des outils techniques. À l'exception de

1. T. S. Kuhn, « The Essential tension : tradition and innovation in scientific research », dans *The Third* (1959) *University of Utah Research conference on the identification of creative scientific talent*, éd. Calvin W. Taylor (Salt Lake City, 1959), p. 162-177. À propos de phénomènes comparables parmi des artistes, voir Frank Barron, « The Psychology of imagination », *Scientific American*, CXCIX (septembre 1958), p. 151-166, en particulier p. 160.

ceux qui sont exclusivement instrumentaux, tout problème où la science normale voit une énigme peut être considéré, d'un autre point de vue, comme un contre-exemple, et devenir ainsi une source de crise. Copernic a vu des contre-exemples dans ce que la plupart des autres successeurs de Ptolémée avaient tenu pour des énigmes, dans l'appariement de l'observation à la théorie. Lavoisier a considéré comme contre-exemple ce que Priestley estimait une énigme résolue de manière satisfaisante dans l'expression de la théorie du phlogistique. Et Einstein a considéré comme des contre-exemples ce que Lorentz, Fitzgerald et d'autres avaient considéré comme des énigmes dans la mise au point des lois de Newton et de Maxwell. D'ailleurs, même l'existence d'une crise ne transforme pas automatiquement une énigme en contre-exemple. Il n'existe pas de frontière aussi tranchée. En revanche, en provoquant une prolifération des versions du paradigme, la crise rend moins rigoureuses les règles habituelles de résolution des énigmes, de sorte qu'un nouveau paradigme a finalement la possibilité d'apparaître. Il me semble que, de deux choses l'une, ou bien aucune théorie scientifique ne rencontre jamais un contre-exemple, ou bien toutes les théories rencontrent à tout moment des contre-exemples.

Comment a-t-on pu voir les choses autrement ? Cette question aboutit nécessairement à l'étude historique et critique du point de vue philosophique, et ces développements nous sont interdits ici. Mais nous pouvons au moins noter deux raisons qui ont fait de la science l'illustration apparemment parfaite de cette idée que l'erreur ou la vérité sont uniquement et sans équivoque déterminées par la confrontation de la théorie et des faits. D'une part, la science normale doit toujours s'efforcer, ce qu'elle fait, de mettre la théorie et les faits en contact plus étroit, et cette activité peut facilement être considérée comme une mise à l'épreuve ou comme une recherche de confirmation ou d'infirmation. En fait, son objet est au contraire de résoudre une énigme dont l'existence même est fondée sur la validité du paradigme. Si la recherche d'une solution échoue, seul le savant est discrédité, pas la théorie. Plus encore que ci-dessus, c'est le moment de rappeler le proverbe : « À méchant ouvrier point de bon outil. » D'autre part, la manière dont la pédagogie des sciences mêle à l'étude d'une théorie des exemples d'application a contribué à renforcer une théorie de la confirmation tirée en grande partie d'autres sources. Pour peu qu'on lui en donne l'occasion, le lecteur d'un manuel scientifique peut facilement en arriver à voir dans les applications des preuves de la théorie, les raisons qui la font crédible. Mais les étudiants en science acceptent les théories à cause de l'autorité de leur professeur et des manuels, et non à cause des preuves. Que pourraient-ils faire d'autre étant donné leurs compétences ? Les applications décrites dans les manuels ne sont pas là pour servir de preuves, mais parce que leur connaissance fait partie de la connaissance du paradigme, fondement du travail habituel. Si les applications étaient avancées comme des preuves, le fait que les manuels ne se soucient point de suggérer des interprétations alternatives, ni d'étudier des problèmes auxquels les hommes de science ne sont pas parvenus à trouver de solution dans le cadre du paradigme, ferait peser sur les auteurs de ces manuels l'accusation de parti pris extrême. Cette accusation n'est pas le moins du monde motivée.

Comment donc, pour en revenir au problème initial, les scientifiques réagissent-ils à la prise de conscience d'une anomalie dans la cohérence entre la théorie et la nature ? Ce que nous venons de dire indique qu'un désaccord, même s'il est inexplicablement plus vaste que ceux que peuvent présenter d'autres applications de la théorie, ne provoque pas obligatoirement une réaction profonde. Il y a toujours quelques désaccords et généralement même les mieux ancrés finissent par céder aux efforts de la science normale. Très souvent, les scientifiques acceptent d'attendre, surtout si d'autres problèmes s'offrent à eux dans d'autres secteurs de leur domaine. Nous avons déjà noté que, pendant les soixante années qui ont suivi les calculs originaux de Newton, le mouvement prédit pour le périgée de la Lune n'atteignait que la moitié de ce qu'on observait. Alors que les meilleurs spécialistes de physique mathématique d'Europe continuaient à s'attaquer sans succès à ce désaccord bien connu, il n'y eut que quelques propositions sporadiques tendant à modifier la loi du carré inverse de Newton. Personne ne les prit très au sérieux et cette patience à l'égard d'une anomalie majeure était justifiée puisque Clairaut, en 1750, fut en mesure de montrer que seule la partie mathématique de l'application était fausse et que la théorie de Newton gardait toute sa valeur [1]. Même dans des cas où une simple erreur semble absolument impossible (parce que les notions mathématiques entrant en jeu sont plus simples, ou d'un genre familier et pratiqué ailleurs avec succès), une anomalie reconnue et persistante ne produit pas toujours une crise. Personne n'a sérieusement mis en doute la théorie de Newton à cause

1. W. Whewell, *History of the inductive sciences* (éd. revue ; Londres, 1847), II, p. 220-221.

des désaccords, connus depuis longtemps, entre les prédictions de cette théorie et la vitesse du son ou le mouvement de Mercure. Le premier de ces désaccords fut résolu définitivement et de manière tout à fait inattendue par des expériences sur la chaleur, entreprises dans un but très différent ; le second a disparu lors de la théorie générale de la relativité, après une crise qu'il n'avait pas contribué à créer [1]. Apparemment, aucun n'avait semblé assez fondamental pour faire naître le malaise qui accompagne la crise. On pouvait leur reconnaître une valeur de contre-exemple et les laisser quand même de côté pour des travaux ultérieurs.

Il s'ensuit que si une anomalie doit faire naître une crise, il faut généralement qu'elle soit plus qu'une simple anomalie. Il y a toujours des difficultés quelque part dans la cohérence paradigme-nature ; la plupart se résolvent tôt ou tard, souvent par des processus imprévisibles. L'homme de science qui s'arrêterait à considérer toutes les anomalies qu'il remarque arriverait rarement à rédiger une œuvre de valeur. Nous nous demanderons donc pour quelles raisons telle anomalie semble mériter des recherches approfondies. À cette question il n'y a probablement pas de réponse vraiment générale. Les cas que nous avons déjà examinés sont caractéristiques, mais ne sauraient servir de règle. Parfois une anomalie – ainsi le problème de la résistance de l'éther pour les tenants de la théorie de Maxwell – met clairement en question les

1. Sur la vitesse du son, voir T. S. Kuhn, « The Caloric theory of adiabatic compression », *Isis*, XLIV (1958), p. 136-137. Sur le déplacement séculaire du périhélie de Mercure, voir E. T. Whittaker, *A history of the theories of aether and electricity*, II (Londres, 1953), p. 151, 179.

généralisations explicites et fondamentales du paradigme. Ou bien, comme dans le cas de la révolution copernicienne, une anomalie sans importance fondamentale apparente peut causer une crise si les applications qu'elle empêche, en l'occurrence la mise au point du calendrier et l'astrologie, ont une importance pratique. Ou bien, comme pour la chimie au XVIIIe siècle, c'est le développement même de la science normale qui peut transformer une anomalie, jusque-là simple cause d'agacement, en une source de crise : le problème des rapports de poids a pris une tout autre importance après l'évolution des techniques de la chimie des gaz. On peut supposer que d'autres circonstances encore peuvent donner à une anomalie une valeur particulière et plusieurs d'entre elles se combinent d'ordinaire. Nous avons déjà noté, par exemple, que l'une des sources de la crise à laquelle s'attaqua Copernic fut le temps extrêmement long durant lequel les astronomes avaient, sans succès, tenté de résoudre les désaccords résiduels du système de Ptolémée.

Quand, pour ces raisons ou d'autres du même ordre, une anomalie semble être plus qu'une énigme de la science normale, la transition vers la crise, le passage à la science extraordinaire ont commencé. L'anomalie elle-même commence à être plus généralement reconnue comme telle par les divers spécialistes. Les plus éminents de la spécialité sont de plus en plus nombreux à lui consacrer une attention croissante. Si elle continue à résister, ce qui est rare, plusieurs d'entre eux peuvent en arriver à considérer sa résolution comme *le* sujet de leur discipline. Pour eux, celle-ci n'aura plus jamais exactement le même aspect qu'avant. Ce nouvel aspect résulte en partie sans doute du nouveau point de focalisation de la recherche scientifique ; mais plus encore de la nature divergente des nombreuses solutions partielles qui se proposent, étant donné l'attention générale concentrée sur cette difficulté anormale. Les premiers assauts livrés contre ce point de résistance auront probablement suivi d'assez près les règles du paradigme. Mais, la résistance se poursuivant, un nombre de plus en plus grand d'assauts auront comporté quelque ajustement, de portée plus ou moins limitée, au paradigme : ajustements tous différents, chacun ayant un succès partiel mais aucun ne parvenant à se faire adopter comme paradigme par le groupe. En raison de cette prolifération d'adaptations divergentes (qui seront de plus en plus souvent présentées comme des ajustements *ad hoc*), les règles de la science normale perdent progressivement de leur précision. Le paradigme existe encore, mais peu de spécialistes se révèlent entièrement d'accord sur sa nature. Même les solutions antérieurement acceptées comme valables pour des problèmes résolus sont mises en question.

Les savants concernés ont parfois conscience de cette situation quand elle est aiguë. Copernic se plaint de ce que les astronomes de son époque soient si « inconsistants dans ces recherches (astronomiques)... qu'ils ne peuvent même pas expliquer ou observer la longueur constante de l'année et des saisons... En les voyant, on pense à un artiste qui, pour ses figures, réunirait les mains, les pieds, la tête et autres membres de divers modèles, chacun parfaitement dessiné, mais ne se rapportant pas à un corps unique ; chacun n'étant absolument pas en harmonie avec les autres, le résultat serait un monstre plutôt qu'un homme [1] ». Einstein, obligé par

1. Cité dans T. S. Kuhn, *The Copernican revolution* (Cambridge, Mass., 1957), p. 138.

nos usages à se contenter d'un langage moins fleuri, dit pour sa part : « C'était comme si le sol se dérobait sous les pas et qu'il était impossible d'apercevoir nulle part un fondement solide sur lequel on aurait pu construire [1]. » Et Wolfgang Pauli, dans les mois qui précèdent cet article de Heisenberg sur la mécanique matricielle qui devait ouvrir la voie à une nouvelle théorie des quanta, écrit à un ami : « En ce moment, la physique est de nouveau terriblement confuse. En tout cas, c'est trop difficile pour moi et je voudrais être acteur de cinéma ou quelque chose du même genre et n'avoir jamais entendu parler de physique. » Ce témoignage est particulièrement frappant si on le compare aux paroles de Pauli moins de cinq mois plus tard : « Le genre de mécanique proposé par Heisenberg m'a rendu l'espoir et la joie de vivre. Il ne fournit pas, c'est évident, la solution du problème, mais je crois qu'il est de nouveau possible d'avancer [2]. »

Il est extrêmement rare que les échecs soient aussi clairement reconnus, mais les effets de la crise ne dépendent pas entièrement de sa perception consciente. Quels sont ces effets ? Deux seulement semblent universels. D'une part, toutes les crises commencent par l'obscurcissement du paradigme et par un relâchement consécutif des règles de la recherche normale. De sorte que la recherche durant la crise ressemble beaucoup à celle de la période antérieure au paradigme, à ceci près que le foyer de

1. Albert Einstein, « Autobiographical note » dans *Albert Einstein : philosopher scientist*, éd. P. A. Schilpp (Evanston, III, 1949), p. 45.

2. Ralph Kronig, « The Turning point » dans *Theoretical physics in the XXth century : a memorial volume to Wolfgang Pauli*, éd. M. Fierz et V. F. Weisskopf (New York, 1960), p. 22, 25-26. Une grande partie de cet article décrit la crise de la mécanique quantique dans les années précédant immédiatement 1925.

divergence est à la fois plus petit et plus clairement défini. D'autre part, toutes les crises se terminent de l'une des trois manières suivantes. Quelquefois, la science normale se révèle *in extremis* capable de résoudre le problème à l'origine de la crise, malgré le peu d'espoir conservé par ceux qui voyaient là la fin du paradigme existant. Dans d'autres cas, le problème résiste, même si on l'aborde d'un point de vue en apparence radicalement nouveau. Les scientifiques peuvent alors conclure qu'aucune solution ne se présentera dans l'état actuel de leur domaine de recherche. Le problème est étiqueté et mis de côté pour une génération future, disposant d'outils plus développés. Ou bien, finalement, et c'est le cas qui nous concerne le plus directement ici, une crise peut se terminer avec l'apparition d'un nouveau candidat au titre de paradigme et une bataille s'ensuit pour son adoption. Nous considérerons plus en détail dans des chapitres ultérieurs ce dernier mode de résolution de la crise, mais il nous faut anticiper un peu sur ce qui sera dit alors, pour compléter ces remarques sur l'évolution et l'anatomie de l'état de crise.

Le passage d'un paradigme en état de crise à un nouveau paradigme d'où puisse naître une nouvelle tradition de science normale est loin d'être un processus cumulatif, réalisable à partir de variantes ou d'extensions de l'ancien paradigme. C'est plutôt une reconstruction de tout un secteur sur de nouveaux fondements, reconstruction qui change certaines des généralisations théoriques les plus élémentaires de ce secteur et aussi nombre des méthodes et applications paradigmatiques. Durant la période transitoire, il y a chevauchement, important mais jamais complet, entre les problèmes qui peuvent être résolus par l'ancien et par le nouveau paradigme. Mais il y a aussi des différences décisives dans les modes de solution. Quand la transition est complète, les spécialistes ont une tout autre manière de considérer leur domaine, ses méthodes et ses buts. Un historien clairvoyant, en face d'un cas classique de réorganisation d'une science par changement de paradigme, l'a récemment décrit comme le fait de « prendre les choses par l'autre bout » ; « on manipule les mêmes faits qu'auparavant mais en les plaçant l'un par rapport à l'autre dans un système de relations qui est nouveau parce qu'on leur a donné un cadre différent [1] ». D'autres, à propos de cet aspect de la progression scientifique, ont insisté sur les similitudes qu'elle présente avec un changement de forme visuelle (*Gestalt*) : le dessin qui était d'abord vu comme un oiseau est maintenant vu comme une antilope ou vice versa [2]. Cette comparaison peut être trompeuse. Les scientifiques ne voient pas une chose *comme* une autre chose ; ils la voient tout simplement. Nous avons déjà parlé des problèmes que l'on créait en disant que Priestley voyait l'oxygène comme de l'air déphlogistiqué. D'ailleurs l'homme de science ne reste pas libre de passer, comme le sujet des expériences gestaltistes, d'un mode de vision à l'autre. Néanmoins, le passage d'une forme à une autre, surtout dans la mesure où il nous est si familier aujourd'hui, est une comparaison élémentaire utile pour décrire ce qui se passe lors d'un changement complet de paradigme.

Les anticipations ci-dessus nous aideront peut-être à voir dans la crise un prélude approprié à l'apparition de

1. Herbert Butterfield, *The Origins of modern science*, 1300-1800 (Londres, 1949), p. 1-7.

2. Hanson, *op. cit.*, chap. I.

nouvelles théories, d'autant que nous avons déjà rencontré une version à échelle réduite du même processus en étudiant l'apparition des découvertes. C'est justement parce que l'apparition d'une nouvelle théorie brise une tradition de recherche scientifique et en introduit une nouvelle, conduite selon des règles différentes, dans le cadre d'un univers discursif différent, qu'il est probable que cette apparition ne se produise que lorsque l'impression prévaudra que la première tradition est gravement erronée. Cette remarque n'est cependant rien de plus qu'un prélude à l'étude de cet état de crise et, malheureusement, elle débouche sur des questions qui relèvent des compétences d'un psychologue plus encore que d'un historien. Qu'est-ce que cette recherche extraordinaire ? Comment rend-on l'anomalie conforme à la loi ? Comment les scientifiques procèdent-ils quand ils ont seulement conscience de quelque chose qui ne va pas, à un niveau auquel leur formation ne les a pas préparés à travailler ? Ces questions demandent des recherches beaucoup plus poussées et qui ne devraient pas être uniquement historiques. Ce qui suit sera nécessairement plus hypothétique et moins complet que ce que nous avons dit auparavant.

Il est fréquent qu'un nouveau paradigme apparaisse, au moins sous une forme embryonnaire, avant qu'une crise ne se soit bien développée ou n'ait été explicitement reconnue. Les travaux de Lavoisier en fournissent un exemple. Sa note scellée fut déposée à l'Académie française moins d'un an après la première étude détaillée des rapports de poids dans la théorie du phlogistique et avant que les publications de Priestley n'aient révélé toute l'étendue de la crise dans la chimie des gaz. Autre exemple : les premières notes de Thomas Young sur une théorie ondulatoire de la lumière parurent à un stade très précoce de la crise qui se développait en optique, crise presque impossible à déceler si, dans les dix ans qui suivirent le premier article de Young, elle n'avait abouti à un scandale scientifique international, sans même que Young intervînt. Dans des cas semblables, on peut dire seulement qu'un échec mineur du paradigme et le tout premier obscurcissement de ses règles ont suffi à produire chez un individu une nouvelle manière de considérer la question. Ce qui s'est passé entre le premier sentiment de trouble et la reconnaissance d'une alternative possible a dû être en grande partie inconscient.

Dans d'autres cas cependant – par exemple ceux de Copernic, Einstein, ou celui de la théorie nucléaire contemporaine –, un temps considérable s'est écoulé entre le premier sentiment d'échec et l'émergence du nouveau paradigme. Quand les choses se passent ainsi, l'historien y trouve au moins quelques indications sur la nature de la science extraordinaire. Face à une anomalie considérée comme fondamentale, l'homme de science commencera souvent par l'isoler avec plus de précision et lui donner une structure. Bien que conscient maintenant du fait que les règles de la science normale ne peuvent pas être tout à fait exactes, il les poussera à leur point extrême pour vérifier, à l'endroit où se localise la difficulté, dans quelles limites et jusqu'où exactement on peut les faire fonctionner. Il cherchera simultanément des moyens de grossir l'échec, de le rendre plus frappant et peut-être aussi plus suggestif qu'il ne l'était lorsqu'il se manifestait dans des expériences dont on croyait connaître d'avance le résultat. Et durant ce dernier effort, il ressemblera presque à l'image populaire de l'homme de science. En premier lieu, il semblera souvent chercher au hasard, essayer des expériences juste pour voir ce qui en sortira, chercher un effet dont il ne peut pas exactement deviner la nature. Simultanément, puisque aucune expérience ne saurait être conçue sans un semblant de théorie, l'homme de science en crise cherchera sans cesse à imaginer des théories spéculatives qui, en cas de succès, ouvriront peut-être la voie à un nouveau paradigme ; et, si elles échouent, seront abandonnées avec une facilité relative.

Le récit par Kepler de sa lutte prolongée pour comprendre le mouvement de Mars, et la description par Priestley de sa réaction devant la prolifération des gaz fournissent des exemples classiques de cette recherche menée au hasard et engendrée par la prise de conscience de l'anomalie [1]. Mais sans doute le meilleur de tous les exemples est-il celui des recherches contemporaines sur la théorie des champs et sur les particules fondamentales. Sans la présence d'une crise qui exigeait qu'on vérifiât jusqu'où pouvaient jouer les règles de la science normale, les immenses efforts nécessaires pour déceler le neutrino auraient-ils semblé justifiés ? De même, si les règles n'avaient pas abouti à un échec en un point impossible à déceler, l'hypothèse radicale de la non-conservation de la parité aurait-elle été suggérée ou expérimentée ? Comme bien d'autres recherches de physique de la dernière décennie, ces expériences ont été entreprises en

---

1. On trouvera un compte rendu des travaux de Kepler sur Mars dans J. L. E. Dreyer, *A history of astronomy front Thales to Kepler* (2e éd. New York, 1953), p. 380-393. Quelques inexactitudes n'empêchent pas le précis de Dreyer de fournir les renseignements dont on a besoin ici. Sur Priestley, voir ses propres travaux, en particulier *Experiments and observations on different kinds of air* (Londres, 1774-1775).

partie pour localiser et définir la source d'un groupe d'anomalies encore diffuses.

Il arrive parfois que ce type de recherche extraordinaire se double d'un autre. C'est surtout, me semble-t-il, dans les périodes de crise patente que les scientifiques se tournent vers l'analyse philosophique pour y chercher un procédé qui résolve les problèmes de leur propre domaine. Les scientifiques n'ont pas toujours eu besoin d'être philosophes et n'ont pas toujours désiré l'être ; en fait, la science normale tient généralement la philosophie à distance respectueuse, probablement avec de bonnes raisons. Dans la mesure où le travail de recherche normale peut progresser en utilisant le paradigme comme modèle, les règles et les hypothèses n'ont pas besoin d'être explicitées. Au chapitre IV, nous avons noté que l'existence même de l'ensemble complet de règles que demande l'analyse philosophique n'est pas obligatoire. Mais cela ne revient pas à dire que la recherche d'hypothèses (même de celles qui n'ont pas été formulées) ne soit pas éventuellement une manière efficace d'affaiblir l'emprise intellectuelle d'une tradition ancienne et de suggérer les fondements de ce qui en constituera une nouvelle. Ce n'est pas par hasard que l'apparition de la physique newtonienne au XVIIe siècle et celle de la relativité et de la mécanique quantique au XXe ont toutes deux été précédées et accompagnées d'analyses philosophiques fondamentales de la tradition de recherche contemporaine [1].

1. À propos du contrepoint philosophique qui a accompagné les recherches de mécanique au XVIIe siècle, voir René Dugas, *La Mécanique au XVIIe siècle* (Neuchâtel, 1954), en particulier le chap. XI. À propos de l'épisode similaire du XIXe, voir, du même auteur, *Histoire de la mécanique* (Neuchâtel, 1950), p. 419-443.

Ce n'est pas non plus par hasard que, durant ces deux périodes, ce qu'on a appelé l'expérimentation mentale a joué un rôle critique si important dans le progrès de la recherche. Comme je l'ai montré ailleurs, l'expérimentation analytique sur les pensées, qui tient une place si importante dans les écrits de Galilée, Einstein, Bohr et d'autres, est parfaitement calculée pour exposer l'ancien paradigme à la lumière des connaissances acquises, de telle sorte que les racines de la crise se trouvent isolées avec une clarté impossible à atteindre en laboratoire [1].

Le recours, fragmentaire ou total, à ces procédures extraordinaires peut entraîner une conséquence supplémentaire. En concentrant l'attention scientifique sur un groupe étroit de difficultés et en préparant l'esprit des scientifiques à voir sous leur vrai jour les anomalies expérimentales, la crise amène souvent une prolifération de nouvelles découvertes. Nous avons déjà noté combien la conscience d'une crise distingue les travaux de Lavoisier sur l'oxygène de ceux de Priestley ; et l'oxygène n'est pas le seul gaz nouveau que les chimistes conscients de l'anomalie purent découvrir dans les travaux de Priestley. Autre exemple : les nouvelles découvertes d'optique s'accumulèrent rapidement juste avant et pendant l'apparition de la théorie ondulatoire de la lumière. Certaines découvertes, comme celle de la polarisation par réflexion, furent le résultat de hasards favorisés par un travail intense concentré sur un ensemble de difficultés. (Malus, qui en fit la découverte, commençait juste une étude, pour laquelle il espérait obtenir un prix de l'Académie,

1. T. S. Kuhn, « A function for thought experiments » dans *Mélanges Alexandre Koyré*, éd. R. Taton et I. B. Cohen, Hermann (Paris, 1964).

sur la double réfraction, sujet sur lequel chacun savait que les connaissances n'étaient pas satisfaisantes.) D'autres découvertes, comme celle de la tache lumineuse au centre de l'ombre d'un disque circulaire, ne furent d'abord que des prédictions faites d'après la nouvelle hypothèse, et leur succès contribua à transformer celle-ci en paradigme pour des travaux ultérieurs. D'autres encore, comme les couleurs des rayures ou des lames épaisses, concernaient des effets que l'on avait souvent vus, parfois même remarqués, mais qui, tel l'oxygène de Priestley, avaient été assimilés à des effets bien connus, ce qui empêchait de les voir sous leur véritable jour [1]. On pourrait présenter de la même manière les multiples découvertes qui, à partir de 1895 environ, accompagnèrent l'apparition de la mécanique quantique.

La recherche extraordinaire a probablement d'autres manifestations et d'autres effets, mais, dans ce domaine, nous commençons à peine à entrevoir les questions qu'il faudrait se poser. Peut-être d'ailleurs ne sont-elles pas nécessaires au point où nous en sommes. Les précédentes remarques devraient suffire à montrer comment, simultanément, la crise diminue l'emprise des stéréotypes et fournit les données supplémentaires nécessaires à un changement fondamental de paradigme. La forme du nouveau paradigme est parfois annoncée par la structure que cette recherche extraordinaire a donnée à l'anomalie. Einstein écrivait qu'avant d'avoir aucune théorie à substituer à la mécanique classique, il avait saisi l'interrelation

1. À propos des nouvelles découvertes optiques en général, voir V. Ronchi, *Histoire de la lumière* (Paris, 1956), chap. VII. On trouvera une explication antérieure de l'un de ces effets dans J. Priestley, *The History and present state of discoveries relating to vision, light and colours* (Londres, 1772), p. 498-520.

existant entre les anomalies connues de la radiation du corps noir, l'effet photoélectrique et les chaleurs spécifiques [1]. Il est plus fréquent qu'aucune structure de ce genre ne soit vue d'avance. Au contraire, le nouveau paradigme, ou une indication qui permet sa formulation future, apparaît tout à coup, parfois au milieu de la nuit, dans l'esprit d'un homme profondément plongé dans la crise. Quelle est la nature de ce stade final ? Comment un individu invente-t-il ou s'aperçoit-il qu'il a inventé une nouvelle manière d'ordonner les faits, maintenant tous rassemblés ? Ce sont là des questions ici intraitables et qui le resteront peut-être de manière permanente. Notons seulement un fait à ce propos : presque toujours, les hommes qui ont réalisé les inventions fondamentales d'un nouveau paradigme étaient soit très jeunes, soit tout nouveaux venus dans la spécialité dont ils ont changé le paradigme [2]. Peut-être n'était-il pas nécessaire de le souligner explicitement, car il est clair que ces hommes, qui ne sont pas encore, par leurs travaux antérieurs, profondément soumis aux règles traditionnelles de la science normale, sont particulièrement susceptibles de remarquer que ces règles ne définissent plus un jeu possible et

1. Einstein, *loc. cit.*

2. Cette généralisation sur le rôle de la jeunesse dans la recherche scientifique fondamentale est si connue qu'elle est devenue un cliché. Un coup d'œil sur n'importe quelle liste de contributions fondamentales à la théorie scientifique en fournira une confirmation. Néanmoins, une étude systématique du problème serait nécessaire. Harvey C. Lehman (*Age and achievement*, Princeton, 1953) apporte beaucoup de renseignements utiles, mais n'essaie pas de distinguer les contributions qui impliquent une réorganisation fondamentale des concepts, ni d'étudier les circonstances spéciales (s'il y en a) qui peuvent accompagner une productivité scientifique relativement tardive.

de concevoir un autre ensemble de règles aptes à les remplacer.

Le passage au nouveau paradigme est une révolution scientifique, sujet que nous sommes désormais prêts à aborder enfin directement. Notons encore, cependant, un dernier point, pour lequel les données des trois derniers chapitres ont préparé la voie. Jusqu'au chapitre VI, où le concept d'anomalie a été introduit pour la première fois, les termes *révolution* et *science extraordinaire* ont pu paraître équivalents. Qui plus est, ni l'un ni l'autre n'a peut-être semblé signifier plus que *science non normale*, une circularité qui aura gêné au moins certains lecteurs. En pratique, cette gêne n'est pas justifiée. Nous allons découvrir qu'une circularité semblable est caractéristique des théories scientifiques. En tout cas, cette circularité n'est plus complète. Ce chapitre-ci et les deux précédents ont mis en évidence de nombreux critères d'une faillite de l'activité scientifique normale, critères qui ne dépendent pas du tout du fait que la faillite soit ou non suivie d'une révolution. Face à une anomalie ou à une crise, les scientifiques adoptent une attitude différente à l'égard des paradigmes existants et la nature de leurs recherches change en conséquence. La prolifération des variantes concurrentes du paradigme, le fait d'être disposé à essayer n'importe quoi, l'expression d'un mécontentement manifeste, le recours à la philosophie et à des discussions sur les fondements théoriques, tous ces signes sont autant de symptômes d'un passage de la recherche normale à la recherche extraordinaire. C'est de leur existence, plus que de celle de révolutions, que dépend la notion de science normale.

CHAPITRE VIII

Nature et nécessité des révolutions scientifiques

Ces remarques nous permettent enfin d'aborder les problèmes qui ont donné leur titre à cet essai. Que sont les révolutions scientifiques et quelle est leur fonction dans le développement de la science ? Pour une grande part, les réponses à ces questions ont été données par anticipation, dans les chapitres qui précèdent. En particulier, il a été indiqué que les révolutions scientifiques sont ici considérées comme des épisodes non cumulatifs de développement, dans lesquels un paradigme plus ancien est remplacé, en totalité ou en partie, par un nouveau paradigme incompatible. La discussion n'est cependant pas épuisée et nous en aborderons un point essentiel en nous posant une autre question. Pourquoi appeler révolution ce changement de paradigme ? Étant donné les différences énormes et essentielles qui distinguent le développement politique du développement scientifique, quel parallélisme peut justifier qu'on utilise le même terme de révolution dans ces deux domaines ?

Un aspect de ce parallélisme est déjà clair. Les révolutions politiques commencent par le sentiment croissant, parfois restreint à une fraction de la communauté politique, que les institutions existantes ont cessé de répondre d'une manière adéquate aux problèmes posés par un environnement qu'elles ont contribué à créer. De semblable manière, les révolutions scientifiques commencent avec le sentiment croissant, souvent restreint à une petite fraction de la communauté scientifique, qu'un paradigme a cessé de fonctionner de manière satisfaisante pour l'exploration d'un aspect de la nature sur lequel ce même paradigme a antérieurement dirigé les recherches. Dans le développement politique comme dans celui des sciences, le sentiment d'un fonctionnement défectueux, susceptible d'aboutir à une crise, est la condition indispensable des révolutions. En outre, et bien que ce soit forcer la portée de la métaphore, ce parallélisme vaut non seulement pour les changements majeurs de paradigme, tels ceux que l'on attribue à Copernic ou Lavoisier, mais aussi pour des changements beaucoup moins importants associés à l'assimilation d'un type de phénomène nouveau, comme l'oxygène ou les rayons X. Les révolutions scientifiques, comme nous l'avons remarqué à la fin du chapitre IV, ne paraissent obligatoirement révolutionnaires qu'aux yeux de ceux dont les paradigmes subissent le contrecoup de la révolution. Pour les observateurs extérieurs il se peut que, telles les révolutions des Balkans au début du XXe siècle, elles apparaissent comme les étapes normales d'un processus de développement. Les astronomes, par exemple, pouvaient accepter les rayons X comme une simple addition aux connaissances existantes, car leurs paradigmes n'étaient pas affectés par l'intrusion de la nouvelle radiation. Mais pour des hommes comme Kelvin, Crookes et Roentgen, dont les recherches portaient sur la théorie des radiations ou les tubes de rayons cathodiques, l'apparition des rayons X a obligatoirement violé un paradigme tout en en créant un autre. C'est pourquoi ces rayons n'ont pu être découverts qu'à l'occasion d'une difficulté rencontrée dans la progression de la science normale.

L'aspect génétique de la comparaison entre développement politique et développement scientifique me semble donc clairement établi. Mais cette comparaison a un autre aspect, plus important. Les révolutions politiques visent à changer les institutions par des procédés que ces institutions elles-mêmes interdisent. Leur succès exige donc l'abandon partiel d'un ensemble d'institutions politiques en faveur d'un autre, et, dans l'intervalle, la société n'est vraiment gouvernée par aucun système d'institutions. À l'origine, c'est la crise seule qui affaiblit le rôle des institutions politiques, comme elle affaiblit le rôle des paradigmes. Un nombre croissant d'individus deviennent chaque jour plus étrangers à la vie politique et, quand ils y participent, leur comportement devient chaque jour plus imprévu. Puis, à mesure que la crise s'aggrave, bon nombre de ces individus s'engagent dans un projet concret de reconstruction de la société, au sein d'un nouveau cadre institutionnel. À ce stade, la société se trouve divisée en camps ou partis concurrents, l'un s'efforçant de défendre l'ancien ensemble institutionnel, les autres, d'en instituer un nouveau. Et une fois cette polarisation effectuée, *tout recours politique échoue.* Parce qu'ils sont en désaccord sur les fondements institutionnels dans le cadre desquels ce changement politique doit s'effectuer et être évalué, parce qu'ils ne reconnaissent aucun cadre supérieur aux institutions à qui reviendrait de juger les différends révolutionnaires, les partis face à face dans un conflit révolutionnaire doivent finalement recourir à des techniques de persuasion de masse et souvent même à la force. Bien que les révolutions aient eu un rôle vital dans l'évolution des institutions politiques, ce rôle dépend du fait que ce sont en partie des événements extra-politiques ou extra-institutionnels.

Nous nous proposons de démontrer que, dans l'évolution des sciences, l'étude historique du changement de paradigme révèle des caractéristiques tout à fait semblables. Comme le choix entre des institutions politiques concurrentes, celui qui doit s'effectuer entre des paradigmes concurrents s'avère être un choix entre des modes de vie de la communauté qui sont incompatibles. De ce fait, il est impossible que ce choix soit déterminé simplement par des procédés d'évaluation qui caractérisent la science normale, puisque ceux-ci dépendent en partie d'un paradigme particulier, lequel, précisément, est mis en question. Quand les paradigmes entrent – ce qui arrive forcément – dans une discussion sur le choix du paradigme, leur rôle est nécessairement circulaire. Chaque groupe se sert de son propre paradigme pour y puiser ses arguments de défense.

Le raisonnement circulaire qui en résulte ne diminue évidemment pas la valeur ou même la force des arguments. Poser comme prémisse un paradigme dans une discussion destinée à le défendre n'empêche pas de présenter une vision claire de ce que sera le travail scientifique pour ceux qui adopteront cette nouvelle manière de considérer la nature. Et cette image peut avoir un grand pouvoir de persuasion, au point même d'être contraignante. Pourtant, quelle que soit sa force, le raisonnement circulaire, par sa nature même, ne peut être que persuasif. Pour ceux qui refusent d'entrer dans le cercle, il ne saurait être rendu contraignant sur le plan de la logique ou même des probabilités. Dans une discussion concernant les paradigmes, les prémisses et les valeurs communes aux deux partis ne sont pas suffisantes pour permettre une conclusion sur ce plan. Comme cela se produit dans les révolutions politiques, le choix du paradigme ne peut être imposé par aucune autorité supérieure à l'assentiment du groupe intéressé. Pour comprendre comment se font les révolutions scientifiques, il nous faudra donc étudier non seulement la force des arguments tirés de la nature ou de la logique, mais aussi les techniques de persuasion par discussion qui jouent un rôle au sein de ces groupes assez particuliers qui constituent le monde des sciences.

Si nous voulons découvrir pourquoi ce problème du choix de paradigme ne peut jamais être réglé sans équivoque par le seul jeu de la logique et de l'expérimentation, il nous faut examiner brièvement la nature de ce qui différencie les tenants d'un paradigme traditionnel de leurs successeurs révolutionnaires. Ce sera le principal objet de ce chapitre et du suivant. Nous avons déjà noté de nombreux exemples de ces différences, et nul ne mettra en doute que l'histoire puisse en fournir bien d'autres. Plus que l'existence de ces différences, ce qui risque d'être mis en doute – et que nous devons donc examiner en premier lieu – est que ces exemples fournissent des renseignements essentiels sur la nature de la science. Si l'on admet le rejet du paradigme comme un fait historique, ce rejet met-il en lumière autre chose que la crédulité humaine et la confusion ? Existe-t-il des raisons intrinsèques pour lesquelles toute assimilation d'un nouveau genre de phénomène ou d'une nouvelle théorie scientifique exige obligatoirement le rejet d'un paradigme plus ancien ?

Remarquons d'abord que si de telles raisons existent, elles ne dérivent pas de la structure logique de la connaissance scientifique. En principe, un phénomène nouveau devrait pouvoir apparaître sans exercer d'action destructrice sur aucun secteur du travail scientifique antérieur. Ainsi, bien que le fait de découvrir des êtres vivants sur la Lune puisse de nos jours renverser les paradigmes existants (ceux-ci nous enseignent sur la Lune des choses qui semblent incompatibles avec l'existence de la vie), en découvrir dans une partie moins bien connue de la galaxie n'aurait pas le même effet. De même, une nouvelle théorie n'entre pas obligatoirement en conflit avec celles qui l'ont précédée. Elle pourrait concerner exclusivement des phénomènes jusque-là inconnus, comme la théorie des quanta concerne (mais pas exclusivement, et cela a son importance) des phénomènes infra-atomiques inconnus avant le XXe siècle. Ou encore, la nouvelle théorie pourrait être simplement d'un niveau plus élevé que celles que l'on connaissait jusque-là, susceptible de lier ensemble tout un groupe de théories de niveau inférieur sans apporter à aucune d'elles de changement important. De nos jours, la théorie de la conservation de l'énergie fournit exactement ce lien entre la dynamique, la chimie, l'électricité, l'optique, la théorie thermique, etc. On pourrait encore concevoir d'autres rapports de compatibilité entre d'anciennes et de nouvelles théories et, pour chacun, chercher des exemples dans le processus historique par lequel la science s'est développée. Si tout cela se vérifiait, le développement scientifique serait en son essence cumulatif. Les phénomènes d'un genre nouveau révéleraient simplement l'ordre régnant dans un domaine où jusque-là on n'en avait reconnu aucun. Dans l'évolution de la science, une connaissance nouvelle remplacerait l'ignorance, au lieu de remplacer une connaissance différente et incompatible.

Il est évident que la science (ou une autre entreprise du même genre mais de moindre efficacité) aurait pu se développer ainsi d'une manière purement cumulative. Nombre de gens d'ailleurs imaginent ainsi ses progrès, et un nombre encore plus grand semblent supposer que l'accumulation est en tout cas l'idéal que révélerait le développement historique, si seulement il n'était pas si souvent déformé par ce qui est proprement humain. Cette conviction s'explique par d'importantes raisons. Nous verrons au chapitre IX quels liens étroits existent entre cette conception de la science en tant qu'accumulation et cette théorie prévalente de la connaissance qui considère celle-ci comme une construction placée par l'esprit directement sur les données brutes fournies par les sens. Le chapitre X montrera à quel point ce schéma historiographique est favorisé par les techniques de la pédagogie des sciences. Néanmoins, malgré l'extrême plausibilité de cette image idéale, nous avons lieu de nous demander de plus en plus s'il est possible que ce soit bien là une image de la *science*. À partir de l'apparition du premier paradigme, l'assimilation de toute théorie nouvelle et de presque tous les phénomènes d'un genre nouveau a exigé en fait l'abandon d'un paradigme antérieur, suivi d'un conflit entre des écoles concurrentes de pensée scientifique. L'acquisition cumulative de nouveautés non attendues se révèle être une exception, très rarement vérifiée, à la règle du développement scientifique. Quiconque observe sérieusement la réalité historique, en arrive obligatoirement à penser que la science n'approche pas l'idéal suggéré par l'image d'un processus cumulatif. C'est peut-être un autre genre d'entreprise.

La résistance des faits nous ayant amenés jusque-là, un second regard sur les notions que nous avons déjà présentées nous conduira à penser que l'acquisition cumulative de nouveautés n'est pas seulement rare en fait, mais improbable en principe. La recherche normale qui, elle, est cumulative, doit son succès au fait que les scientifiques peuvent régulièrement choisir des problèmes susceptibles d'être résolus en s'appuyant sur des concepts et des techniques instrumentales proches de ceux qu'ils connaissent déjà. (C'est pourquoi le désir de s'attaquer à tout prix à des problèmes utiles, sans considérer leurs rapports avec le savoir et les techniques existants, peut si facilement inhiber le développement scientifique.) Le savant qui s'efforce de résoudre un problème défini par le savoir et les techniques existants ne cherche pas simplement au hasard autour de lui. Il sait ce qu'il veut réaliser ; il conçoit son appareillage et oriente ses réflexions en conséquence. Une nouveauté inattendue, une découverte nouvelle ne peuvent apparaître que dans la mesure où ce qu'il attend de la nature et de ses instruments se trouve démenti et l'importance de la découverte qui en résulte sera souvent proportionnelle à l'étendue et la ténacité de l'anomalie qui l'a annoncée. Donc, de toute évidence, il faut bien qu'il y ait conflit entre le paradigme qui a permis d'apercevoir l'anomalie et celui qui fera d'elle un phénomène conforme à la loi. Les exemples de découvertes accompagnées d'abandon de paradigme que nous avons étudiés au chapitre VI ne sont pas de simples hasards historiques. Il n'y a pas d'autre façon efficace de promouvoir les découvertes.

Le même argument s'applique encore plus clairement à l'invention de nouvelles théories. Il n'existe en principe que trois types de phénomènes à propos desquels puisse s'élaborer une nouvelle théorie. Le premier comprend des phénomènes déjà bien expliqués par les paradigmes existants, et ils fournissent rarement une raison ou un point de départ pour la construction d'une théorie. Ou si c'est le cas, comme dans les trois anticipations célèbres étudiées à la fin du chapitre VII, les théories proposées sont rarement acceptées parce que la nature ne fournit aucun critère. Une deuxième catégorie de phénomènes comprend ceux dont la nature est indiquée par un paradigme existant, mais dont les détails, pour être compris, demanderaient que l'on précise davantage la théorie. Ces phénomènes sont généralement le champ privilégié de la recherche des scientifiques, mais cette recherche vise plus à élaborer des paradigmes existants qu'à en inventer de nouveaux. C'est seulement quand cet effort d'élaboration échoue que les scientifiques rencontrent le troisième type de phénomènes : les anomalies reconnues dont la caractéristique est leur refus obstiné de se laisser assimiler par les paradigmes existants. Ce type seul donne naissance à de nouvelles théories, car à tous les phénomènes (autres que les anomalies) les paradigmes assignent une place déterminée par la théorie dans le champ de vision de l'homme de science.

Mais si de nouvelles théories sont élaborées pour résoudre les anomalies reconnues dans les rapports entre une théorie et la nature, la théorie nouvelle et plus adéquate doit alors permettre des prédictions différentes de celles qu'autorisait le premier paradigme. Cette différence n'apparaîtrait pas si les deux théories étaient logiquement compatibles. Dans le processus d'assimilation, la seconde doit remplacer la première. Même une théorie comme celle de la conservation de l'énergie (qui semble maintenant une superstructure logique ne se rattachant à la nature qu'à travers des théories établies indépendamment) ne s'est pas développée historiquement sans l'abolition d'un paradigme. Bien au contraire, elle est apparue à l'occasion d'une crise dont un élément essentiel était l'incompatibilité existant entre la dynamique de Newton et certaines conséquences de la théorie calorique de la chaleur, nouvellement formulées. C'est seulement après le rejet de la théorie calorique que la conservation de l'énergie a pu devenir une partie de la science [1]. Et c'est seulement après avoir fait partie de la science pendant un certain temps qu'elle a pu prendre l'apparence d'une théorie d'un type logiquement plus élevé, n'entrant pas en conflit avec ses prédécesseurs. Il est difficile de voir comment de nouvelles théories pourraient se faire jour sans ces changements destructeurs dans nos idées sur la nature. Bien que sur le plan logique il reste possible de concevoir le rapport existant entre deux théories scientifiques successives comme une inclusion, il y a là une improbabilité sur le plan historique.

Il y a un siècle, je pense qu'il eût été possible d'arrêter là ces explications sur la nécessité des révolutions. Ce n'est malheureusement plus le cas aujourd'hui car la position qui est la mienne est insoutenable, si l'on accepte, au sujet de la nature et fonction d'une théorie scientifique, les conceptions les plus largement répandues aujourd'hui. Ces conceptions, qui ont des liens étroits avec le premier positivisme logique et n'ont pas été catégoriquement rejetées par ses successeurs, restreignent la portée et la signification de telle théorie acceptée à une époque donnée afin qu'elle ne puisse en aucun cas entrer

1. Silvanus P. Thompson, *Life of William Thomson Baron Kelvin of Largs* (Londres, 1910), I, p. 266-281.

en conflit avec une théorie ultérieure, concernant le même genre de phénomènes naturels. Le cas le mieux connu et le plus important allégué en faveur de cette conception restreinte d'une théorie scientifique se dégage des discussions qui examinent les rapports entre la dynamique contemporaine d'Einstein et les équations dynamiques plus anciennes déduites des *Principia* de Newton. De notre point de vue, ces deux théories sont fondamentalement incompatibles au même titre que l'astronomie de Ptolémée et celle de Copernic : la théorie d'Einstein ne peut être acceptée que si l'on tient celle de Newton pour fausse. Mais ce n'est plus aujourd'hui que l'opinion d'une minorité [1]. Il nous faut donc examiner les objections les plus courantes.

Pour l'essentiel, elles peuvent se résumer comme suit : la dynamique relativiste ne peut pas avoir prouvé que la dynamique newtonienne était fausse, puisque celle-ci est encore utilisée avec succès par la plupart des ingénieurs et, dans des applications particulières, par de nombreux physiciens. De plus, le bien-fondé de cet emploi de la théorie plus ancienne est prouvé par la théorie même qui l'a remplacée. La théorie d'Einstein peut en effet être utilisée pour montrer que les prédictions faites à l'aide des équations de Newton seront aussi exactes que nos instruments de mesure dans toutes les applications qui satisfont à un petit nombre de conditions restrictives. Par exemple, pour que la théorie de Newton fournisse une bonne solution approchée, il faut que les vitesses relatives des corps considérés soient petites en comparaison de la vitesse de la lumière. Dans les limites de cette condition

1. On trouvera des exemples dans les remarques de P. P. Wiener dans *Philosophy of science*, XXV (1958), p. 298.

et de quelques autres, il semble que la théorie de Newton puisse être dérivée de celle d'Einstein dont elle est un cas particulier.

Mais, poursuivent les objecteurs, aucune théorie ne peut entrer en conflit avec un de ces cas particuliers. Si les conceptions d'Einstein semblent prouver que la dynamique newtonienne est fausse, c'est seulement parce que certains partisans de Newton ont été assez imprudents pour prétendre que la théorie newtonienne fournissait des résultats absolument précis, ou qu'elle était valable avec des vitesses relatives très élevées. Puisqu'ils n'avaient aucune preuve à l'appui de ces prétentions, ils ont trahi les exigences de la science en les formulant. Si la théorie newtonienne a jamais été une théorie vraiment scientifique, étayée par des preuves valables, elle n'a rien perdu de son autorité. Seules des prétentions extravagantes dans le domaine de la théorie – prétentions qui n'ont jamais été vraiment scientifiques – ont pu être mises en défaut par Einstein. Purgée de ces extravagances purement humaines, la théorie de Newton n'a jamais été prise en défaut et ne peut pas l'être.

Une variante quelconque de cette argumentation est parfaitement capable de préserver de toute attaque n'importe quelle théorie utilisée par un groupe marquant d'hommes de science compétents. La théorie du phlogistique tellement dénigrée, par exemple, mettait de l'ordre dans un grand nombre de phénomènes physiques et chimiques. Elle expliquait pourquoi les corps brûlaient – ils étaient riches en phlogistique – et pourquoi les métaux avaient en commun tellement plus de propriétés que leurs minerais. Les métaux étaient tous composés de différentes terres élémentaires combinées au phlogistique ; ce dernier, commun à tous les métaux, engendrait donc des propriétés communes. De plus, la théorie du phlogistique rendait compte d'un certain nombre de réactions lors desquelles des acides étaient produits par la combustion de substances comme le carbone et le soufre. Elle expliquait également la diminution de volume constatée quand la combustion se produit dans un volume d'air limité – le phlogistique « détériore » l'élasticité de l'air qui l'a absorbé, comme le feu « détériore » l'élasticité d'un ressort d'acier [1]. Si ces phénomènes avaient été les seuls que les partisans de la théorie du phlogistique prétendaient expliquer par leur théorie, celle-ci n'aurait jamais pu être mise en défaut. Une argumentation similaire suffira à sauver n'importe quelle théorie qui ait jamais été appliquée avec succès à n'importe quel ensemble de phénomènes.

Mais, pour que ce sauvetage soit possible, il faut restreindre le champ d'application des théories à des phénomènes et à une précision de l'observation dont prennent déjà soin les certitudes expérimentales qu'on a sous la main [2]. Poussons cette limitation d'un seul degré plus loin (et il est difficile d'éviter de franchir ce degré après avoir franchi le premier), il sera interdit aux scientifiques de prétendre parler « scientifiquement » de n'importe quel phénomène non encore observé ! Même sous sa

1. James B. Conant, *Overthrow of the phlogiston theory* (Cambridge, 1950), p. 13-16 ; et J. R. Partington, *A short history of chemistry* (2e éd., Londres, 1951), p. 85-88. L'étude la plus complète et la plus pénétrante sur les réalisations de la théorie du phlogistique est celle de H. Metzger dans *Newton, Stahl, Boerhaave et la doctrine chimique* (Paris, 1930), deuxième partie.

2. À comparer aux conclusions auxquelles parvient après une analyse très différente R. B. Braithwaite dans *Scientific explanation* (Cambridge, 1953), p. 50-87, en particulier p. 76.

forme présente, cette restriction interdit à un homme de science de s'appuyer sur une théorie dans ses propres recherches chaque fois que cette recherche s'étend à un domaine ou cherche à atteindre un degré de précision qui n'ont pas de précédent dans l'utilisation antérieure de la théorie. Sur le plan logique, ces interdictions sont inattaquables. Mais si on les acceptait, ce serait la fin de toutes les recherches qui permettent à la science de progresser.

On aboutit ainsi virtuellement à une tautologie. Sans adhésion à un paradigme il ne pourrait pas y avoir de science normale. Et même, cette adhésion doit s'étendre à des domaines particuliers et à des degrés de précision qui n'ont pas encore été pleinement reconnus. Sans quoi, le paradigme ne pourrait proposer aucune énigme qui n'ait déjà été résolue. De plus, la science normale n'est pas la seule à dépendre de l'adhésion à un paradigme. Si la théorie existante ne lie le scientifique qu'en ce qui concerne les applications existantes, alors il n'y aura ni surprises, ni anomalies, ni crises. Or celles-ci sont justement les poteaux indicateurs qui montrent le chemin vers la science extraordinaire. Si les restrictions positivistes sur la portée des applications légitimes d'une théorie étaient prises à la lettre, le mécanisme qui indique au groupe scientifique quels problèmes conduiront peut-être à des changements fondamentaux devrait cesser de fonctionner. Et, dans ce cas, le groupe reviendrait inévitablement à un état très proche de celui dans lequel il se trouvait avant l'apparition du premier paradigme, état où tous les membres du groupe ont une activité scientifique dont le résultat net, cependant, ne ressemble guère à de la science. Est-il vraiment si étonnant que le prix d'un progrès scientifique significatif soit un engagement qui risque d'être une erreur ?

Fait plus important, il y a une lacune logique significative dans l'argument positiviste, et celle-ci nous ramène immédiatement à la nature du changement révolutionnaire. La dynamique newtonienne peut-elle réellement être *dérivée* de la dynamique relativiste ? À quoi ressemblerait une dérivation de ce genre ? Imaginons un ensemble d'expressions, E_1, E_2,... E_m, qui expriment ensemble les lois de la théorie de la relativité. Ces expressions contiennent des variables et des paramètres représentant la position spatiale, le temps, la masse au repos, etc. Par les procédés de la logique et des mathématiques, il est possible d'en déduire tout un ensemble d'autres expressions, dont certaines vérifiables par l'observation. Pour prouver que la dynamique newtonienne est valable en la considérant comme un cas particulier, nous devons ajouter aux E_1 une expression supplémentaire comme $(v/c)^2 \ll 1$, qui restreint la portée des paramètres et des variables. Cet ensemble plus vaste d'expressions est alors manipulé pour fournir un nouvel ensemble N_1, N_2,... N_m, identique par sa forme aux lois du mouvement de Newton, à la loi de gravité, etc. En apparence, la dynamique newtonienne a été dérivée de celle d'Einstein, dans les limites de certaines conditions.

Pourtant la dérivation est douteuse, au moins sous cette forme. Bien que les N_1 soient un cas spécial des lois de la mécanique relativiste, ce ne sont pas les lois de Newton. Ou alors ce sont les lois de Newton réinterprétées d'une manière qui était inimaginable avant les travaux d'Einstein. Les variables et les paramètres qui, dans les E_1 d'Einstein, représentent la position spatiale, le temps, la masse, etc., se retrouvent bien dans les N_1 ; et ils y représentent toujours l'espace, le temps et la masse selon Einstein. Mais les réalités physiques auxquelles renvoient ces concepts d'Einstein ne sont absolument pas celles auxquelles renvoient les concepts newtoniens qui portent le même nom. (La masse newtonienne est conservée ; celle d'Einstein est convertible en énergie. Ce n'est qu'à des vitesses relatives basses qu'elles peuvent toutes deux se mesurer de la même manière, et même alors il est faux de les imaginer semblables.) À moins de changer les définitions des variables dans les N_1, les expressions que nous avons dérivées ne sont pas newtoniennes. Mais, si nous les changeons, nous ne pouvons pas vraiment dire que nous avons *dérivé* les lois de Newton, tout au moins pas dans le sens du mot *dérivé* généralement accepté aujourd'hui. Notre discussion a évidemment expliqué pourquoi les lois de Newton ont à un moment donné paru satisfaisantes ; et donc elle justifie, par exemple, un automobiliste qui agit comme s'il vivait dans un univers newtonien. On utilise un argument du même genre pour justifier le fait que l'on enseigne aux ingénieurs géographes une astronomie centrée sur la Terre. Mais cet argument n'atteint pas le but qu'on lui assignait. C'est-à-dire qu'il ne prouve pas que les lois de Newton constituent, par rapport à celles d'Einstein, un cas limite. Car, en passant au cas limite, ce ne sont pas seulement les formes des lois qui ont changé. Nous avons dû simultanément modifier les éléments structuraux fondamentaux dont se compose l'univers auquel elles s'appliquent.

Or cette nécessité de changer la signification de concepts établis et familiers a joué un rôle capital dans le choc révolutionnaire causé par la théorie d'Einstein.

Bien qu'elle soit plus subtile que le changement du géocentrisme à l'héliocentrisme, de la théorie du phlogistique à l'oxygène, ou des corpuscules aux ondes, la transformation conceptuelle qui en est résultée n'en a pas été moins fatale au paradigme antérieurement établi. Nous pourrions même aller jusqu'à faire de cet exemple le prototype des réorientations révolutionnaires dans la vie scientifique. Par le fait même qu'il n'implique pas l'introduction d'objets ou de concepts supplémentaires, le passage de la mécanique de Newton à celle d'Einstein montre, avec une clarté particulière, la révolution scientifique comme un déplacement du réseau conceptuel à travers lequel les hommes de science voient le monde.

Ces remarques devraient suffire à montrer ce qui, dans un autre climat philosophique, aurait pu être considéré comme acquis. Pour les scientifiques tout au moins, la plupart des différences apparentes entre une théorie scientifique abandonnée et celle qui lui a succédé sont réelles. Une théorie dépassée peut toujours être considérée comme un cas particulier de la théorie moderne qui lui a succédé, mais alors il faut lui faire subir une transformation dans ce sens. Et cette transformation ne saurait être entreprise qu'avec l'avantage d'une vue rétrospective, sous la conduite explicite de la théorie la plus récente. D'ailleurs, même si cette transformation était un procédé d'un emploi légitime pour interpréter la théorie la plus ancienne, il en résulterait une telle limitation de cette théorie qu'elle ne pourrait que répéter ce que l'on savait déjà. Du fait qu'elle est économique, cette répétition aurait son utilité, mais elle ne pourrait suffire à guider la recherche.

Admettons donc comme un fait acquis que les différences entre les paradigmes successifs sont à la fois nécessaires et irréconciliables. Pouvons-nous préciser plus explicitement de quel genre sont ces différences ? Nous avons déjà à plusieurs reprises donné des exemples du genre le plus courant : les paradigmes successifs nous enseignent des choses différentes sur la population de l'univers et sur le comportement de cette population. Ils ne sont pas d'accord, par exemple, sur des questions comme l'existence des particules subatomiques, la matérialité de la lumière, et la conservation de la chaleur ou de l'énergie. Ce sont là des divergences fondamentales et il n'est pas nécessaire d'en donner d'autres exemples. Mais les paradigmes ne diffèrent pas seulement par leur substance, puisqu'ils ne sont pas dirigés seulement vers la nature mais aussi, en sens inverse, vers la science qui les a produits. Ils sont la source des méthodes, des domaines de recherche et des normes de solution acceptés à n'importe quel moment donné par tout groupe scientifique arrivé à maturité. Par conséquent, l'admission d'un nouveau paradigme nécessite souvent une définition nouvelle de la science correspondante. Certains des anciens problèmes peuvent être abandonnés à une autre science, ou déclarés tout simplement « non scientifiques ». D'autres qui dans le passé n'existaient pas ou étaient de médiocre importance deviendront, avec un nouveau paradigme, le type même du travail scientifique significatif. À mesure que les problèmes changent, on voit aussi changer la norme qui distingue une solution réellement scientifique d'une simple spéculation métaphysique, d'un jeu de mots ou d'une distraction mathématique. La tradition de science normale qui se fait jour durant une révolution scientifique n'est pas seulement incompatible avec ce qui a précédé, mais souvent aussi incommensurable.

Le choc causé par les travaux de Newton sur la tradition normale du travail scientifique au XVIIe siècle fournit un exemple frappant de ces effets plus subtils du changement de paradigme. Avant la naissance de Newton, la « nouvelle science » du siècle avait enfin réussi à rejeter les explications scolastiques et aristotéliciennes qui faisaient appel aux « essences » des corps matériels. Dire qu'une pierre tombe parce que sa « nature » l'attire vers le centre de l'univers ne semblait plus qu'un simple jeu de mots tautologique (ce n'avait pas toujours été le cas). Désormais, le flot tout entier des apparences sensorielles, y compris la couleur, le goût et même le poids, devait s'expliquer en termes de taille, forme, position et mouvement des corpuscules élémentaires de matière. L'attribution d'autres qualités aux atomes élémentaires constituait un recours à l'occulte et était donc interdit à la science. Molière a très bien saisi cette nouvelle tendance quand il a ridiculisé le médecin qui expliquait l'efficacité de l'opium en lui attribuant une vertu dormitive. Durant la dernière moitié du XVIIe siècle, de nombreux scientifiques préféraient dire que les particules d'opium grâce à leur forme ronde pouvaient apaiser les nerfs sur lesquels elles se déplaçaient [1].

À une période antérieure, les explications faisant appel à des qualités occultes avaient constitué une partie intégrante du travail scientifique productif. Néanmoins, au XVIIe siècle, l'acceptation des explications par la nouvelle théorie de la mécanique corpusculaire se révéla extrêmement féconde, pour un certain nombre de sciences : elle

1. Sur le corpuscularisme en général, voir Marie Boas « The Establishment of the mechanical philosophy », *Osiris*, X (1952), p. 412-541. Sur les effets de la forme des particules sur le goût, voir *id.*, p. 483.

les débarrassa de problèmes qui avaient jusque-là défié les solutions généralement acceptées et en suggéra d'autres à la place. En dynamique, par exemple, les trois lois du mouvement de Newton sont moins le résultat de nouvelles expériences qu'un effort pour réinterpréter des observations bien connues en termes de mouvement et d'interaction de corpuscules primaires neutres. Indiquons un seul exemple concret. Puisque les corpuscules neutres ne pouvaient agir l'un sur l'autre que par contact, la théorie de la mécanique corpusculaire dirigea l'attention des scientifiques vers un sujet d'étude absolument neuf, l'altération des mouvements des particules par collision. Descartes annonça le problème et fournit sa première solution présumée. Huygens, Wren et Wallis allèrent plus loin, d'abord en expérimentant sur des pendules qui entraient en collision, mais surtout en appliquant au nouveau problème certaines caractéristiques déjà bien connues du mouvement. Et Newton engloba leurs conclusions dans ses lois du mouvement. L'« action » et la « réaction » égales selon la troisième loi sont les changements dans la quantité de mouvement subis par deux corps entrant en collision. Le même changement de mouvement fournit une définition de la force dynamique, qui est implicite dans la deuxième loi. Dans ce cas comme dans bien d'autres au XVIIe siècle, le paradigme corpusculaire a donné naissance à la fois à un nouveau problème et à une grande partie de la solution de ce problème [1].

Pourtant, bien qu'une bonne part des travaux de Newton fût dirigée vers des problèmes dérivés de la théorie de la mécanique corpusculaire et se conformât aux

1. R. Dugas, *La Mécanique au XVIIe siècle* (Neuchâtel, 1954), p. 177-185, 284-298, 345-356.

normes de cette théorie, le paradigme qui résulta de ses travaux entraîna un changement ultérieur (et partiellement destructeur) dans les problèmes et les normes tenus alors pour légitimes dans le domaine scientifique. La gravité, interprétée comme une attraction innée entre chaque groupe de deux particules de matière, restait une qualité occulte au même titre que l'avait été la « tendance à tomber » des scolastiques. De ce fait, tandis que les normes de la théorie corpusculaire prévalaient, la recherche d'une explication mécanique de la gravité fut l'un des problèmes les plus défiants pour ceux qui acceptaient les *Principia* comme un paradigme. Newton y accorda beaucoup d'attention, ainsi que plusieurs de ses successeurs au XVIIIe siècle. Apparemment, la seule solution était de rejeter la théorie de Newton puisqu'elle ne parvenait pas à expliquer la gravité, et c'est une solution qui fut largement adoptée. Pourtant, ni l'un ni l'autre de ces points de vue ne triompha finalement. Incapables d'une part de réaliser un travail scientifique sans les *Principia* et d'autre part de rendre ce travail conforme aux exigences de la mécanique corpusculaire du XVIIe siècle, les scientifiques en arrivèrent graduellement à admettre que la gravité était en fait innée. Vers le milieu du XVIIIe siècle, cette interprétation était presque universellement acceptée et il en résulta un retour authentique (ce qui est différent d'une régression) à une norme scolastique. L'attraction et la répulsion innées étaient, au même titre que la taille, la forme, la position et le mouvement, des propriétés primaires irréductibles de la matière [1].

1. I. B. Cohen, *Franklin and Newton : An inquiry into speculative newtorian experimental science and Franklin's work in electricity as an example thereof* (Philadelphie, 1956), chap. VI-VII.

Le changement qui en résulta dans les normes et le champ d'investigation de la science physique fut une fois de plus lourd de conséquences. Vers 1740, par exemple, les spécialistes de l'électricité pouvaient parler de la « vertu » attractive du fluide électrique sans s'exposer au ridicule comme le médecin de Molière un siècle plus tôt. Leurs discussions tendaient de plus en plus à distinguer, dans les phénomènes électriques, un ordre qui n'était plus du tout celui de l'époque où on les considérait comme les effets d'un flux mécanique, lequel ne pouvait agir que par contact. En particulier, quand l'action électrique à distance devint en elle-même un sujet d'étude, on commença à reconnaître comme l'un de ses effets le phénomène que nous appelons maintenant la charge par induction. Auparavant, ou bien ce phénomène était passé inaperçu, ou bien on l'avait attribué à l'action directe d'« atmosphères » électriques, ou à des fuites inévitables dans un laboratoire d'électricité. Cette nouvelle manière de considérer les effets inductifs fut, à son tour, l'élément essentiel de l'analyse de la bouteille de Leyde par Franklin et par suite de l'apparition d'un nouveau paradigme newtonien pour l'électricité. Mais la dynamique et l'électricité ne furent pas les seuls domaines scientifiques touchés par cette légitimation d'une recherche des forces innées de la matière. L'important ensemble de littérature scientifique du XVIIIe siècle concernant les affinités chimiques et les séries de remplacement dérive aussi de cet aspect supramécanique des théories de Newton. Les chimistes qui croyaient à des attractions différentielles s'exerçant entre les différents corps chimiques organisèrent des expériences auxquelles on n'aurait pas songé jusqu'alors et recherchèrent de nouvelles sortes de réactions. Sans les renseignements et les concepts chimiques acquis au cours de ces travaux, le travail ultérieur de Lavoisier, et plus particulièrement de Dalton, serait incompréhensible[1]. Des changements dans les critères relatifs aux problèmes, explications et concepts admis peuvent transformer une science. Dans le prochain chapitre, j'essaierai même de montrer en quel sens ils peuvent transformer le monde.

Dans l'histoire de toute science, à n'importe quel moment de son développement, on peut trouver d'autres exemples de ces différences formelles entre des paradigmes successifs. Contentons-nous pour le moment de deux autres exemples, beaucoup plus brefs. Avant la révolution chimique, l'une des tâches avouées de la chimie était de rendre compte des qualités des substances chimiques et des changements que ces qualités subissaient durant les réactions chimiques. À l'aide d'un petit nombre de « principes » élémentaires – dont le phlogistique –, le chimiste devait expliquer pourquoi certaines substances sont acides, d'autres métalliques, combustibles, etc. On avait obtenu certains succès dans ce sens. Nous avons déjà remarqué que le phlogistique expliquait pourquoi les métaux sont si semblables et la remarque s'appliquerait aussi bien aux acides. La réforme de Lavoisier, en éliminant définitivement les « principes » chimiques, priva donc la chimie d'un pouvoir d'explication effectif et prometteur. Pour compenser cette perte, un changement de critères s'avéra nécessaire. Durant une grande partie du XIXe siècle, l'impossibilité d'expliquer les qualités des composés ne fut pas considérée comme un échec pour une théorie chimique[2].

---

1. Sur l'électricité, voir *ibid.*, chap. VIII-IX. Sur la chimie, voir Metzger, première partie.

2. E. Meyerson, *Identity and reality* (New York, 1930), chap. X.

Autre exemple : au XIXe siècle, Clerk Maxwell partageait avec d'autres adeptes de la théorie ondulatoire de la lumière la conviction que les ondes lumineuses doivent se propager à travers un éther matériel. Concevoir un milieu mécanique pouvant servir de support à ces ondes fut un problème type pour beaucoup de ses contemporains les plus doués. Cependant, sa propre théorie, la théorie électromagnétique de la lumière, ne rendait nullement compte d'un milieu susceptible de servir de support à ces ondes lumineuses et elle était telle qu'il paraissait clairement plus difficile qu'avant d'en rendre compte. C'est pourquoi, à l'origine, la théorie de Maxwell fut généralement rejetée. Mais, comme cela s'était produit pour Newton, on constata bientôt qu'il était difficile de se passer d'elle, et à mesure qu'elle prenait force de paradigme, l'attitude du groupe à son égard se modifiait. Durant les premières décennies du XXe siècle, l'insistance de Maxwell à défendre l'existence d'un éther mécanique apparut de plus en plus comme purement formelle (ce qui n'avait pas du tout été le cas) et toute tentative de décrire ce milieu éthéré fut abandonnée. Les scientifiques ne trouvaient plus contraire à la science de parler d'un « déplacement » électrique, sans spécifier ce qui était déplacé. Il en résulta, une fois de plus, un nouvel ensemble de problèmes et d'exigences, ensemble qui par la suite joua un grand rôle dans l'apparition de la théorie de la relativité [1].

Ces déplacements caractéristiques des conceptions d'une communauté scientifique, en ce qui concerne ses problèmes et ses normes légitimes, auraient moins

1. E. T. Whittaker, *A history of the theories of aether and electricity*, II (Londres, 1953), p. 28-30.

d'importance pour le point de vue soutenu dans cet essai si on pouvait supposer qu'ils se sont toujours produits dans un sens ascendant, sur le plan méthodologique. Dans ce cas, leurs effets aussi sembleraient cumulatifs. Ne nous étonnons pas de voir un historien prétendre que l'histoire des sciences révèle une augmentation continue de la maturité et du raffinement des conceptions de l'homme sur la nature de la science [1]. Cependant, il est encore plus difficile de défendre la notion de développement cumulatif des problèmes et des normes de la science que celle de l'accumulation des théories. Les efforts consacrés à une explication de la gravité, bien qu'ils aient été à juste titre abandonnés par la plupart des hommes de science du XVIIIe siècle, ne s'appliquaient pas à un problème illégitime en soi. Les objections formulées contre les « forces innées » n'étaient ni antiscientifiques de nature ni métaphysiques au sens péjoratif. Aucun critère extérieur ne permet un jugement de ce genre. Les faits montrent que les normes ne se sont ni abaissées ni élevées mais, simplement, qu'un changement était devenu nécessaire à la suite de l'adoption d'un nouveau paradigme. Qui plus est, on a depuis lors adopté la position inverse, et on pourrait encore changer. Au XXe siècle, Einstein a réussi à expliquer les attractions gravitationnelles et, ce faisant, ramené la science vers un ensemble de canons et de problèmes qui, sur ce point particulier, sont plus proches de ceux des prédécesseurs de Newton que de ses successeurs. Autre exemple : le

1. On trouvera une tentative brillante et totalement nouvelle pour faire entrer le développement scientifique dans ce lit de Procuste dans le livre de C. C. Gillispie, *The Edge of objectivity : an essay in the history of scientific ideas* (Princeton, 1960).

développement de la mécanique quantique a renversé les interdits méthodologiques qui étaient nés de la révolution chimique. Les chimistes s'efforcent maintenant, avec grand succès, d'expliquer la couleur, l'état d'agrégation et les autres qualités des substances utilisées et produites dans leurs laboratoires. Il se peut qu'un renversement du même ordre soit en cours dans la théorie électromagnétique. L'espace, dans la physique contemporaine, n'est pas la substance inerte et homogène qu'envisageaient les théories de Newton aussi bien que celles de Maxwell ; certaines de ses nouvelles propriétés ne sont pas très différentes de celles que l'on attribuait jadis à l'éther ; il se peut qu'un jour nous arrivions à savoir ce qu'est un déplacement électrique.

En mettant l'accent davantage sur les fonctions normatives des paradigmes que sur leurs fonctions cognitives, les exemples précédents nous permettent de mieux comprendre comment les paradigmes façonnent la vie scientifique. Au début, nous avions surtout étudié le rôle du paradigme en tant que véhicule d'une théorie scientifique. Dans ce rôle, son utilité est de renseigner les scientifiques sur les entités que la nature contient ou ne contient pas et sur la façon dont elles se comportent. Ces renseignements fournissent une carte dont les détails sont élucidés par les travaux scientifiques plus avancés. Comme la nature est trop complexe et variée pour être explorée au hasard, cette carte est aussi essentielle au développement continu de la science que l'observation et l'expérimentation. Par l'intermédiaire des théories qu'ils incorporent, les paradigmes se trouvent donc être un élément constituant de l'activité de recherche. Pourtant, ils sont aussi des éléments constituants de la science à d'autres points de vue, auxquels nous nous attacherons maintenant. En particulier, nos derniers exemples ont montré que les paradigmes fournissent aux scientifiques non seulement une carte, mais aussi certaines directives essentielles à la réalisation d'une carte. En apprenant un paradigme, l'homme de science acquiert à la fois une théorie, des méthodes et des critères de jugement, généralement en un mélange inextricable. C'est pourquoi, lors des changements de paradigme, il y a généralement déplacement significatif des critères déterminant la légitimité des problèmes et aussi des solutions proposées.

Cette remarque nous ramène au point de départ de ce chapitre, car elle fournit la première indication explicite sur la raison pour laquelle le choix entre des paradigmes concurrents pose régulièrement des questions qui ne peuvent être résolues par les critères de la science normale. Dans la mesure (non moins significative parce que incomplète) où deux écoles scientifiques sont en désaccord sur ce qui est problème et ce qui est solution, elles s'engagent inévitablement dans un dialogue de sourds en discutant les mérites relatifs de leurs paradigmes respectifs. Dans la discussion proche du cercle vicieux qui en résulte régulièrement, il apparaît que chaque paradigme satisfait plus ou moins les critères qu'il a lui-même dictés et reste incapable de satisfaire certains des critères dictés par son concurrent. Il y a d'autres raisons encore à l'insuffisance de communication logique qui caractérise régulièrement les discussions sur les paradigmes. Par exemple, puisque aucun paradigme ne résout jamais tous les problèmes qu'il définit et puisqu'il n'est pas deux paradigmes qui laissent sans solution les mêmes problèmes, les discussions sur les paradigmes posent toujours finalement la question : « Quels problèmes est-il plus important d'avoir résolu ? » Comme dans le cas de la concurrence de deux normes, cette question des valeurs ne peut trouver de réponse qu'en faisant intervenir des critères qui sont totalement extérieurs à la science normale et c'est ce recours à des critères extérieurs qui donne leur caractère le plus évidemment révolutionnaire aux débats entre paradigmes. Pourtant quelque chose de plus fondamental que les normes et les valeurs est aussi en jeu. Jusqu'ici, j'ai seulement soutenu que les paradigmes sont les éléments constituants de la science. Je voudrais maintenant montrer qu'en un sens ils sont aussi les éléments constitutifs de la nature.

Chapitre IX

Les révolutions comme transformations dans la vision du monde

S'il examine les documents du passé de la recherche du point de vue de l'historiographie contemporaine, l'historien des sciences peut être tenté de s'écrier que quand les paradigmes changent, le monde lui-même change avec eux. Guidés par un nouveau paradigme, les savants adoptent de nouveaux instruments et leurs regards s'orientent dans une direction nouvelle. Fait encore plus important, durant les révolutions, les scientifiques aperçoivent des choses neuves et différentes, alors qu'ils regardent avec des instruments pourtant familiers dans des endroits qu'ils avaient pourtant déjà examinés. C'est un peu comme si le groupe de spécialistes était transporté soudain sur une autre planète où les objets familiers apparaissent sous une lumière différente et en compagnie d'autres objets inconnus. Bien entendu, il ne se produit rien de tel : il n'y a pas de déplacement géographique ; à l'extérieur du laboratoire, les affaires quotidiennes suivent leur cours habituel. Néanmoins, les changements de paradigmes font que les scientifiques, dans le domaine de leurs recherches, voient tout d'un autre œil. Dans la mesure où ils n'ont accès au monde qu'à travers ce qu'ils voient et font, nous pouvons être amenés à dire qu'après une révolution les scientifiques réagissent à un monde différent.

C'est en tant que prototypes élémentaires de ces transformations du monde de l'homme de science que les démonstrations bien connues des gestaltistes sur le renversement des figures visuelles se révèlent si suggestives. Ce qui, avant la révolution, était pour l'homme de science un canard devient un lapin. Ce qu'il voyait comme l'extérieur d'une boîte, vu d'en haut, lui apparaît comme son intérieur, vu de dessous. Des transformations de ce genre, bien que généralement plus graduelles et presque toujours irréversibles, sont des concomitantes familières de la formation scientifique. En regardant les courbes de niveau d'une carte, l'étudiant voit des lignes sur le papier, le cartographe l'image d'un terrain. En regardant une photographie de chambre de Wilson, l'étudiant voit des lignes confuses et brisées, le physicien un enregistrement d'événements subnucléaires familiers. C'est seulement après un certain nombre de ces transformations de sa vision que l'étudiant devient citoyen du monde de l'homme de science, qu'il voit ce que voit l'homme de science et y réagit comme lui. Le monde dans lequel il pénètre alors n'est pas cependant fixé une fois pour toutes, d'une part par la nature du milieu ambiant et d'autre part par celle de la science. Il est plutôt déterminé conjointement par l'environnement et par la tradition particulière de science normale que l'étudiant a appris à suivre. C'est pourquoi, aux époques de révolution, quand change la tradition de science normale, l'homme de science doit réapprendre à voir le monde autour de lui ; dans certaines situations familières, il doit apprendre à voir de nouvelles formes. Le monde de ses recherches lui paraîtra ensuite, sur certains points, incommensurable avec celui dans lequel il habitait la veille. C'est une raison de plus pour laquelle les écoles guidées par des paradigmes différents sont toujours légèrement en désaccord.

Dans leur forme la plus habituelle, évidemment, les expériences sur la psychologie de la forme n'illustrent que la nature des transformations perceptives. Elles ne nous disent rien sur le rôle des paradigmes ou sur l'expérience préalablement assimilée au cours du processus perceptif. Mais nous possédons sur ce point un ensemble important de publications psychologiques, dont la plupart dérivent du travail pionnier d'Adelbert Ames. Si l'on fait porter à quelqu'un des lunettes munies de lentilles donnant une image renversée, il commence par voir le monde entier à l'envers. Au début, son appareil perceptif fonctionnant comme il avait été entraîné à fonctionner en l'absence de lunettes, il en résulte une extrême désorientation, un état aigu de crise personnelle. Mais une fois que le sujet de l'expérience apprend à s'adapter à son nouveau monde, son champ visuel tout entier se remet d'aplomb, en général après un intervalle durant lequel la vision est simplement confuse. Par la suite, il voit de nouveau les objets comme il les voyait avant de porter les lunettes. L'assimilation d'un champ visuel préalablement anormal a réagi sur ce champ lui-même et l'a modifié [1]. Au sens propre comme au sens figuré, le sujet qui s'est habitué à des lentilles donnant une image renversée a subi une transformation révolutionnaire de la vision.

---

1. Les expériences originales ont été faites par George M. Stratton : « Vision without inversion of the retinal image », *Psycho-logical Review*, IV (1897), p. 341-360, 463-481. Harvey A. Carr donne un compte rendu plus récent dans *An introduction to space perception* (New York, 1935), p. 18-57.

Les sujets de l'expérience sur les cartes à jouer anormales étudiées au chapitre V ont ressenti une transformation assez semblable. Tant qu'ils n'avaient pas appris à la faveur d'expositions prolongées que l'univers contenait des cartes anormales, ils voyaient seulement le genre de cartes que leur expérience antérieure les avait préparés à voir. Mais, après que leur expérience leur eut fourni les catégories supplémentaires nécessaires, ils furent capables de voir toutes les cartes anormales dès la première présentation assez longue pour permettre une identification quelconque. D'autres expériences démontrent que la taille, la couleur et d'autres qualités d'objets présentés dans des expériences varient aussi avec l'entraînement et l'expérience antérieurs du sujet [1]. En parcourant l'importante littérature expérimentale dont ces exemples sont tirés, on en arrive à penser que quelque chose qui ressemble à un paradigme est indispensable à la perception elle-même. Ce que voit un sujet dépend à la fois de ce qu'il regarde et de ce que son expérience antérieure, visuelle et conceptuelle, lui a appris à voir. En l'absence de cet apprentissage, il ne peut y avoir, selon le mot de William James, qu'« une confusion bourdonnante et foisonnante ».

Ces dernières années, plusieurs spécialistes de l'histoire des sciences ont trouvé extrêmement fécondes les expériences de ce genre. N. R. Hanson, en particulier, a utilisé les démonstrations de la psychologie de la forme

1. On trouvera des exemples dans l'article d'Albert H. Hastorf « The Influence of suggestion on the relationship between stimulus size and perceived distance », *Journal of Psychology*, XXIX (1950), p. 195-217 ; voir aussi Jerome S. Bruner, Leo Postman et John Rodrigues « Expectations and the perception of color », *American Journal of Psychology*, LXIV (1951), p. 216-227.

pour mettre en évidence certaines conséquences de la conviction scientifique qui sont les mêmes que celles que nous étudions ici [1]. D'autres auteurs ont noté à plusieurs reprises que l'histoire des sciences paraîtrait plus claire et plus cohérente si on pouvait supposer que les scientifiques subissent parfois un renversement de leurs perceptions semblable à ceux qui sont décrits ci-dessus. Cependant, si suggestives que soient ces expériences psychologiques, elles ne peuvent nous permettre d'aller trop loin dans l'analogie. Elles mettent en évidence des caractéristiques de la perception qui *pourraient* être primordiales pour le développement scientifique, mais elles ne démontrent pas que l'observation contrôlée et prudente effectuée par le chercheur scientifique relève de ces caractéristiques. De plus, la nature même de ces expériences rend impossible toute démonstration directe sur ce point. Si des exemples historiques doivent montrer la pertinence de ces expérimentations psychologiques, il nous faut d'abord remarquer quel genre d'indications nous pouvons, ou ne pouvons pas, nous attendre à trouver dans l'histoire.

Le sujet d'une démonstration de psychologie de la forme sait que sa perception s'est modifiée, parce qu'il peut la modifier en sens inverse à plusieurs reprises, tout en tenant en main le même livre ou le même papier. Conscient du fait que rien dans son entourage n'a changé, il dirige son attention de plus en plus non sur la figure (canard ou lapin), mais sur les lignes du papier qu'il regarde. Il peut même finalement apprendre à regarder ces lignes sans y voir aucune figure, il peut alors dire (ce qu'il n'aurait pas pu faire à juste titre auparavant) que ce sont ces lignes qu'il voit réellement mais qu'il les voit

1. N. R. Hanson, *Patterns of discovery* (Cambridge, 1958), chap. I.

alternativement *comme* canard ou *comme* lapin. Selon le même critère, le sujet de l'expérience sur les cartes anormales sait (ou plus exactement peut être convaincu) que sa perception s'est modifiée parce qu'une autorité extérieure, l'expérimentateur, lui assure qu'indépendamment de ce qu'il a *vu*, il *regardait* durant tout ce temps un cinq de cœur noir. Dans ces deux cas, comme dans toutes les expériences psychologiques semblables, l'efficacité de la démonstration dépend de la possibilité d'une analyse de ce genre. Faute d'un critère extérieur par rapport auquel on puisse prouver une modification de la vision, il serait impossible de tirer aucune conclusion sur les possibilités de perception alternée.

Or, pour l'observation scientifique, la situation est exactement inverse. L'homme de science ne peut avoir aucun recours au-delà de ce qu'il voit de ses yeux et constate d'après ses instruments. S'il y avait quelque autorité supérieure capable de prouver que sa vision s'est modifiée, cette autorité deviendrait alors en elle-même la source des données, et le comportement de la vision du savant deviendrait alors matière de recherche (au même titre que celle du sujet de l'expérience l'est pour le psychologue). Il en serait de même si l'homme de science pouvait alterner sa vision, comme le sujet des expériences de psychologie de la forme. La période durant laquelle la lumière était « tantôt une onde et tantôt une particule » a été une période de crise – une période où « quelque chose n'allait pas » – et elle s'est terminée seulement avec le développement de la mécanique ondulatoire, quand on se rendit compte que la lumière était une entité autonome, différente à la fois des ondes et des particules. Donc, si, dans la science, des renversements perceptifs accompagnent les changements de paradigme, nous ne pouvons pas nous attendre à ce que les scientifiques attestent directement ces changements. En regardant la Lune, le savant qui vient de se convertir à la théorie copernicienne ne dit pas : « Je voyais une planète, mais maintenant je vois un satellite. » Cela impliquerait qu'en un sens le système ptolémaïque a été correct à un moment donné. Bien au contraire, il dira : « Je prenais jadis la Lune pour une planète (ou je voyais la Lune comme une planète) mais je me trompais. » Ce genre d'affirmation apparaît souvent dans le sillage des révolutions scientifiques. S'il masque ordinairement un renversement de la vision scientifique ou quelque autre transformation mentale ayant le même effet, nous ne pouvons pas attendre de témoignage direct sur ce renversement. Il nous faut plutôt rechercher les preuves indirectes, relevant du comportement, montrant que l'homme de science possédant un nouveau paradigme ne voit plus les choses de la même manière.

Tournons-nous alors vers les faits historiques et demandons-nous quels genres de transformations du monde de l'homme de science ils peuvent révéler. La découverte d'Uranus par sir William Herschel nous fournit un premier exemple, très proche d'ailleurs de l'expérience des cartes anormales. À dix-sept occasions différentes (au moins), entre 1690 et 1781, de nombreux astronomes, dont certains des observateurs les plus éminents d'Europe, avaient vu une étoile dans des positions qui nous semblent maintenant avoir été à l'époque celles d'Uranus. L'un des meilleurs observateurs avait réellement vu l'« étoile » quatre nuits de suite en 1769 sans remarquer le mouvement qui aurait pu suggérer une identification correcte. Herschel, quand il observa le même objet douze ans plus tard, le fit avec un télescope très amélioré qu'il avait fabriqué lui-même. De ce fait, il put remarquer une taille apparente de disque qui était tout au moins inhabituelle pour les étoiles. Il y avait là quelque chose d'anormal et il retarda donc l'identification en attendant l'occasion d'une nouvelle observation. Celle-ci révéla le mouvement d'Uranus parmi les étoiles et Herschel annonça donc qu'il avait vu une nouvelle comète ! Ce n'est que plusieurs mois plus tard, après des tentatives infructueuses pour faire concorder le mouvement observé avec l'orbite d'une comète, que Lexel suggéra que l'orbite était probablement planétaire [1]. Une fois cette solution acceptée, il y eut plusieurs étoiles en moins et une planète en plus dans le monde de l'astronome professionnel. Un corps céleste qui avait été observé à diverses reprises durant près d'un siècle, brusquement, ne fut plus vu de la même manière après 1781 parce que, telle une carte anormale, il n'était plus possible de le faire entrer dans les catégories perceptives (étoile ou comète) fournies par le paradigme de l'époque.

Cependant, la modification de la vision qui permit aux astronomes de voir Uranus en tant que planète semble n'avoir pas affecté seulement la perception de cet objet. Ses conséquences ont eu une beaucoup plus grande portée. Il est probable, bien que les preuves soient sujettes à caution, que ce changement mineur de paradigme provoqué par Herschel ait préparé les astronomes à la découverte rapide, après 1801, de nombreux astéroïdes et planètes mineures. À cause de leur petite taille, elles ne révélaient pas le grossissement anormal qui avait d'abord alerté Herschel. Néanmoins, les astronomes,

1. Peter Doig, *A concise history of astronomy* (Londres, 1950), p. 115-116.

prêts désormais à trouver des planètes supplémentaires, furent capables, avec les instruments habituels, d'en identifier une vingtaine dans les cinquante premières années du XIXe siècle [1]. L'histoire de l'astronomie fournit bien d'autres exemples de transformations de la perception scientifique produites par un paradigme, certaines beaucoup plus claires encore. Par exemple, peut-on croire que ce soit par accident que les astronomes occidentaux, durant le demi-siècle qui a suivi la première affirmation du nouveau paradigme de Copernic, aient pour la première fois aperçu un changement dans les cieux jusque-là immuables ? Les Chinois, dont les conceptions cosmologiques admettaient les changements célestes, avaient constaté l'apparition de nombreuses étoiles nouvelles dans le ciel à une date bien antérieure. Ils avaient aussi, même sans l'aide d'un télescope, reconnu systématiquement l'apparition des taches solaires plusieurs siècles avant que Galilée et ses contemporains ne les voient [2]. Les taches solaires et une nouvelle étoile ne sont d'ailleurs pas les seuls exemples de changements célestes apparus dans le monde de l'astronomie, immédiatement après Copernic. En se servant d'instruments traditionnels, dont certains n'étaient qu'un morceau de fil, les astronomes de la fin du XVIe siècle découvrirent à plusieurs reprises que les comètes erraient librement dans l'espace traditionnellement réservé aux

1. Rudolph Wolf, *Geschichte der Astronomie* (Munich, 1877), p. 513-515, 683-693. Remarquer en particulier comme le point de vue de Wolf pour présenter ces faits rend plus difficile d'expliquer ces découvertes comme une conséquence de la loi de Bode.

2. Joseph Needham, *Science and civilisation in China*, III (Cambridge, 1959), p. 423-429, 434-436.

étoiles et aux planètes immuables [1]. La facilité et la rapidité même avec lesquelles les astronomes aperçurent des choses neuves en regardant avec d'anciens instruments des objets anciens pourraient nous amener à dire qu'après Copernic les astronomes vivaient dans un monde différent. En tout cas, leurs recherches furent conduites comme si c'était bien le cas.

Les exemples précédents sont choisis dans l'astronomie parce que les comptes rendus d'observations célestes sont souvent établis dans un vocabulaire composé de termes qui, relativement, relèvent purement de l'observation. Ce sont les seuls où nous puissions constater quelque chose qui évoque un parallélisme véritable entre les observations des scientifiques et celles des sujets d'expérience du psychologue. Mais il n'est pas nécessaire d'exiger un parallélisme aussi net et nous aurons beaucoup à gagner en réduisant nos exigences sur ce point. Si nous nous contentons du sens ordinaire du verbe « voir », nous constaterons sans doute rapidement que nous avons déjà rencontré de nombreux autres exemples de modifications de la perception scientifique accompagnant les changements de paradigme. Il me faudra bientôt défendre explicitement le sens large donné ici aux termes *perception* et *vision*, mais je veux d'abord donner des exemples de son application pratique.

Revenons un instant à deux de nos exemples empruntés à l'histoire de l'électricité. Au XVIIe siècle, quand leur recherche était guidée par l'une des diverses théories des effluves, les spécialistes de l'électricité virent souvent des particules de paille rebondir loin des corps électrifiés qui

1. T. S. Kuhn, *The Copernican revolution* (Cambridge, Mass., 1957), p. 206-209.

les avaient attirées, ou s'en détacher. C'est là, tout au moins, ce que les observateurs du XVIIe siècle disaient avoir vu, et nous n'avons pas lieu de douter des comptes rendus de leurs perceptions plus que des nôtres. Placé devant le même appareillage, un observateur moderne verrait un phénomène de répulsion électrostatique (plutôt qu'un rebondissement mécanique ou gravitationnel), mais historiquement (avec une seule exception universellement ignorée), on n'a pas vu la répulsion électrostatique en tant que telle jusqu'à ce que l'appareillage de grande envergure de Hauksbee eût grossi de beaucoup ses effets. La répulsion après électrification par contact n'était cependant que l'un des nombreux effets nouveaux de répulsion vus par Hauksbee. À la suite de ses recherches, presque comme dans un renversement de la vision en psychologie de la forme, la répulsion devint soudain *la* manifestation fondamentale de l'électrification, et ce fut l'attraction qui dut alors être expliquée [1]. Les phénomènes électriques visibles au début du XVIIIe siècle étaient à la fois plus subtils et plus variés que ceux qu'apercevaient les observateurs du XVIIe. D'autre part, après l'assimilation du paradigme de Franklin, l'électricien regardant une bouteille de Leyde voyait quelque chose qui n'était plus ce qu'il avait vu auparavant. L'appareil était devenu un condensateur, auquel ni la forme d'une bouteille ni le verre n'étaient nécessaires. Et ce sont les deux couches conductrices – dont l'une ne faisait pas partie de l'appareil original – qui prirent alors une importance primordiale. Les comptes rendus de discussions aussi bien que les représentations graphiques

1. Duane Roller et Duane H. D. Roller, *The Development of the concept of electric charge* (Cambridge, Mass., 1954), p. 21-29.

montrent graduellement que deux lames de métal séparées par un élément non conducteur étaient devenues le prototype de cette classe d'appareils [1]. Simultanément, d'autres effets d'induction recevaient une nouvelle description et d'autres encore étaient remarqués pour la première fois. Ce n'est pas seulement dans les domaines de l'électricité et de l'astronomie que l'on trouve de telles modifications.

Nous avons déjà noté certaines transformations analogues de la vision dans l'histoire de la chimie : Lavoisier, avons-nous dit, a vu de l'oxygène là où Priestley avait vu de l'air déphlogistiqué et où les autres n'avaient rien vu du tout. Pour apprendre à voir de l'oxygène, cependant, Lavoisier avait également dû modifier sa manière de voir nombre d'autres substances plus familières. Par exemple, voir un minerai composé là où Priestley et ses contemporains avaient vu une terre élémentaire, sans parler d'autres changements. Tout au moins, ayant découvert l'oxygène, Lavoisier a vu la nature différemment. Et en l'absence de tout recours à cette nature fixe hypothétique qu'il a « vue différemment », le principe d'économie nous pousse à dire qu'après avoir découvert l'oxygène, Lavoisier a travaillé dans un monde différent.

Je me demanderai dans un instant s'il est possible d'éviter cette expression bizarre, mais donnons d'abord un autre exemple, tiré celui-ci de l'une des parties les mieux connues de l'œuvre de Galilée. Depuis la haute Antiquité, la plupart des gens ont vu un corps lourd quelconque se balancer d'avant en arrière, au bout d'une ficelle ou d'une chaîne, jusqu'à ce qu'il arrive finalement

---

1. Voir la discussion au chap. VI et l'ouvrage cité par la note 1, p. 129.

à l'immobilité. Pour les aristotéliciens, qui croyaient qu'un corps lourd est mû par sa propre nature d'une position plus élevée vers un état de repos naturel, à une position plus basse, le corps qui se balançait tombait simplement avec difficulté. Contraint par la chaîne, il ne pouvait atteindre le repos à son point inférieur qu'après un mouvement compliqué et un temps considérable. Galilée, au contraire, regardant ce corps qui se balançait, y vit un pendule, un corps qui réussissait presque à répéter le même mouvement jusqu'à l'infini. Ayant vu cela, Galilée observa d'autres propriétés du pendule et élabora à leur propos certaines des conceptions les plus importantes et originales de sa nouvelle dynamique. Par exemple, il tira des propriétés du pendule son seul argument complet et valable en faveur de l'indépendance du poids et de la vitesse de chute, et également en faveur du rapport existant entre la hauteur verticale et la vitesse terminale de déplacement de corps descendant sur des plans inclinés [1]. Tous ces phénomènes naturels, il les vit sous un aspect différent de celui qu'ils avaient revêtu avant lui.

Pourquoi cette modification de la vision se produisit-elle ? À cause du génie personnel de Galilée, évidemment. Mais remarquons que le génie ne se manifeste pas ici par une observation plus exacte ou plus objective du corps qui se balance. Sur le plan descriptif, la perception aristotélicienne est tout aussi exacte. Et même, quand Galilée affirma que la période du pendule était indépendante de l'amplitude pour des amplitudes allant jusqu'à

1. Galileo Galilei, *Dialogues concernant deux nouvelles sciences* (trad. anglaise de H. Crew et A. de Salvio [Evanston, III, 1946]), p. 80-81 et 162-166.

90°, on peut dire que sa conception du pendule l'avait amené à y voir beaucoup plus de régularité que nous ne pouvons en constater nous-mêmes[1]. Il semble plutôt que le génie ait ici exploité les possibilités perceptives ouvertes par un changement de paradigme au Moyen Âge. Galilée n'avait pas reçu une formation complètement aristotélicienne. Au contraire, il avait appris à analyser les mouvements du point de vue de la théorie de l'*impetus* (impulsion), paradigme de la fin du Moyen Âge qui enseignait que le mouvement continu d'un corps lourd est dû à une puissance interne implantée en lui par le moteur qui a été à l'origine du mouvement. Jean Buridan et Nicole Oresme, les scolastiques du XIVe siècle qui portèrent à son expression la plus parfaite la théorie de l'*impetus*, sont les premiers, à notre connaissance, à avoir vu dans les mouvements oscillatoires une partie de ce qu'y vit Galilée. Buridan décrit le mouvement d'une corde qui vibre comme un mouvement dans lequel l'*impetus* est donné pour la première fois quand la corde est frappée. L'*impetus* s'épuise ensuite en déplaçant la corde contre la résistance de sa tension ; la tension ramène alors la corde en arrière en lui donnant un *impetus* croissant jusqu'à ce qu'elle atteigne le point marquant le milieu du mouvement ; ensuite, l'*impetus* déplace la corde du côté opposé, de nouveau contre la tension de la corde, et ainsi de suite en un processus symétrique qui peut continuer indéfiniment. Plus tard, Oresme ébaucha une analyse semblable du mouvement d'une pierre qui se balance, fournissant ainsi ce qui paraît être la première étude du pendule[2]. Sa position est évidemment très

1. *Ibid.*, p. 91-94 et 244.
2. M. Clagett, *The Science of mechanics in the Middle Ages* (Madison, Wis., 1959), p. 537-538, 570.

proche de celle de Galilée quand il commença à s'occuper du pendule. Or dans le cas d'Oresme tout au moins, et presque certainement aussi dans celui de Galilée, c'est une position qui n'était possible que du fait de l'abandon du paradigme aristotélicien primitif concernant le mouvement, au profit du paradigme scolastique de l'*impetus*. Avant l'invention de ce dernier paradigme, les savants ne pouvaient pas voir de pendules, mais seulement des pierres qui se balançaient. Les pendules sont nés de quelque chose qui ressemble beaucoup à un renversement de la vision de la forme produit par un nouveau paradigme.

Est-il pourtant vraiment nécessaire de décrire ce qui sépare Galilée d'Aristote, ou Lavoisier de Priestley, comme une transformation de la vision ? Ces hommes *voyaient-ils* réellement des choses différentes quand ils *regardaient* le même genre d'objets ? Pouvons-nous dire, dans un sens légitime, qu'ils poursuivaient leurs recherches dans des mondes différents ? Il n'est plus possible de remettre ces questions à plus tard, car il existe, bien entendu, une autre manière, beaucoup plus habituelle, de décrire tous les exemples historiques donnés cidessus. De nombreux lecteurs objecteront certainement que ce qui change avec un paradigme, c'est seulement l'interprétation donnée par le scientifique d'observations qui, elles, sont fixées une fois pour toutes par la nature de l'environnement et de l'appareil perceptif. Selon ce point de vue, Priestley et Lavoisier ont tous deux vu de l'oxygène, mais ont interprété différemment leurs observations ; Aristote et Galilée ont tous deux vu des pendules, mais en ont donné des interprétations différentes.

Que l'on me permette de dire tout d'abord que cette conception très courante de ce qui se passe quand des scientifiques changent d'avis sur des questions fondamentales ne peut être ni une erreur complète ni une simple méprise. C'est au contraire un élément essentiel d'un paradigme philosophique formulé par Descartes, qui s'est développé en même temps que la dynamique newtonienne et s'est révélé fort utile, tant dans le domaine de la science que de la philosophie. Son exploitation, comme celle de la dynamique elle-même, a été féconde parce qu'elle a permis une compréhension fondamentale à laquelle on n'aurait peut-être pas pu parvenir d'une autre manière. Mais, comme le montre aussi le cas de la dynamique newtonienne, même les succès les plus remarquables du passé ne garantissent pas que la crise est à jamais écartée. De nos jours, les recherches poursuivies dans certains domaines de la philosophie, de la psychologie, de la linguistique et même de l'histoire de l'art tendent à suggérer que quelque chose ne va pas dans le paradigme traditionnel. Cette discordance devient aussi de plus en plus apparente dans l'étude historique des sciences vers laquelle notre attention est nécessairement orientée ici.

Aucun de ces problèmes créateurs d'un état de crise n'a encore produit une théorie viable, susceptible de remplacer le paradigme épistémologique traditionnel, mais ils commencent à nous suggérer ce que seront certains des caractères de ce paradigme. J'ai, par exemple, une conscience aiguë des difficultés créées si l'on dit que lorsque Aristote et Galilée regardaient des pierres qui se balançaient, le premier voyait une chute entravée et le second un pendule. Les mêmes difficultés, sous une forme encore plus fondamentale, sont soulevées par les premières phrases de ce chapitre : bien que le monde ne change pas après un changement de paradigme, l'homme de science travaille désormais dans un monde différent. Je n'en suis pas moins convaincu que nous devons apprendre à trouver un sens à cette affirmation, ou à des affirmations qui lui ressemblent. Il n'est pas possible de réduire ce qui se passe durant une révolution scientifique à une réinterprétation de données stables et indépendantes. En premier lieu, les données ne sont pas indiscutablement stables. Un pendule n'est pas une pierre qui tombe, ni l'oxygène de l'air déphlogistiqué. Par conséquent, les données que les scientifiques rassemblent à partir de ces divers objets sont, comme nous le verrons bientôt, en elles-mêmes différentes. Fait plus important, le processus par lequel l'individu ou le groupe franchit la distance séparant la chute entravée de la notion de pendule, ou l'air déphlogistiqué de l'oxygène, n'est pas un processus qui ressemble à l'interprétation. Comment pourrait-il l'être en l'absence de données fixes à interpréter ? Plutôt qu'un interprète, l'homme de science qui adhère à un nouveau paradigme ressemble à l'homme qui portait des lunettes donnant une image renversée. Placé en face du même ensemble d'objets qu'auparavant et le sachant, il les trouve néanmoins totalement transformés dans nombre de leurs détails.

Aucune de ces remarques ne veut suggérer que les scientifiques n'interprètent pas ordinairement les observations et les données qu'ils recueillent. Au contraire, Galilée a interprété les observations sur le pendule, Aristote les observations sur les pierres qui tombent, Musschenbroek les observations sur une bouteille contenant une charge électrique, et Franklin les observations sur un condensateur. Mais chacune de ces interprétations présupposait un paradigme ; elles étaient du domaine de la science normale, entreprise qui, nous l'avons déjà vu, s'efforce de donner plus de finesse, d'extension et de précision à un paradigme déjà accepté. Le chapitre III nous a fourni plusieurs exemples dans lesquels l'interprétation jouait un rôle primordial, et ils sont typiques de la majorité écrasante des processus qui interviennent dans la recherche. Dans chacun des cas, l'homme de science, en vertu d'un paradigme accepté, savait d'avance quelles étaient les données du problème, quels instruments pouvaient être utilisés pour le résoudre et quels concepts pouvaient guider son interprétation. Étant donné un paradigme, l'interprétation des données est capitale pour qui se propose d'explorer ce domaine.

Mais cette entreprise d'interprétation – et c'est la difficulté qui pesait sur l'avant-dernier paragraphe – ne peut qu'élaborer un paradigme, non le corriger. Les paradigmes ne sont absolument pas corrigibles par les moyens de la science normale. En revanche, nous l'avons déjà vu, la science normale conduit finalement à la reconnaissance des anomalies et des crises. Et celles-ci se résolvent non par un acte de réflexion volontaire ou d'interprétation, mais par un événement relativement soudain et non structuré qui ressemble au renversement de la vision des formes. Les scientifiques parlent alors souvent d'« écailles qui leur sont tombées des yeux » ou d'un « éclair » qui a « inondé de lumière » une énigme jusque-là obscure, les rendant aptes à voir ses éléments sous un jour nouveau qui, pour la première fois, permet sa solution. Dans d'autres cas, l'illumination se produit durant le sommeil [1]. Aucun des sens habituels du terme *interprétation* ne convient à ces éclairs d'intuition qui donnent

1. Jacques Hadamard, *Subconscient, intuition et logique dans la recherche scientifique*, Conférence faite au Palais de la Découverte le 8 décembre 1945 (Alençon, s.d.), p. 7-8. Un compte rendu beaucoup

naissance à un nouveau paradigme. Ils dépendent évidemment de l'expérience, aussi bien anormale que congruente, acquise dans le cadre de l'ancien paradigme, mais ils ne sont pas liés logiquement, par morceaux, ou pièce à pièce, aux éléments particuliers de cette expérience comme le serait une interprétation. Au contraire, ils réunissent en un tout des portions assez vastes de cette expérience et les transforment en un ensemble de données assez différent, lequel, par la suite, sera lié par morceaux au nouveau paradigme, mais non à l'ancien.

Pour en savoir davantage sur ce que peut être cette diversité des expériences, revenons un instant à Aristote, à Galilée et au pendule. Quelles données l'interaction de leurs différents paradigmes et de leur environnement commun rendait-elle accessibles à chacun d'eux ? Pour l'examen de ce qu'ils voyaient comme une chute entravée, les aristotéliciens mesuraient (ou tout au moins discutaient – les aristotéliciens mesuraient rarement) le poids de la pierre, la hauteur verticale à laquelle elle avait été élevée, et le temps nécessaire pour qu'elle revienne au repos. Ajoutons à cela la résistance du milieu et nous aurons toutes les catégories conceptuelles utilisées par la science aristotélicienne quand elle s'occupait d'un corps qui tombait [1]. La recherche normale guidée par ces catégories n'aurait pas pu produire les lois que découvrit Galilée. Elle pouvait seulement – et c'est ce qu'elle fit, mais par une autre voie – aboutir à une série de crises ;

---

plus complet, bien que limité exclusivement aux découvertes mathématiques, se trouve dans le livre du même auteur : *The Psychology of invention in the mathematical field* (Princeton, 1949).

1. T. S. Kuhn, « A function for thought experiments » dans *Mélanges Alexandre Koyré*, éd. R. Taton, et I. B. Cohen, Hermann (Paris, 1964).

à la suite de ces crises et aussi d'autres changements intellectuels, Galilée devait voir, tout à fait différemment, une pierre qui se balançait. Les travaux d'Archimède sur les corps flottants permettaient de considérer le milieu comme non essentiel ; la théorie de l'*impetus* rendait le mouvement symétrique et durable ; et le néo-platonisme dirigea l'attention de Galilée sur la forme circulaire du mouvement [1]. Il mesura donc seulement le poids, le rayon, le déplacement angulaire et le temps par oscillation, soit les données précisément qui pouvaient être interprétées pour aboutir à la loi sur le pendule. Mais l'interprétation était dès lors superflue. Étant donné les paradigmes de Galilée, les phénomènes réguliers semblables au pendule étaient, peu s'en faut, accessibles à la simple observation. Sinon comment pourrions-nous expliquer que Galilée ait découvert que la période du fil à plomb est absolument indépendante de l'amplitude, découverte que la science normale issue de Galilée dut éliminer et que nous sommes de nos jours absolument incapables de confirmer ? Des phénomènes de régularité qui étaient inconcevables pour un disciple d'Aristote (et dont on ne trouve, en fait, aucun exemple précis dans la nature) étaient les conséquences de l'expérience immédiate pour un homme qui voyait à la façon de Galilée la pierre qui se balançait.

Cet exemple est peut-être trop fantaisiste puisque nous ne trouvons chez les aristotéliciens aucun compte rendu de discussion sur les pierres qui se balancent. Étant donné leur paradigme, c'était là un phénomène

1. A. Koyré, *Études galiléennes* (Paris, 1939), I, p. 46-51 ; et « Galileo and Plato », *Journal of the history of ideas*, IV (1943), p. 400-428.

extrêmement complexe. Mais les aristotéliciens ont discuté de cas plus simples, de pierres qui tombaient sans entraves inhabituelles, et les mêmes différences de vision apparaissent ici. Contemplant une pierre qui tombait, Aristote y voyait un changement d'état plutôt qu'un processus. Pour lui, les mesures importantes dans un mouvement étaient donc la distance totale parcourue et le temps total écoulé, paramètres qui nous fournissent maintenant ce que nous appellerions non la vitesse, mais la vitesse moyenne [1]. De même, la pierre étant contrainte par sa nature d'atteindre son point final de repos, au cours de son mouvement Aristote voyait à tout moment comme paramètre pertinent la distance *vers* le point final plutôt qu'à *partir* de l'origine du mouvement [2]. Ces paramètres conceptuels sous-tendent la plupart de ses « lois du mouvement » bien connues et leur donnent leur sens. La critique scolastique transforma cependant cette manière de voir le mouvement, par l'intermédiaire d'abord du paradigme de l'*impetus*, puis d'une doctrine connue sous le nom de latitude des formes. Une pierre, mue par l'*impetus*, s'en trouvait de plus en plus fortement chargée au fur et à mesure qu'elle s'éloignait de son point de départ. La *distance à partir de* devint donc, bien plus que la *distance jusqu'à*, le paramètre important. De plus, la notion de vitesse telle que l'avait conçue Aristote fut scindée par les scolastiques pour aboutir aux concepts qui, peu après Galilée, devinrent notre vitesse moyenne et notre vitesse instantanée. Mais quand on les considérait à travers le paradigme dont ces conceptions faisaient

1. Kuhn, « A function for thought experiments » dans *Mélanges Alexandre Koyré* (voir note 1, p. 205 pour une citation complète).

2. Koyré, *Études...*, II, p. 7-11.

partie, la pierre qui tombe comme le pendule laissaient saisir, presque à vue d'œil, les lois qui les gouvernaient. Galilée n'a pas été l'un des premiers à suggérer que les pierres tombent avec un mouvement uniformément accéléré [1]. D'ailleurs, il avait développé son théorème sur ce sujet et plusieurs de ses conséquences avant de faire ses expériences sur le plan incliné. Ce théorème était un élément de plus dans le réseau de ces nouveaux phénomènes réguliers, accessibles au génie, dans un monde déterminé conjointement par la nature et par les paradigmes qui avaient présidé à la formation de Galilée et de ses contemporains. Vivant dans ce monde-là, Galilée pouvait encore, quand il le désirait, expliquer pourquoi Aristote avait vu ce qu'il avait vu. Néanmoins, l'expérience immédiate de Galilée concernant la chute des pierres n'était plus celle d'Aristote.

Il n'est, bien sûr, absolument pas évident que nous devions tellement nous préoccuper de « l'expérience immédiate » – c'est-à-dire, des caractères perceptifs qu'un paradigme met tellement en lumière que l'on peut saisir leur régularité presque à vue d'œil. Ces caractères doivent évidemment changer avec l'adoption d'un nouveau paradigme par l'homme de science, mais ils sont très éloignés de ce à quoi nous songeons généralement quand nous parlons des données pures ou de l'expérience brute, dont la recherche scientifique est réputée partir. Nous devrions peut-être laisser de côté l'expérience immédiate à cause de son caractère fluide et étudier à la place les opérations et les mesures concrètes qu'effectue l'homme de science dans son laboratoire. Ou, encore, peut-être faudrait-il porter l'analyse encore plus loin des données immédiates.

1. Clagett, *op. cit.*, chapitres IV, VI et IX.

On pourrait, par exemple, la conduire dans les termes de quelque langage d'observation neutre, peut-être un langage conçu pour se conformer aux images rétiniennes qui servent de relais à ce que voit l'homme de science. C'est seulement grâce à l'un de ces procédés que nous pouvons espérer retrouver un domaine dans lequel les données de l'expérience seront de nouveau stables une fois pour toutes – dans lequel le pendule et la chute entravée ne seront pas des perceptions différentes, mais plutôt des interprétations différentes de données non équivoques fournies par l'observation d'une pierre qui se balance.

Mais l'expérience sensorielle est-elle fixe et neutre ? Les théories sont-elles simplement des interprétations, élaborées par l'homme, de certaines données ? Le point de vue épistémologique qui a le plus souvent guidé la philosophie occidentale depuis trois siècles nous suggère de répondre par un oui immédiat et sans équivoque. En l'absence d'une alternative bien développée, il m'est difficile d'abandonner entièrement ce point de vue. Pourtant il n'est plus satisfaisant dans ses résultats et les tentatives faites pour l'améliorer, grâce à l'introduction de quelque langage neutre d'observation, me semblent sans espoir.

Les opérations et les mesures que l'homme de science entreprend dans son laboratoire ne sont pas « le donné » de l'expérience, mais plutôt « l'acquis-avec-difficulté ». Elles ne sont pas ce que voit l'homme de science – en tout cas pas avant que sa recherche ne soit très avancée et son attention focalisée –, elles sont plutôt les indices concrets du contenu de perceptions plus élémentaires, et si, en tant que telles, elles sont choisies pour faire l'objet d'une étude approfondie dans le cadre de la science normale, c'est seulement parce qu'elles promettent de fournir l'élaboration féconde d'un paradigme accepté. Bien plus clairement que l'expérience immédiate dont elles dérivent en partie, les opérations et les mesures sont déterminées par le paradigme. La science ne se soucie pas de toutes les manipulations possibles dans un laboratoire. Elle choisit au contraire celles qui ont une importance pour la comparaison d'un paradigme avec l'expérience immédiate que ce paradigme vient de déterminer en partie. Par conséquent, les scientifiques guidés par des paradigmes différents s'engagent dans des manipulations pratiques de laboratoire différentes. Les mesures à effectuer sur un pendule ne sont pas celles qui importeraient dans le cas d'une chute entravée. Et les opérations importantes pour élucider les propriétés de l'oxygène ne sont pas tout à fait les mêmes que celles qu'exige l'étude des caractéristiques de l'air déphlogistiqué.

Quant à un pur langage d'observation, on en créera peut-être un. Mais, trois siècles après Descartes, nos espoirs en ce domaine dépendent encore entièrement d'une théorie de la perception et de l'esprit. Et l'expérimentation psychologique moderne donne rapidement naissance à une abondance de phénomènes auxquels cette théorie peut difficilement faire face. Le canard-lapin montre que deux hommes ayant les mêmes impressions rétiniennes peuvent voir des choses différentes ; les lentilles renversant les images montrent que deux hommes ayant des images rétiniennes différentes peuvent voir les mêmes choses. La psychologie fournit un grand nombre d'autres preuves allant dans le même sens, et les doutes que ces faits suggèrent augmentent encore quand on considère l'histoire des tentatives qui furent faites pour créer un véritable langage de l'observation. Aucune n'est encore parvenue à s'approcher vraiment d'un langage de pures perceptions généralement applicable. Et celles qui s'en approchent le plus ont en commun un caractère qui confirme sérieusement certaines des thèses de cet essai. D'emblée, elles présupposent un paradigme qu'elles empruntent soit à une théorie scientifique courante, soit à quelque fragment du langage ordinaire ; elles essaient ensuite d'en éliminer tous les termes non logiques et non perceptifs. Dans certains domaines du discours, cet effort a été poursuivi très loin et a donné des résultats passionnants. Il est hors de doute que ce genre de recherches vaut la peine d'être poursuivi. Mais leur résultat est un langage qui – tel ceux qu'emploient les sciences – met en œuvre un grand nombre de suppositions concernant la nature et ne réussit plus à fonctionner dès que ces suppositions se révèlent fausses. Nelson Goodman insiste précisément sur ce point en décrivant les buts de sa *Structure de l'apparence* : « Il est heureux que rien d'autre [que les phénomènes dont l'existence est connue] ne soit en cause ; car la notion de cas *possibles*, de cas qui n'existent pas mais auraient pu exister, est loin d'être claire [1]. » Aucun langage réduit ainsi à rendre compte

1. N. Goodman, *The Structure of appearance* (Cambridge, Mass., 1951), p. 4-5. Le passage vaut la peine d'être cité plus complètement : « Si tous les individus [et seulement ceux-là] habitant Wilmington en 1947, pesant entre 175 et 180 livres, ont des cheveux roux, alors les expressions "habitant roux de Wilmington en 1947" et "habitant de Wilmington en 1947 pesant entre 175 et 180 livres" peuvent être unies dans une définition constructionnelle. La question de savoir s'il aurait pu y avoir quelqu'un à qui l'un mais non l'autre de ces prédicats pourrait s'appliquer n'a pas de sens… une fois que nous avons déterminé qu'un tel individu n'existe pas… Il est heureux que rien

d'un monde complètement connu d'avance ne peut produire de simples comptes rendus neutres et objectifs du *donné*. Sur ce que devrait être un langage pour posséder cette faculté, la recherche philosophique ne nous a pas jusqu'ici fourni la moindre indication.

Dans ces conditions, nous pouvons tout au moins supposer que les scientifiques ont raison, en principe aussi bien qu'en pratique, quand ils traitent l'oxygène et les pendules (et peut-être aussi les atomes et les électrons) comme les éléments fondamentaux de leur expérience immédiate. À cause de l'acquis de la race, de la culture et, finalement, de la profession (acquis qui est incorporé au paradigme), le monde de l'homme de science en est venu à être peuplé de planètes et de pendules, de condensateurs et de minerais composés, et autres corps du même genre. Comparées à ces objets de perception, la lecture d'une aiguille sur un cadran de mesure tout autant que les images rétiniennes sont des constructions élaborées auxquelles l'expérience n'a un accès direct que lorsque l'homme de science, dans un but de recherche très précis, veille à ce que cela se produise pour l'une ou pour les autres. Cela ne cherche pas à suggérer que les pendules, par exemple, sont les seules choses que puisse voir un homme de science quand il regarde une pierre qui se balance. (Nous avons déjà noté qu'un autre groupe scientifique pouvait y voir une chute entravée.) Ces remarques cherchent au contraire à montrer que l'homme de science qui regarde une pierre qui se balance ne peut avoir là une expérience qui, en principe, soit

d'autre ne soit mis en question ; car la notion des *cas possibles*, des cas qui n'existent pas mais pourraient avoir existé, est loin d'être claire. »

plus élémentaire que la vision d'un pendule. L'autre possibilité n'est pas une quelconque et hypothétique vision « fixe », mais une vision imposée par un autre paradigme, qui, celui-ci, fera de la pierre qui se balance quelque chose d'autre.

Tout cela semblera peut-être plus raisonnable si nous nous rappelons que ni les scientifiques ni les autres hommes n'apprennent à voir le monde fragmentairement, un objet après l'autre. Sauf quand toutes les catégories conceptuelles et pratiques sont préparées d'avance – par exemple pour reconnaître un élément transuranique ou un gendarme –, les scientifiques aussi bien que les non-scientifiques extraient du flux de l'expérience des ensembles complets. L'enfant qui transfère le mot « maman » de tous les humains à toutes les personnes féminines, puis à sa mère, n'apprend pas seulement ce que signifie « maman », ou qui est sa mère. Il apprend en même temps certaines des différences qui distinguent les personnes féminines et masculines et aussi quelque chose sur la manière dont une unique personne féminine se comporte envers lui. Ses réactions, ce qu'il attend, ce qu'il croit – en fait, une grande partie du monde qu'il perçoit – changent en conséquence. Dans un sens semblable, les partisans de Copernic qui déniaient au Soleil son titre traditionnel de « planète » n'apprenaient pas seulement ce que signifie le terme « planète », ou ce qu'est le Soleil. Ils modifiaient en fait la signification du mot « planète » afin qu'il puisse continuer à établir des distinctions utiles dans un monde où tous les corps célestes, et pas seulement le Soleil, s'apercevaient sous un aspect différent de celui qu'ils avaient revêtu auparavant. Le même raisonnement pourrait s'appliquer à chacun de nos exemples précédents. Voir de l'oxygène au lieu d'air déphlogistiqué, le condensateur au lieu de la bouteille de Leyde, ou le pendule au lieu de la chute entravée, tout cela ne constituait qu'une partie d'une modification générale de la vision que l'homme de science avait d'un grand nombre de phénomènes chimiques, électriques ou dynamiques, liés entre eux. Les paradigmes déterminent en même temps de grands domaines de l'expérience.

Cependant, c'est seulement après que l'expérience a été ainsi déterminée que la recherche d'une définition opérationnelle ou d'un pur langage de l'observation peut commencer. L'homme de science ou le philosophe qui se demandent quelles mesures ou quelles impressions rétiniennes font du pendule ce qu'il est sont déjà capables forcément de reconnaître un pendule quand ils en voient un. Si à la place du pendule ils voyaient une chute entravée, la question ne se poserait même pas. Et s'ils voyaient un pendule, mais le voyaient sous l'aspect d'un diapason ou d'une balance qui oscille, la question n'aurait pas de réponse. Ou tout au moins, il serait impossible d'y répondre de la même manière, parce que ce ne serait pas la même question. Ainsi, bien qu'elles soient toujours légitimes et parfois extrêmement fécondes, les questions concernant les images rétiniennes ou les conséquences de manipulations de laboratoire particulières présupposent un monde déjà subdivisé d'une certaine manière, au niveau des perceptions et des concepts. En un sens, de telles questions font partie de la science normale, car elles dépendent de l'existence d'un paradigme et reçoivent des réponses différentes, dès que change ce paradigme.

Pour conclure ce chapitre, négligeons donc désormais les images rétiniennes et restreignons de nouveau le champ de notre attention aux opérations de laboratoire qui fournissent à l'homme de science des indices concrets mais fragmentaires sur ce qu'il a déjà vu. Nous avons déjà observé à plusieurs reprises l'une des manières dont ces opérations de laboratoire changent avec les paradigmes. Après une révolution scientifique, nombre d'anciennes manipulations et d'anciennes mesures perdent tout intérêt et cèdent la place à d'autres. Ce ne sont pas exactement les mêmes expériences qu'on fait sur de l'oxygène ou sur de l'air déphlogistiqué. Mais les changements de ce genre ne sont jamais totaux. Quoi que voie l'homme de science après une révolution, il regarde malgré tout le même monde. En outre, bien qu'il les emploie peut-être autrement, la plus grande partie des termes de son langage et des instruments de son laboratoire restent les mêmes. Par conséquent, invariablement, la science postrévolutionnaire comprend en grande partie les mêmes manipulations, effectuées avec les mêmes instruments et décrites dans les mêmes termes, que la science prérévolutionnaire. Si, dans ces manipulations, quelque chose a changé, le changement se situe soit dans leurs rapports avec le paradigme, soit dans leurs résultats concrets. Avec un dernier exemple je voudrais suggérer qu'il y a changement dans l'un et dans l'autre. En étudiant les travaux de Dalton et de ses contemporains, nous allons voir qu'une seule et même opération, quand elle est rattachée à la nature dans le cadre d'un paradigme différent, peut devenir l'indice d'un aspect passablement différent de l'ordre de la nature. Et parfois l'ancienne manipulation fournit, dans ce nouveau rôle, des résultats concrets différents.

Durant la plus grande partie du XVIIIe siècle et même au XIXe, les chimistes européens ont cru presque universellement que les atomes élémentaires dont se composaient tous les éléments chimiques étaient maintenus ensemble par la force d'affinités réciproques. Ainsi un morceau d'argent devait sa cohérence aux forces de l'affinité entre corpuscules d'argent (jusqu'à Lavoisier, on pensait que ces corpuscules eux-mêmes étaient des composés de particules encore plus élémentaires). Selon la même théorie, l'argent se dissolvait dans l'acide (ou le sel dans l'eau) parce que les particules d'acide attiraient celles d'argent (ou les particules d'eau celles de sel) plus fortement que les particules de chacun de ces corps solubles ne s'attiraient mutuellement. De même, le cuivre se dissolvait dans une solution d'argent et précipitait l'argent parce que l'affinité cuivre-acide était plus grande que l'affinité de l'acide pour l'argent. On expliquait de la même manière un grand nombre d'autres phénomènes. La théorie de l'affinité élective était au XVIIIe siècle un paradigme chimique admirable, largement employé (et parfois avec fruit) pour la conception et l'analyse de l'expérimentation chimique [1].

Cette théorie, cependant, séparait d'un trait les mélanges physiques des composés chimiques, d'une façon qui nous paraît étrange depuis l'assimilation des travaux de Dalton. Les chimistes du XVIIIe siècle voyaient bien là deux sortes de processus. Quand le mélange produisait de la chaleur, de la lumière, une effervescence ou quelque chose du même genre, on considérait qu'il y avait eu union chimique. Si, au contraire, les particules du mélange restaient distinctement visibles ou pouvaient se séparer mécaniquement, il y avait seulement eu mélange physique. Mais dans un très grand nombre de cas intermédiaires – le sel dans

---

1. H. Metzger, *Newton, Stahl, Boerhaave et la doctrine chimique* (Paris, 1930), p. 34-68.

l'eau, les alliages, le verre, l'oxygène dans l'atmosphère, etc. – ces critères grossiers étaient de peu d'utilité. Guidés par leur paradigme, la plupart des chimistes considéraient tous ces phénomènes intermédiaires comme chimiques, parce que les processus mis en jeu étaient tous dirigés par des forces du même genre. Le sel dans l'eau ou l'oxygène dans l'azote étaient des exemples de combinaison chimique au même titre que la combinaison produite par du cuivre qui s'oxyde. Les arguments qui tendaient à faire considérer les solutions comme des composés étaient très forts. L'affinité elle-même était bien attestée. De plus, la formation d'un composé expliquait l'homogénéité de la solution. Si, par exemple, l'oxygène et l'azote étaient seulement mélangés et non combinés dans l'atmosphère, le gaz le plus lourd, l'oxygène, devrait alors tomber au fond. Dalton, qui considérait l'atmosphère comme un mélange, ne réussit jamais de façon satisfaisante à expliquer pourquoi il n'en était pas ainsi. L'adoption de sa théorie atomique créa donc finalement une anomalie, là où il n'y en existait pas pour ses prédécesseurs [1].

On est tenté sans doute de dire que les chimistes qui voyaient dans les solutions des composés ne différaient de leurs successeurs que sur une question de définition. En un sens, c'est peut-être vrai. Mais ce sens n'est pas celui qui fait des définitions de simples commodités conventionnelles. Au XVIIIe siècle, les mélanges n'étaient pas complètement distingués des composés par des tests opérationnels, et ils n'auraient peut-être pas pu l'être.

1. *Idem*, p. 124-129, 139-148. Sur Dalton, voir Léonard K. Nash, *The Atomic molecular theory* (« Harvard Case Histories in Experimental Science » Case 4 ; Cambridge, Mass., 1950), p. 14-21.

Même si les chimistes avaient voulu effectuer de tels tests, ils auraient cherché les critères qui faisaient de la solution un composé. La distinction mélange-composé faisait partie de leur paradigme – partie de la manière dont ils considéraient tout leur domaine de recherche – et, en tant que telle, elle était antérieure à tout test particulier de laboratoire, quoique pas à l'expérience accumulée de la chimie en son entier.

Mais, au temps où la chimie était considérée de la sorte, les phénomènes chimiques illustraient des lois différentes de celles qui apparurent après l'assimilation du nouveau paradigme de Dalton. En particulier, tant que les solutions restèrent des composés, aucune expérimentation chimique, si vaste fût-elle, n'aurait pu à elle seule aboutir à la loi des proportions fixes. À la fin du XVIIIe siècle, on savait généralement que *certains* composés contenaient d'ordinaire des proportions fixes (en poids) de leurs constituants. Pour certaines catégories de réactions, le chimiste allemand Richter avait même noté des phénomènes de régularité plus grande, actuellement englobés dans la loi des équivalents chimiques[1]. Mais aucun chimiste n'utilisait cette régularité sauf dans les recettes d'expériences, et presque jusqu'à la fin du siècle, personne n'avait songé à les généraliser. Étant donné les preuves contraires évidentes, comme le verre ou le sel dans l'eau, aucune généralisation n'était possible sans l'abandon de la théorie des affinités et sans une reconceptualisation des limites du domaine de la chimie. Cette conséquence devint claire à l'extrême fin du siècle, au cours d'une discussion célèbre entre les chimistes français

1. J. R. Partington, *A short history of chemistry* (2e éd., Londres, 1951), p. 161-163.

Proust et Berthollet. Le premier prétendait que toutes les réactions chimiques s'effectuaient selon des proportions fixes, le second que c'était faux. Chacun avança à l'appui de sa thèse des preuves expérimentales d'importance. Ce n'en fut pas moins un dialogue de sourds et la discussion n'aboutit à rien. Là où Berthollet voyait un composé qui pouvait varier en proportion, Proust ne voyait qu'un mélange physique [1]. À pareil problème, ni l'expérience ni un changement dans les conventions de définition ne pouvaient apporter de solution. Les deux hommes étaient aussi fondamentalement opposés que l'avaient été Galilée et Aristote.

Telle était la situation à l'époque où John Dalton entreprit les recherches qui devaient aboutir à sa célèbre théorie atomique en chimie. Mais jusqu'aux tout derniers stades de ces recherches, Dalton n'était ni un chimiste ni intéressé à la chimie. C'est en météorologiste qu'il étudiait les problèmes, physiques pour lui, de l'absorption des gaz par l'eau, et de l'eau par l'atmosphère. Et peut-être parce qu'il avait été formé dans une spécialité différente, peut-être à cause de ses propres travaux dans cette spécialité, il aborda ces problèmes avec un paradigme différent de celui des chimistes contemporains. Il considérait en particulier le mélange de gaz, ou l'absorption d'un gaz par l'eau, comme un processus physique dans lequel les forces d'affinité ne jouaient aucun rôle. Pour lui donc, l'homogénéité que l'on constatait dans les solutions était un problème, mais un problème qui serait soluble si l'on pouvait seulement

1. A. N. Meldrum, « The Development of the atomic theory : (*I*) Berthollet's doctrine of variable proportions », *Manchester Memoirs*, LIV (1910), p. 1-16.

déterminer les tailles et les poids relatifs des différentes particules atomiques dans les mélanges expérimentaux. Ce fut pour déterminer ces tailles et ces poids que Dalton se consacra finalement à la chimie, en supposant d'emblée que, dans la gamme restreinte de réactions qu'il considérait comme chimiques, les atomes ne pouvaient se combiner qu'un à un, ou selon un autre rapport simple de nombre entier [1]. Cette supposition naturelle lui permit de déterminer les tailles et les poids des particules élémentaires, mais elle fit aussi une tautologie de la loi des proportions constantes. Pour Dalton, toute réaction dans laquelle les ingrédients n'entraient pas en proportion fixe n'était pas *ipso facto* un processus purement chimique. Une loi qu'aucune expérience n'aurait pu établir avant les travaux de Dalton devint, une fois ces travaux acceptés, un principe de base qu'aucun ensemble particulier de mesures chimiques n'aurait pu renverser. En conséquence de ce qui est peut-être notre exemple le plus complet de révolution scientifique, les mêmes manipulations chimiques se trouvèrent, vis-à-vis des généralisations chimiques, dans un rapport tout à fait différent de celui qu'on leur avait attribué jusque-là.

Inutile de le dire, les conclusions de Dalton furent vivement attaquées quand elles furent publiées pour la première fois. Berthollet, en particulier, ne fut jamais convaincu. Étant donné la nature du problème, il n'était pas obligatoire qu'il le fût. Mais, pour la plupart des chimistes, le nouveau paradigme de Dalton se révéla convaincant, alors que celui de Proust ne l'avait pas été, en raison de ses conséquences, beaucoup plus vastes et

1. L. K. Nash, « The Origin of Dalton's chemical atomic theory », *Isis*, XLVII (1956), p. 101-116.

plus importantes que ce nouveau critère permettant de distinguer un mélange d'un composé. Si, par exemple, les atomes ne pouvaient se combiner chimiquement que selon un rapport simple de nombre entier, un nouvel examen des résultats connus d'expériences chimiques devait alors fournir des exemples de proportions multiples aussi bien que de proportions fixes. Les chimistes cessèrent d'écrire que les deux oxydes du carbone, par exemple, contenaient en poids 56 % et 72 % d'oxygène ; ils écrivirent qu'une unité de poids de carbone pouvait se combiner soit avec 1,3, soit avec 2,6 unités de poids d'oxygène. Si les résultats d'anciennes manipulations étaient transcrits de cette manière, un rapport de 2/1 sautait aux yeux ; or il se révéla fréquemment dans l'analyse de réactions tant anciennes que nouvelles. De plus, le paradigme de Dalton permit d'assimiler les travaux de Richter et d'apercevoir leur généralité. Il suggéra aussi de nouvelles expériences, en particulier celles de Gay-Lussac sur des combinaisons de volumes, et leurs résultats fournirent encore d'autres exemples de régularité, dont les chimistes n'auraient jamais rêvé. Ce que les chimistes trouvèrent chez Dalton, donc, ce ne fut pas de nouvelles lois expérimentales, mais une nouvelle façon de pratiquer la chimie (il l'appelait lui-même « le nouveau système de philosophie chimique ») ; et ce point de vue se révéla si rapidement fécond qu'en France et en Grande-Bretagne quelques-uns seulement des plus vieux chimistes purent y résister [1]. Les chimistes se trouvèrent alors vivre dans un monde où les réactions n'étaient plus du tout celles qu'ils avaient connues.

1. A. N. Meldrum, « The Development of the atomic theory : (6) the reception accorded to the theory advocated by Dalton », *Manchester Memoirs*, LV (1911), p. 1 10.

En même temps, un autre changement typique et très important s'était produit. Çà et là, les données numériques mêmes de la chimie commençaient à se modifier. La première fois que Dalton consulta des ouvrages de chimie à la recherche d'exemples appuyant sa théorie physique, il y trouva des résultats qui pour certaines réactions correspondaient à sa théorie, mais il est impossible qu'il n'en ait pas trouvé d'autres qui la contredisaient. Les mesures de Proust lui-même sur les deux oxydes de cuivre donnaient, par exemple, un rapport de poids d'oxygène de 1,47 : 1 plutôt que de 2 : 1 comme le demandait la théorie atomique ; et Proust est justement l'homme dont on aurait pu s'attendre à ce qu'il vérifie le rapport de Dalton [1]. J'entends par là qu'il était un expérimentateur excellent et que ses conceptions sur les mélanges et les composés étaient très proches de celles de Dalton. Mais il est difficile de faire coïncider la nature avec un paradigme. C'est pourquoi les énigmes de la science normale constituent un tel défi et pourquoi aussi les mesures entreprises sans paradigmes aboutissent si rarement à une conclusion quelconque. Les chimistes ne pouvaient pas accepter la théorie de Dalton au vu de ses preuves, car une grande partie d'entre elles étaient encore négatives. Et donc, après avoir accepté la théorie, il leur fallut forcer la nature à s'y conformer, processus qui, en l'occurrence, prit encore presque une génération. À la suite de quoi, même le pourcentage de composition de

1. Sur Proust, voir Meldrum, « Berthollet's doctrine of variable proportions », *Manchester Memoirs*, LTV (1910), p. 8. L'histoire détaillée des changements graduels dans les mesures de compositions chimiques et de poids atomiques reste encore à écrire, mais Partington, *op. cit.*, donne beaucoup d'indications utiles à ce sujet.

composés bien connus se trouva différent. Les données elles-mêmes avaient changé. C'est ici le dernier des sens dans lequel nous pouvons dire qu'après une révolution les scientifiques travaillent dans un monde différent.

CHAPITRE X

Caractère invisible des révolutions

Il nous reste à nous demander comment se terminent les révolutions scientifiques. Mais auparavant, une dernière tentative pour renforcer les convictions du lecteur quant à leur existence et leur nature est peut-être nécessaire. J'ai jusqu'ici essayé de décrire les révolutions à l'aide d'exemples, et on pourrait multiplier ceux-ci *ad nauseam.* Mais il est clair que la plupart d'entre eux, volontairement choisis en raison de leur familiarité, ont généralement été considérés non comme des révolutions, mais comme des additions aux connaissances scientifiques. Et on pourrait considérer de même tous les exemples supplémentaires, qui n'auraient guère d'utilité de ce fait. C'est qu'il y a, je crois, d'excellentes raisons pour que les révolutions soient restées presque totalement invisibles. L'image que scientifiques et non-scientifiques se font de l'activité scientifique créatrice est tirée pour une grande part d'une source autorisée qui – pour des raisons fonctionnelles importantes – déguise systématiquement l'existence et la signification des révolutions scientifiques. C'est seulement après avoir reconnu et analysé la nature de cette source que nous pourrons espérer donner toute leur valeur aux exemples historiques. De plus, bien que ce point ne puisse être complètement développé que dans ma conclusion, l'analyse qui s'impose maintenant esquissera déjà l'un des aspects qui distinguent le plus clairement le travail scientifique de toute autre activité créatrice, à l'exception peut-être de la théologie.

Quand je parle d'une source autorisée, je pense surtout aux manuels scientifiques ainsi qu'aux ouvrages de vulgarisation et travaux philosophiques qui se modèlent sur eux. Ces trois catégories – et jusqu'à une date récente il n'existait pas d'autre source importante d'information sur les sciences, en dehors de la pratique de la recherche –, ces trois catégories ont une chose en commun : elles se réfèrent à un ensemble déjà organisé de problèmes, de données, et de théories, le plus souvent à l'ensemble particulier des paradigmes auxquels adhère le groupe scientifique au moment où sont rédigés ces textes. Les manuels s'efforcent de communiquer le vocabulaire et la syntaxe d'un langage scientifique contemporain. Les vulgarisations s'efforcent de décrire les mêmes applications dans un langage plus proche de celui de la vie courante. Et la philosophie des sciences, en particulier celle du monde de langue anglaise, analyse la structure logique de ce même ensemble complet de connaissances scientifiques. Une étude plus complète devrait parler des distinctions très réelles qui séparent ces trois genres, mais ce sont leurs ressemblances qui nous intéressent le plus ici. Or ils exposent tous les trois le même *résultat* stable des révolutions passées, mettant ainsi en évidence les bases de la tradition courante de science normale. Pour remplir leur objectif, il n'est pas nécessaire qu'ils retracent avec exactitude la manière dont ces bases ont d'abord été reconnues, puis adoptées par les membres de la profession. Dans le cas des manuels, tout au moins, il y a même de bonnes raisons pour que, sur ces questions, ils induisent systématiquement leurs lecteurs en erreur.

Nous avons noté au chapitre I qu'un emploi plus large des manuels ou leurs équivalents était invariablement un phénomène concomitant de l'apparition d'un premier paradigme, dans n'importe quel domaine scientifique. Le chapitre qui termine cet essai s'efforcera de prouver que la domination exercée par ces textes sur une science adulte établit une différence significative entre son schéma de développement et celui d'autres disciplines. Pour le moment, considérons simplement comme un fait acquis que, à un degré inégalé dans les autres disciplines, les connaissances scientifiques du non-spécialiste aussi bien que du spécialiste se fondent sur les manuels et quelques autres types de littérature qui en dérivent. Cependant, les manuels, étant les véhicules pédagogiques destinés à perpétuer la science normale, sont à récrire, en totalité ou en partie, chaque fois que le langage, la structure des problèmes ou les normes de solution des problèmes de la science normale change ; bref, à la suite de chaque révolution scientifique. Et, une fois récrits, ils déguisent inévitablement non seulement le rôle mais l'existence même des révolutions qui sont à leur origine. À moins qu'il n'ait eu l'expérience personnelle d'une révolution au cours de sa vie, le sens historique du chercheur professionnel ou du lecteur non spécialisé de littérature scientifique ne peut dépasser ce qu'apportent les résultats des révolutions les plus récentes survenues dans le domaine.

Les manuels commencent ainsi par tronquer le sentiment qu'a l'homme de science de l'histoire de sa discipline, puis ils fournissent un substitut de ce qu'ils ont éliminé. Fait caractéristique, les manuels scientifiques contiennent juste un peu d'histoire, soit dans un chapitre d'introduction, soit, plus souvent, dans des références sporadiques aux grands héros du passé. Ces références donnent aux étudiants et chercheurs professionnels le sentiment de participer eux aussi à une longue tradition historique. Cependant cette tradition dérivée des manuels, dont les scientifiques arrivent à se sentir les participants, n'a en fait jamais existé. Pour des raisons qui sont à la fois évidentes et hautement fonctionnelles, les manuels scientifiques (et un trop grand nombre des anciennes histoires des sciences) ne retracent qu'une partie des travaux scientifiques du passé, celle qui peut facilement être considérée comme une contribution à l'énoncé et à la solution des problèmes paradigmatiques de ces manuels. Tant par sélection que par distorsion, on y représente implicitement les savants de jadis comme attelés à un ensemble de problèmes fixes et se conformant à un ensemble de canons fixes qui sont ceux-là mêmes que l'on juge « scientifiques » depuis la dernière révolution de la théorie et des méthodes scientifiques. Rien d'étonnant si les manuels et la tradition historique qu'ils impliquent doivent être récrits après chaque révolution scientifique. Rien d'étonnant non plus si, à mesure qu'ils sont récrits, la science en arrive chaque fois, de nouveau, à paraître surtout cumulative.

Les scientifiques ne sont évidemment pas le seul groupe qui tende à voir le passé de leur discipline comme un développement linéaire vers un état actuel, donc privilégié. La tentation d'écrire l'histoire à rebours se retrouve partout et toujours. Mais les scientifiques sont plus sensibles à cette tentation de réécrire l'histoire, en partie parce que les résultats de la recherche scientifique ne montrent aucune dépendance évidente par rapport au contexte historique de la recherche, en partie aussi parce que, sauf en période de crise et de révolution, la position contemporaine de l'homme de science paraît tellement sûre. Multiplier les détails historiques concernant l'état présent ou passé de la science, ou augmenter leur importance, ne ferait que donner une valeur artificielle à ce qui n'est qu'idiosyncrasie, erreur et confusion humaines. Pourquoi monter en épingle ce que la science a pu écarter au prix de ses efforts les plus dignes et les plus opiniâtres ? La dépréciation du fait historique est profondément et sans doute fonctionnellement intégrée à l'idéologie de la profession scientifique, cette même profession qui accorde tant de valeurs au détail des faits d'un autre genre. C'est dans cette ligne de pensée antihistorique propre aux groupes scientifiques que Whitehead écrit : « Une science qui hésite à oublier ses fondateurs est perdue. » En quoi cependant il n'a pas tout à fait raison, car les sciences, comme toutes les autres entreprises professionnelles, ont besoin de héros et conservent leur souvenir. Heureusement, les hommes de science ont su, au lieu d'oublier ces héros, oublier seulement ou réviser leurs travaux.

Il en résulte une tendance persistante à faire paraître l'histoire des sciences linéaire ou cumulative, tendance qu'on constate même chez les scientifiques qui considèrent rétrospectivement leurs propres recherches. Par exemple, les trois comptes rendus incompatibles donnés par Dalton du développement de son atomisme chimique font apparaître qu'il s'est intéressé de très bonne heure précisément à ces problèmes chimiques de proportions dans les combinaisons dont la solution l'a plus tard rendu célèbre. En fait, ces problèmes semblent lui être venus à l'esprit seulement avec leur solution, et pas avant que son travail créateur ne soit presque achevé [1]. Ce qui disparaît de tous les comptes rendus de Dalton, ce sont les effets révolutionnaires qu'a eus l'application à la chimie d'un ensemble de questions et de concepts jusque-là réservés à la physique et à la météorologie. Or c'est bien là ce qu'a fait Dalton, et il en a résulté une réorientation dans la manière de considérer ce domaine, une réorientation qui a appris aux chimistes à se poser de nouvelles questions et à tirer d'anciennes données des conclusions nouvelles.

Autre exemple : Newton a écrit que Galilée avait découvert que la force constante de la gravité produit un mouvement proportionnel au carré du temps. En fait, le théorème cinématique de Galilée prend bien cette forme quand il est inclus dans la matrice des propres concepts dynamiques de Newton. Mais Galilée n'a rien dit de tel. Ses études sur la chute des corps font rarement allusion à des forces, encore moins à la force de gravitation universelle qui cause la chute des corps [2]. En attribuant à Galilée la réponse à une question que ses paradigmes ne permettaient pas de poser, la phrase de Newton cache l'effet d'une reformulation minime, mais révolutionnaire, des questions que les scientifiques se posaient sur le mouvement et aussi des réponses qu'ils étaient prêts à accepter. Mais c'est précisément ce remaniement de la

1. L. K. Nash, « The Origins of Dalton's chemical atomic theory », *Isis*, XLVII (1956), p. 101-116.

2. Sur cette remarque de Newton, voir Florian Cajori (éd.), *Sir Isaac Newton's mathematical principles of natural philosophy and his system of the world* (Berkeley, Calif. 1946), p. 21. Ce passage devrait être comparé à la discussion même de Galilée dans ses *Dialogues concerning two new sciences*, trad. anglaise de H. Crew et A. de Salvio (Evanston, III, 1946), p. 154-176.

formulation des questions et des réponses qui rend compte, bien plus que les découvertes empiriques nouvelles, du passage de la dynamique d'Aristote à celle de Galilée, et de celle de Galilée à celle de Newton. En déguisant ces changements, la tendance des manuels à présenter un développement linéaire de la science cache le processus qui se trouve au cœur des épisodes les plus signifiants du développement scientifique.

Les exemples précédents mettent en évidence, chacun dans le cadre d'une révolution particulière, les débuts d'une reconstruction de l'histoire qui est régulièrement achevée par les manuels scientifiques postrévolutionnaires. Mais cette reconstruction dans son aspect final n'implique pas seulement une multiplication des distorsions illustrées plus haut. Les révolutions y deviennent invisibles ; ce qui est rapporté dans les manuels subit un arrangement tel que le processus impliqué, s'il correspondait à la réalité, nierait toute fonction aux révolutions. Parce que leur but est de mettre l'étudiant rapidement au courant de ce que le groupe scientifique contemporain croit savoir, les manuels exposent les divers concepts, expériences, lois et théories de la science normale en les abordant autant que possible séparément et successivement. Sur le plan pédagogique, cette technique de présentation est inattaquable. Mais quand elle se combine à l'atmosphère généralement peu historique des écrits scientifiques et parfois aux distorsions systématiques dont nous avons parlé, l'impression se dégage, inévitablement, que la science est parvenue à son état présent par une série de découvertes et d'inventions indépendantes qui, une fois réunies, constituent l'ensemble moderne des connaissances techniques. Dès le début de l'entreprise scientifique, suggère implicitement le manuel, les scientifiques ont lutté pour atteindre les objectifs particuliers qui sont matérialisés dans les paradigmes actuels. L'un après l'autre, au cours d'un processus souvent comparé à l'addition de briques à un bâtiment, les scientifiques ont ajouté un fait, un concept, une loi ou une théorie de plus à l'ensemble de connaissances fournies par le manuel scientifique contemporain.

Mais ce n'est pas ainsi qu'une science se développe. Bon nombre d'énigmes de la science normale contemporaine n'existent que depuis les révolutions scientifiques les plus récentes. Il n'en est qu'un tout petit nombre qui remontent aux débuts historiques de la branche scientifique qu'ils concernent. Les générations précédentes ont poursuivi leurs propres problèmes, avec leurs propres instruments et leurs propres canons de solution. Et ce ne sont pas les problèmes seuls qui ont changé, mais bien le réseau entier de théories et de faits que le paradigme adapte à la nature. La constance de la composition chimique, par exemple, est-elle un simple fait d'expérience que les chimistes auraient pu découvrir par expérimentation, dans n'importe lequel des mondes où les chimistes ont travaillé ? Ou bien n'est-ce pas plutôt un élément – et même un élément indubitable – d'un nouvel ensemble de faits et de théories associés que Dalton a adapté aux connaissances chimiques antérieures, tout en modifiant ces connaissances au cours du processus ? Dans le même sens, l'accélération constante produite par une force constante est-elle un simple fait que les spécialistes de la dynamique ont toujours cherché à connaître ? Ou n'est-ce pas plutôt la réponse à une question qui s'est posée pour la première fois avec la théorie de Newton et à laquelle cette théorie a pu répondre grâce à l'ensemble de connaissances disponibles avant que la question ne soit posée ?

Ces questions que nous posons à propos de faits qu'on croirait avoir été découverts l'un après l'autre selon la présentation des manuels, il est évident qu'elles ont aussi des implications inévitables pour ce que les manuels présentent comme théorie. Les théories, évidemment, « sont adaptées aux faits », mais seulement en transformant de l'information préalablement accessible en faits qui, dans le cadre du paradigme précédent, n'avaient pas existé du tout. Et cela signifie que les théories, elles non plus, n'évoluent pas par morceaux pour s'adapter à des faits qui ont été là tout le temps. Elles apparaissent plutôt en même temps que les faits auxquels elles s'adaptent, à la suite d'une reformulation révolutionnaire de la tradition scientifique antérieure, tradition au sein de laquelle le rapport entre l'homme de science et la nature, tel que le façonne la connaissance, n'était pas exactement le même.

Un dernier exemple rendra peut-être plus claires ces constatations sur le contrecoup de la présentation des manuels pour notre image du développement scientifique. Tout manuel élémentaire de chimie doit étudier le concept d'élément chimique. Presque toujours, quand cette notion est introduite, son origine est attribuée au chimiste du XVIIe siècle Robert Boyle ; parce que, dans son ouvrage le *Sceptical chymist*, le lecteur attentif trouvera une définition de l'« élément » assez proche de celle qui est en usage de nos jours. Ce rappel de la contribution de Boyle aide à faire comprendre au néophyte que la chimie n'a pas commencé avec les sulfamides ; il lui enseigne aussi que l'une des tâches traditionnelles de l'homme de science est d'inventer des concepts de ce genre. En tant qu'élément de l'arsenal pédagogique destiné à faire d'un homme un scientifique, tout cela est excellent, mais n'en illustre pas moins, une fois de plus, la structure des erreurs historiques qui égarent spécialistes et non-spécialistes sur la nature de l'entreprise scientifique.

Selon Boyle lui-même (et il avait tout à fait raison), sa *définition* d'un élément n'était qu'une paraphrase d'un concept chimique traditionnel et il ne l'a avancée, en fait, que pour soutenir qu'il n'existe rien de tel qu'un élément chimique ; sur le plan historique, la version donnée par le manuel de la contribution de Boyle est donc une véritable erreur [1]. Une erreur évidemment peu importante, mais une erreur, comme n'importe quelle autre fausse présentation de données. Et ce qui n'est pas sans importance, en tout cas, c'est la notion de la science que favorise ce genre de faute, s'il est multiplié d'abord, puis intégré à la structure technique d'un manuel. Comme *le temps, l'énergie, la force ou la particule*, le concept d'élément est le genre d'ingrédient qui souvent n'est pas inventé ou découvert du tout. En l'occurrence, on peut faire remonter la définition de Boyle aussi haut qu'Aristote au moins, et, par l'intermédiaire de Lavoisier, la retrouver jusque dans les textes modernes. Cela ne revient pourtant pas à dire que la science ait possédé dès l'Antiquité le concept moderne d'élément. Les définitions verbales comme celle de Boyle sont pauvres de contenu scientifique quand on les considère en elles-mêmes. Ce ne sont pas vraiment des procédés (s'il en existe) destinés à préciser logiquement le sens du mot,

1. T. S. Kuhn, « Robert Boyle and structural chemistry in the Seventeenth century », *Isis*, XLIII (1952), p. 26-29.

ce sont plutôt des outils pédagogiques. Les concepts scientifiques auxquels elles renvoient ne prennent tout leur sens que si, dans un manuel ou un autre mode de présentation systématique, on les met en rapport avec d'autres concepts scientifiques, des procédés de manipulation et des applications du paradigme. Il s'ensuit que des concepts comme celui d'élément ne peuvent guère être inventés indépendamment du contexte. De plus, dans un contexte donné, ils ont rarement besoin d'être inventés parce qu'ils sont déjà là, à la disposition du chercheur. Boyle et Lavoisier ont tous deux changé notablement la signification chimique de l'*élément*. Mais ils n'en ont pas inventé la notion, ni même changé la formule qui sert à définir ce terme. Einstein n'a pas eu non plus, nous l'avons vu, à inventer ou même à redéfinir explicitement l'*espace* et le *temps* pour leur donner un sens nouveau dans le contexte de son travail.

Quel a donc été le rôle historique de Boyle dans cette partie de ses travaux qui contient la fameuse « définition » ? Il a été le chef d'une révolution scientifique qui, en changeant le rapport existant entre l'*élément* et la manipulation chimique, ou la théorie chimique, a transformé cette notion pour en faire un outil tout à fait différent et, chemin faisant, a transformé à la fois la chimie et le monde du chimiste [1]. D'autres révolutions, y compris celle qui a pour centre Lavoisier, ont été nécessaires pour donner à ce concept sa forme et sa fonction modernes. Mais Boyle fournit un exemple typique du processus impliqué à chacun de ces stades et aussi de ce

1. Marie Boas, dans son *Robert Boyle and Seventeenth-Century Chemistry* (Cambridge, 1958), traite à plusieurs reprises des contributions positives de Boyle à l'évolution du concept d'élément chimique.

qui arrive à ce processus quand les connaissances existantes sont incorporées à un manuel. Plus que tout autre aspect particulier de la science, cette forme de littérature pédagogique a déterminé l'image que nous nous faisons de la nature de la science et du rôle de la découverte et de l'invention dans son développement.

CHAPITRE XI

Résorption des révolutions

C'est seulement dans le sillage d'une révolution scientifique que l'on produit les manuels dont nous venons de parler. Ils constituent les bases d'une nouvelle tradition de science normale. En abordant la question de leur structure, il est clair que nous avons sauté une étape. Quel est le processus par lequel un nouveau candidat au titre de paradigme remplace son prédécesseur ? Toute nouvelle interprétation de la nature, qu'il s'agisse de découverte ou de théorie, apparaît d'abord dans l'esprit d'un individu ou de quelques-uns. Ce sont eux qui les premiers apprennent à voir la science et le monde différemment, et ils y sont aidés par deux circonstances étrangères à la plupart des membres de leur profession. Invariablement, leur attention s'est concentrée intensément sur les problèmes qui ont provoqué la crise ; par ailleurs, ce sont d'ordinaire des hommes si jeunes ou si nouveaux dans le domaine scientifique travaillé par la crise que la pratique de leur travail les a soumis moins profondément que la plupart de leurs contemporains à la vision du monde et aux règles fixées par l'ancien paradigme. Comment peuvent-ils convertir tous les membres de leur profession, ou le sous-groupe professionnel particulièrement concerné, à leur manière de voir la science et le monde ? Que doivent-ils faire pour cela ? Qu'est-ce qui pousse le groupe à abandonner une tradition de recherche normale en faveur d'une autre ?

Pour comprendre l'urgence de ces questions, rappelons-nous que ce sont les seules reconstructions que l'historien puisse apporter en réponse aux recherches du philosophe sur la mise à l'épreuve, la vérification ou la réfutation des théories scientifiques établies. Dans la mesure où il est engagé dans la science normale, le chercheur résout des énigmes, il ne vérifie pas des paradigmes. Bien qu'il lui arrive, au cours des recherches exigées par la résolution de telle ou telle énigme, d'essayer un certain nombre de solutions de rechange, en rejetant celles qui ne parviennent pas à fournir le résultat désiré, il ne cherche pas ce faisant à vérifier le *paradigme*. Il est plutôt comme ce joueur d'échecs qui, le problème posé et l'échiquier physiquement ou mentalement devant lui, essaie successivement divers mouvements possibles, à la recherche d'une solution. Ces coups d'essai, ceux du joueur d'échecs ou ceux de l'homme de science, sont seulement une mise à l'épreuve des mouvements eux-mêmes, non des règles du jeu. Ils ne sont possibles qu'aussi longtemps que le paradigme lui-même est tenu pour acquis. La mise à l'épreuve du paradigme se produit donc seulement après que des échecs répétés, pour résoudre une énigme importante, ont donné naissance à une crise. Encore faut-il que le sentiment de la crise ait fait apparaître un autre candidat au titre de paradigme. Car, dans les sciences, cette mise à l'épreuve ne consiste jamais, comme la résolution des énigmes, en une simple comparaison d'un paradigme unique avec la nature. Elle intervient au contraire à l'occasion de la concurrence de deux paradigmes rivaux, réclamant l'adhésion d'un groupe scientifique.

Si l'on regarde de près, le phénomène ainsi présenté évoque, de façon inattendue et probablement significative, deux des théories philosophiques contemporaines les plus répandues sur la vérification. Il n'y a plus guère de philosophes des sciences qui cherchent encore des critères absolus pour la vérification des théories scientifiques. Tenant compte du fait qu'aucune théorie ne peut subir tous les tests qui pourraient avoir un rapport avec elle, ils se demandent non pas si une théorie a été vérifiée mais plutôt quel est son degré de probabilité à la lumière des faits actuellement prouvés. Et, pour répondre à cette question, une école importante est amenée à comparer les possibilités offertes par les différentes théories pour expliquer les faits d'observation connus. Cette importance donnée à la comparaison des théories caractérise aussi la situation historique dans laquelle une nouvelle théorie est acceptée. Il est très probable qu'elle signale l'une des directions dans lesquelles les futures discussions de vérification devraient s'engager.

Sous leur forme la plus habituelle, cependant, les théories probabilistes de la vérification ont toutes recours à l'un ou l'autre des langages d'observation pure ou neutre mentionnés au chapitre IX. Une de ces théories demande que nous comparions la théorie scientifique donnée avec toutes les autres théories que l'on pourrait imaginer à propos du même ensemble de données observées. Une autre exige que l'on construise en esprit tous les tests qu'il serait concevable de faire passer à la théorie scientifique donnée [1]. Apparemment, une construction de ce

1. On trouvera un bref aperçu des principales manières d'aborder les théories de la vérification probabiliste dans le livre d'Ernest Nagel,

genre est nécessaire pour le calcul des probabilités spécifiques, absolues ou relatives, et il est difficile de voir comment on peut la réaliser. Si, comme je l'ai soutenu, il ne peut pas y avoir de système de langage ou de concepts scientifiquement ou empiriquement neutres, la construction proposée de tests et théories prend forcément sa source dans une quelconque tradition fondée sur un paradigme. Ainsi restreinte elle ne saurait avoir accès à toutes les expériences possibles, à toutes les théories possibles. Par conséquent, les théories probabilistes déguisent la situation de vérification tout autant qu'elles l'éclairent. Bien que cette situation dépende effectivement, comme elles le soutiennent, de la comparaison de théories et de preuves très répandues, les théories et les observations qui sont au centre du problème se rattachent toujours de près à d'autres qui existent déjà. La vérification ressemble à la sélection naturelle : elle choisit la plus viable parmi les possibilités de fait existant dans une situation historique particulière. Ce choix serait-il meilleur si d'autres possibilités s'étaient présentées ou si les données avaient été d'un autre genre ? Ce n'est pas là une question qu'il est utile de poser puisque nous ne disposons pas des outils nécessaires pour chercher à y répondre.

Une conception tout à fait différente de cet ensemble de problèmes est celle de Karl R. Popper, qui ne croit à aucune procédure de vérification [1]. Il insiste au contraire sur l'importance de la « falsification », c'est-à-dire sur la

---

Principles of the theory of probability, vol. I, n° 6 de l'*International encyclopedia of unified science*, p. 60-75.

1. K. R. Popper, *The Logic of scientific discovery* (New York, 1959), en particulier, chap. I-IV.

mise à l'épreuve qui, parce que son résultat est négatif, nécessite le rejet d'une théorie établie. Il est clair que le rôle ainsi attribué à la « falsification » ressemble beaucoup à celui que nous assignons ici aux expériences anormales, c'est-à-dire de faits d'expérience qui, en faisant naître la crise, préparent la voie à une nouvelle théorie. Néanmoins, les expériences anormales ne sont pas à identifier à celles qui « falsifient ». Je doute même de l'existence de ces dernières. Comme je l'ai souvent souligné, aucune théorie ne résout jamais toutes les énigmes auxquelles elle se trouve confrontée à un moment donné ; et les solutions trouvées sont rarement parfaites. Au contraire, c'est justement le caractère incomplet et imparfait de la coïncidence entre la théorie et les données connues qui, à tout moment, définit bon nombre des énigmes qui caractérisent la science normale. Si chaque fois qu'on se heurtait à une impossibilité d'établir cette coïncidence il fallait rejeter la théorie, toutes les théories devraient toujours être rejetées. D'autre part, si c'est seulement un échec grave dans l'établissement de la coïncidence qui justifie le rejet de la théorie, les adeptes de Popper auront alors à définir quelque critère d'« improbabilité » ou de degré de « falsification ». Ce qui, presque certainement, les placerait devant le même ensemble de difficultés qui a poursuivi les avocats des différentes théories de la vérification probabiliste.

Beaucoup de ces difficultés s'effacent si l'on reconnaît que chacune de ces deux conceptions opposées et largement répandues concernant la logique sous-jacente de la recherche scientifique a essayé de comprimer en un seul deux processus distincts. L'expérience anormale de Popper est importante pour les sciences parce qu'elle fait surgir des concurrents du paradigme existant. Mais la

« falsification », bien qu'elle se produise sûrement, ne se produit pas dès l'émergence d'une anomalie ou d'une instance « falsifiante ». C'est au contraire un processus subséquent et séparé que l'on pourrait tout aussi bien appeler vérification puisqu'il consiste à faire triompher un nouveau paradigme sur l'ancien. D'ailleurs, c'est dans ce processus conjoint de vérification et de réfutation que la comparaison des théories selon les probabilistes joue un rôle capital. Une formulation à deux degrés dans le genre de celle-ci a, me semble-t-il, le mérite de la vraisemblance et elle peut aussi nous permettre de commencer à expliciter le rôle de l'accord (ou du désaccord) entre les faits et la théorie durant le processus de vérification. Pour l'historien tout au moins, dire que la vérification est établie par l'accord des faits avec la théorie ne signifie rien. Toutes les théories ayant une importance historique ont été d'accord avec les faits, mais seulement plus ou moins. Et il n'y a pas de réponse plus précise à donner à qui voudrait savoir si et dans quelle mesure une théorie particulière concorde avec les faits. En revanche, si les théories sont examinées collectivement ou même par paires, c'est une question utile que de se demander laquelle de deux ou plusieurs théories concurrentes s'adapte *le mieux* aux faits. Par exemple, bien que ni la théorie de Priestley ni celle de Lavoisier ne fussent en accord parfait avec les observations existantes, peu de contemporains hésitèrent plus d'une dizaine d'années à conclure que c'était celle de Lavoisier qui donnait la meilleure coïncidence.

Toutefois, présenter ainsi les choses donne peut-être une idée trop facile et familière de la tâche qui consiste à choisir entre des paradigmes. S'il n'y avait qu'un ensemble de problèmes scientifiques, un seul monde dans lequel y travailler, et un seul ensemble de normes, de solutions, la rivalité entre paradigmes pourrait se régler par quelque procédé routinier, par exemple, en faisant le compte des problèmes résolus par l'un et par l'autre. Mais en fait, ce n'est jamais ainsi que les choses se présentent. Les adeptes de paradigmes concurrents ne s'entendent jamais complètement, aucun des partis ne voulant admettre toutes les suppositions non empiriques dont l'autre a besoin pour rendre valable son point de vue. Comme celle de Proust et Berthollet, leur discussion est presque inévitablement un dialogue de sourds. Chacun peut espérer convertir l'autre à sa conception de la science et de ses problèmes, aucun ne peut espérer prouver son point de vue. La concurrence entre paradigmes n'est pas le genre de bataille qui puisse se gagner avec des preuves.

Nous avons déjà vu plusieurs des raisons empêchant les tenants de paradigmes concurrents d'établir un contact complet entre leurs points de vue divergents. Collectivement, ces raisons ont été décrites comme l'incommensurabilité des traditions de science normale pré- et postrévolutionnaire, et il nous suffira d'en donner ici une brève récapitulation. En premier lieu, les adeptes de paradigmes concurrents seront souvent en désaccord sur la liste des problèmes que devraient résoudre les candidats au titre de paradigme. Leurs normes de solution et leurs définitions de la science ne sont pas les mêmes. Une théorie du mouvement doit-elle expliquer la cause des forces d'attraction existant entre les particules de matière ? Ou peut-elle simplement admettre l'existence de ces forces ? La dynamique de Newton se contentait de la seconde solution, à la différence des théories d'Aristote et de Descartes. D'où son rejet initial, puis, une fois qu'elle fut acceptée, le rejet du problème qu'elle avait écarté et qui fut désormais banni de la science. Or il est de ceux que la relativité générale peut fièrement prétendre avoir résolus. Autre exemple : la théorie de Lavoisier, en se répandant au XIXe siècle, empêcha les chimistes de se demander pourquoi les métaux étaient tous si semblables, question que la chimie du phlogistique avait posée et à laquelle elle avait répondu. L'avènement du paradigme de Lavoisier, comme celui de Newton, avait fait disparaître non seulement une question jusque-là légitime, mais aussi une solution acquise. Or, cette fois encore, l'éclipse ne fut pas durable au XXe siècle ; la science a posé à nouveau des questions concernant les qualités des substances chimiques et abouti à certaines réponses.

Pourtant, l'incommensurabilité des normes de solution n'est qu'un aspect de la difficulté ! Puisque les nouveaux paradigmes sont issus des anciens, ils s'incorporent ordinairement une grande partie du vocabulaire et de l'outillage, tant conceptuel que pratique, qui étaient ceux du paradigme traditionnel, mais il est rare qu'ils fassent de ces emprunts exactement le même usage. Dans le cadre du nouveau paradigme, les termes, les concepts et les expériences anciens se trouvent les uns par rapport aux autres dans un nouveau rapport. D'où ce qu'il nous faut appeler, faute d'un meilleur terme, des malentendus entre les écoles concurrentes. On ne peut pas dire que les non-spécialistes qui tournaient en dérision la théorie générale de la relativité d'Einstein parce que l'espace ne pouvait pas être « courbe » – c'était une qualité qui lui était étrangère – se trompaient tout simplement. Et pas davantage les mathématiciens, physiciens et philosophes qui essayèrent d'élaborer une version euclidienne de la théorie d'Einstein [1]. Ce que l'on avait jusque-là désigné du nom d'espace était nécessairement plat, homogène, isotropique, et non affecté par la présence de matière. Sinon, la physique de Newton n'aurait pas pu fonctionner. Pour passer à l'univers d'Einstein, le réseau conceptuel dont les fils directeurs étaient l'espace, le temps, la matière, la force, etc., devait être tout entier déplacé et réadapté à la nature. Seuls les hommes qui ensemble avaient effectué cette transformation ou s'y étaient refusés pouvaient découvrir avec précision sur quoi ils étaient ou n'étaient pas d'accord. Toute communication établie à travers cette ligne de partage révolutionnaire est inévitablement partielle. Considérons, pour changer d'exemple, les hommes qui traitèrent Copernic de fou parce qu'il prétendait que la Terre tournait. Eux non plus n'avaient pas simplement tort ou tout à fait tort. Quand ils disaient « Terre » ils entendaient « position fixe ». Leur Terre, c'est le moins qu'on puisse dire, ne pouvait pas bouger. L'innovation de Copernic ne consista donc pas simplement à faire mouvoir la Terre. Ce fut plutôt toute une nouvelle manière de considérer les problèmes de physique et d'astronomie, laquelle changeait nécessairement le sens des mots « Terre » et « mouvement » [2]. Sans

1. À propos des réactions des non-spécialistes au concept d'un espace courbe, voir Philipp Frank, *Einstein, his life and tintes*, trad. et éd. de G. Rosen et S. Kusaka (New York, 1947), p. 142-146. À propos de quelques tentatives visant à conserver l'apport de la relativité générale dans le cadre d'un espace euclidien, voir C. Nordmann, *Einstein and the universe*, trad. J. Mc Cabe (New York, 1922), chap. IX.

2. T. S. Kuhn, *The Copernican revolution* (Cambridge, Mass., 1957), chap. III, IV et VII. Le livre tout entier cherche à montrer à quel point l'héliocentrisme était plus qu'un problème strictement astronomique.

ces changements, la notion d'une Terre qui tournait était une folie. D'autre part, une fois ces changements effectués et compris, Descartes et Huygens purent tous deux soutenir que le mouvement de la Terre était une question vide de sens pour la science [1].

Ces exemples mettent en évidence le troisième et le plus fondamental des aspects de l'incommensurabilité des paradigmes concurrents. Dans un sens que je suis incapable d'expliciter davantage, les adeptes de paradigmes concurrents se livrent à leurs activités dans des mondes différents. L'un contient des corps qui tombent lentement d'une chute entravée, l'autre des pendules qui répètent indéfiniment leur mouvement. Dans l'un, les solutions sont des composés, dans l'autre ce sont des mélanges. L'un est contenu dans une matrice d'espace qui est plat, l'autre courbe. Travaillant dans des mondes différents, les deux groupes de scientifiques voient des choses différentes quand ils regardent dans la même direction à partir du même point. Ne disons pas pour autant qu'ils peuvent voir tout ce qui leur plaît. Les deux groupes regardent le monde, et ce qu'ils regardent n'a pas changé. Mais dans certains domaines ils voient des choses différentes, et ils les voient dans un rapport différent les unes par rapport aux autres. C'est pourquoi une loi impossible à démontrer à tel groupe de scientifiques semblera parfois intuitivement évidente à tel autre. C'est aussi pourquoi, avant de pouvoir espérer communiquer complètement, l'un ou l'autre des groupes doit faire l'expérience de la conversion que nous avons appelée un changement de paradigme. Justement parce que c'est une

1. Max Jammer, *Concepts of space* (Cambridge, Mass., 1954), p. 118-124.

transition entre deux incommensurables, la transition entre deux paradigmes concurrents ne peut se faire par petites étapes, poussée par la logique et l'expérience neutre. Comme le renversement visuel de la théorie de la forme, il doit se produire tout d'un coup (mais pas forcément en un instant), ou pas du tout.

Comment donc les scientifiques sont-ils amenés à cette transposition ? Disons d'abord que, très souvent, ils ne s'y laissent pas amener. Le système copernicien n'avait guère fait encore de conversions près d'un siècle après la mort de Copernic. Les travaux de Newton ne furent généralement pas acceptés, sur le Continent en particulier, pendant le demi-siècle qui suivit la parution des *Principia*[1]. Priestley n'accepta jamais la théorie de l'oxygène, ni lord Kelvin la théorie électromagnétique, et ainsi de suite. Les difficultés de la conversion ont souvent été notées par les scientifiques eux-mêmes. Darwin, dans un passage particulièrement clairvoyant à la fin de son *Origine des espèces*, écrivait : « Bien que je sois pleinement convaincu de la vérité des vues exposées dans ce volume..., je ne m'attends en aucune manière à convaincre les naturalistes expérimentés qui ont l'esprit plein d'une multitude de faits qu'ils considèrent depuis de longues années d'un point de vue directement opposé au mien... Mais j'envisage avec confiance l'avenir – les jeunes naturalistes qui apparaissent et seront capables de considérer avec impartialité les deux aspects de la question[2]. » Et Max Planck, considérant sa propre carrière

1. I. B. Cohen, *Franklin and Newton : An enquiry into speculative newtonian experimental science and Franklin's work on electricity as an example thereof* (Philadelphia, 1956), p. 93-94.

2. Charles Darwin, *On the origin of species...* (édition autorisée d'après la 6e éd. anglaise ; New York, 1889), II, p. 295-296.

dans son *Autobiographie scientifique*, remarquait tristement qu'« une nouvelle vérité scientifique ne triomphe pas en convaincant les opposants et en leur faisant entrevoir la lumière, mais plutôt parce que ses opposants mourront un jour et qu'une nouvelle génération, familiarisée avec elle, paraîtra [1] ».

Ces faits et d'autres semblables sont trop connus pour qu'il soit nécessaire d'y insister. Mais il faut les réévaluer, car presque toujours on y a vu le signe que les scientifiques, étant seulement des hommes, ne peuvent pas toujours admettre leurs erreurs, même en face de preuves absolues. Je soutiendrais plutôt que, dans ce domaine, il ne s'agit ni de preuve ni d'erreur. Quand on adhère à un paradigme, en accepter un autre est une expérience de conversion qui ne peut être imposée de force. Une résistance acharnée, en particulier de la part de ceux qu'une carrière féconde avait engagés dans une tradition plus ancienne de science normale, n'est pas une violation des principes scientifiques, mais un témoignage sur la nature de la recherche scientifique elle-même. Car la source de cette résistance, c'est la certitude que l'ancien paradigme parviendra finalement à résoudre tous ses problèmes, que l'on pourra faire entrer la nature dans la boîte fournie par le paradigme. Inévitablement, durant les révolutions, cette certitude paraît obstination et entêtement, et elle le devient vraiment parfois. Mais elle correspond à quelque chose de plus, cette même certitude étant en fait nécessaire à la science normale et à la résolution des énigmes. Or c'est seulement par la science normale qu'un groupe

---

1. Max Planck, *Scientific autobiography and other papers*, trad. F. Gaynor (New York, 1940), p. 33-34.

scientifique réussit, d'abord à exploiter la portée potentielle et les possibilités de précision d'un paradigme ; ensuite, à isoler la difficulté dont l'étude permettra à un nouveau paradigme d'apparaître.

Cependant, dire que la résistance est inévitable et légitime, que le changement de paradigme ne saurait se justifier par des preuves, ce n'est pas prétendre qu'aucun argument n'a de valeur et qu'on ne peut persuader les scientifiques de changer d'avis. Bien qu'il y faille parfois une génération, des groupes scientifiques ont, à diverses reprises, été convertis à de nouveaux paradigmes. Non pas en dépit du fait que les scientifiques sont des hommes, mais parce qu'ils le sont. Bien que certains scientifiques, en particulier les plus âgés et les plus expérimentés, résistent parfois indéfiniment, il est possible d'une manière ou d'une autre de toucher la plupart d'entre eux. Des conversions se produiront, peu à la fois, jusqu'à ce que, le dernier résistant disparu, tous les membres de la profession travaillent à nouveau dans le cadre d'un unique paradigme, maintenant différent. Nous devons donc nous demander comment on est amené à cette conversion et comment on y résiste.

Toutefois, du fait qu'elle concerne les techniques de persuasion, ou les arguments et contre-arguments dans une situation où toute preuve est impossible, notre question est nouvelle et exigerait un type d'étude que personne jusqu'ici n'a entrepris. Il nous faudra nous contenter d'une vue générale très partiale et faite d'impressions. D'ailleurs, cette vue générale rejoint ce qui a déjà été dit pour suggérer que, s'il s'agit de persuasion et non de preuve, il n'y a pas au problème de la nature de l'argument scientifique de réponse unique et uniforme.

Individuellement, les scientifiques qui adoptent un nouveau paradigme ont chacun leurs raisons (toutes sortes de raisons et, en général, plusieurs à la fois). Certaines – par exemple l'adoration du Soleil qui a contribué à faire de Kepler un adepte de Copernic – sont totalement extérieures à la sphère apparente de la science [1]. D'autres dépendent de particularités autobiographiques et personnelles. Même la nationalité et la réputation antérieure du novateur et de ses maîtres jouent parfois un rôle significatif [2]. Finalement, il nous faudra donc poser cette question différemment. Nous n'étudierons pas quels arguments convertissent en fait tel ou tel individu, mais plutôt quel genre de groupe, tôt ou tard, se reforme toujours comme un groupe unique. Je repousserai pourtant ce problème au chapitre final pour examiner dans l'intervalle certains types d'arguments qui se révèlent particulièrement efficaces dans les batailles entre paradigmes.

Il est probable que l'argument le plus lourd, pour les adeptes du nouveau paradigme, est de prétendre qu'ils sont en mesure de résoudre les problèmes qui ont conduit l'ancien paradigme à la crise. Quand il est légitime, cet argument est souvent le plus efficace, car il

---

1. Sur le rôle de l'adoration du Soleil dans la pensée de Kepler, voir : E. A. Burtt, *The Metaphysical foundations of modern physical science* (éd. rev. New York, 1932), p. 44-49.

2. À propos du rôle de la réputation, citons l'exemple de lord Rayleigh qui, à une époque où sa réputation était établie, soumit à la British Association un article sur certains paradoxes de l'électrodynamique. Son nom fut omis par inadvertance quand l'article fut envoyé pour la première fois, et refusé à cause de son caractère paradoxal. Mais, peu après, revêtu du nom de son auteur, il fut accepté avec beaucoup d'excuses. (R. J. Strutt, 4th Baron Rayleigh, *John William Strutt Third Baron Rayleigh*, New York, 1924, p. 228.)

s'adresse à un groupe où chacun sait que le paradigme est en difficulté. Ces difficultés, on a cherché à les résoudre à plusieurs reprises et, l'un après l'autre, ces efforts se sont révélés vains. Les « expériences cruciales » – celles qui établissent une discrimination particulièrement nette entre les deux paradigmes – avaient été reconnues et attestées avant que le nouveau paradigme soit même inventé. C'est ainsi que Copernic prétendit avoir résolu le problème, irritant depuis longtemps, de la longueur de l'année du calendrier, Newton qu'il avait réconcilié les mécaniques terrestre et céleste, Lavoisier qu'il avait résolu le problème de l'identité des gaz et des relations de poids, et Einstein qu'il avait rendu l'électrodynamique compatible avec une science du mouvement révisée.

Les prétentions de ce genre sont susceptibles de convaincre si le nouveau paradigme fournit une précision quantitative nettement meilleure que celle de son concurrent traditionnel. La supériorité quantitative des *Tabulae rudolphinae* de Kepler par rapport à toutes celles qui avaient été calculées d'après la tradition ptolémaïque fut l'un des facteurs majeurs de la conversion des astronomes au système de Copernic. Le succès des prédictions astronomiques quantitatives de Newton fut probablement la raison la plus importante du triomphe de sa théorie sur ses concurrents plus raisonnables, mais apportant des renseignements uniquement qualitatifs. Et les succès quantitatifs frappants de la loi des radiations de Planck et de l'atome de Bohr persuadèrent rapidement de nombreux physiciens de les adopter, même si, en considérant la science physique en son entier, ces deux lois créaient plus de problèmes qu'elles n'en résolvaient [1].

---

1. À propos des problèmes créés par la théorie des quanta, voir le livre de R. Reiche, *The Quantum theory* (Londres, 1922), chap. II,

La prétention d'avoir résolu les problèmes qui provoquaient la crise est cependant rarement suffisante en elle-même. Et elle ne peut pas toujours être légitimement avancée. En fait, la théorie de Copernic n'était pas plus exacte que celle de Ptolémée et ne conduisit directement à aucune amélioration du calendrier. La théorie ondulatoire de la lumière, durant les quelques années qui suivirent sa première publication, ne fut pas plus heureuse que sa rivale corpusculaire pour résoudre le problème des effets de polarisation, une des causes principales de la crise de l'optique. Il arrive parfois que, le travail qui caractérise la recherche extraordinaire étant moins bien contrôlé, le candidat au titre de nouveau paradigme ne contribue pas du tout, au début, à la solution des problèmes qui ont amené la crise. Il lui faut alors trouver des arguments dans d'autres secteurs de la spécialité, ce qui arrive d'ailleurs souvent. Dans ces autres domaines, les arguments sont particulièrement persuasifs si le nouveau paradigme permet de prédire des phénomènes qui étaient restés entièrement inaperçus, du temps où prévalait l'ancien.

La théorie de Copernic, par exemple, suggérait que les planètes devaient ressembler à la Terre, que Vénus devait présenter des phases, et l'univers être beaucoup plus grand qu'on ne l'avait supposé. Par conséquent, lorsque, soixante ans après sa mort, le télescope révéla soudain les montagnes de la Lune, les phases de Vénus et un nombre immense d'étoiles jusque-là insoupçonnées, ces observations firent de nombreuses conversions, en particulier

---

VI-IX. À propos des autres exemples cités dans ce paragraphe, voir les références antérieures citées pour ce chapitre.

parmi les non-astronomes [1]. Dans le cas de la théorie ondulatoire, l'une des principales causes de conversion des spécialistes fut encore plus dramatique. La résistance en France s'effondra soudain et presque totalement quand Fresnel put démontrer l'existence d'une tache blanche au centre de l'ombre d'un disque circulaire. C'était un effet que personne, pas même lui, n'avait prévu ; mais Poisson, à l'origine l'un de ses adversaires, avait démontré que c'était une conséquence nécessaire bien qu'absurde de la théorie de Fresnel [2]. En raison de leur valeur de choc, et parce qu'il est flagrant qu'ils n'ont pas été *incorporés* à la théorie depuis le début, des arguments comme celui-ci ont une grande force de persuasion, qui, parfois, peut jouer, même si le phénomène en question avait été observé longtemps avant que la théorie qui l'explique soit introduite. Einstein, par exemple, ne semble pas avoir prévu que la relativité générale expliquerait avec précision l'anomalie bien connue du périhélie de Mercure et ce fut pour lui un triomphe lorsqu'elle y réussit [3].

Tous les types d'arguments que nous venons d'examiner se fondent sur les capacités comparées des concurrents pour la résolution des problèmes. Ce sont, pour les scientifiques, les arguments généralement les plus significatifs et les plus persuasifs. Les exemples donnés ne

---

1. Kuhn, *op. cit.*, p. 219-225.

2. E. T. Whittaker, *A history of the theories of aether and electricity*, I (2e éd. Londres, 1951), p. 108.

3. Voir *idem*, II (1953), p. 151-180, à propos du développement de la relativité générale. À propos de la réaction d'Einstein constatant l'accord précis de la théorie avec le mouvement observé du périhélie de Mercure, voir la lettre citée dans P. A. Schilpp (éd.) *Albert Einstein, philosopher-scientist* (Evanston, III, 1949), p. 101.

laissent pas de doute sur ce point. Mais, pour des raisons auxquelles nous reviendrons bientôt, ces arguments ne sont contraignants ni individuellement ni collectivement. Heureusement, un autre genre de considérations joue souvent aussi en faveur d'un nouveau paradigme. Ce sont les arguments rarement entièrement explicités qui font appel, chez l'individu, au sens de la pertinence ou de l'esthétique : on dit que la nouvelle théorie est « plus élégante », « mieux adaptée », ou « plus simple » que l'ancienne. De tels arguments sont probablement moins efficaces en sciences qu'en mathématiques. Les premières versions de la plupart des nouveaux paradigmes étant grossières, au moment où leur attrait esthétique peut être vraiment mis en valeur, la plus grande partie de la communauté a été persuadée par d'autres moyens. Néanmoins, l'importance des considérations esthétiques est parfois décisive. Même si elles n'attirent que quelques hommes de science à la nouvelle théorie, il se peut que le triomphe ultime dépende de ces quelques-uns. Sans leur adhésion rapide pour des raisons entièrement individuelles, le nouveau candidat au titre de paradigme ne se serait peut-être jamais développé suffisamment pour attirer la communauté scientifique dans son entier.

Pour juger de l'importance de ces considérations plus subjectives ou esthétiques, rappelons-nous en quoi consiste un débat entre paradigmes. Un nouveau candidat au titre de paradigme, la première fois qu'il se propose, a rarement résolu plus de quelques-uns des problèmes qui lui sont posés, et ses solutions sont souvent loin d'être parfaites. Jusqu'à Kepler, la théorie de Copernic n'avait guère amélioré les prédictions de position des planètes faites par Ptolémée. Quand Lavoisier considéra l'oxygène comme « l'air lui-même tout entier », sa nouvelle théorie était absolument incapable de faire face à tous les problèmes posés par la prolifération des nouveaux gaz, point que Priestley souligna avec un grand succès dans sa contre-attaque. Les cas semblables à la tache blanche de Fresnel sont extrêmement rares. D'ordinaire, c'est seulement beaucoup plus tard, après que le nouveau paradigme a été développé, accepté et exploité, que des arguments décisifs en apparence – le pendule de Foucault pour démontrer la rotation de la Terre ou l'expérience de Fizeau pour montrer que la lumière se déplace plus vite dans l'air que dans l'eau – sont mis au point. Leur élaboration fait partie de la science normale, et ils jouent un rôle non dans les discussions sur le paradigme, mais dans les textes postrévolutionnaires.

Avant que ces textes ne soient écrits, tant que dure le débat, la situation est très différente. Habituellement, les adversaires du nouveau paradigme peuvent légitimement prétendre que, même dans le domaine de la crise, il est peu supérieur à son rival traditionnel. Bien sûr, il traite mieux certains problèmes, il a mis en évidence de nouvelles régularités. Mais l'ancien paradigme, dûment élaboré, pourrait sans doute faire face à ces défis comme il a déjà fait face à d'autres. Le système astronomique centré sur la Terre de Tycho Brahé et les dernières versions de la théorie du phlogistique ont été des réponses aux défis lancés par un nouveau candidat paradigme, et toutes deux ont remporté un certain succès [1]. En outre,

1. À propos du système de Brahé qui était sur le plan géométrique l'équivalent exact de celui de Copernic, voir J. L. E. Dreyer, *A history of astronomy from Thales to Kepler* (2e éd., New York, 1953), p. 359-371. À propos des dernières versions de la théorie du phlogistique, et de leur succès, voir J. R. Partington et D. McKie, « Historical

les défenseurs de la théorie et du processus traditionnels n'ont pas de difficulté à souligner des problèmes que leur nouveau rival n'a pas résolus mais qui, de son point de vue, ne sont pas du tout des problèmes. Jusqu'à la découverte de la composition de l'eau, la combustion de l'hydrogène était un argument puissant en faveur de la théorie du phlogistique et contre Lavoisier. Et après avoir triomphé, la théorie de l'oxygène restait impuissante à expliquer la préparation d'un gaz combustible à partir du carbone, ce que les partisans de la théorie du phlogistique ne manquaient pas de souligner comme un argument puissant en leur faveur [1]. Même dans le domaine en crise, l'équilibre entre argument et contre-argument peut parfois tenir à bien peu de chose, et, en dehors de ce domaine, la balance penchera souvent de manière décisive en faveur de la tradition. Copernic a supprimé sans la remplacer une explication séculaire du mouvement terrestre ; Newton a fait de même pour une explication plus ancienne de la gravité ; Lavoisier pour les propriétés communes des métaux, et ainsi de suite. Bref, si un candidat paradigme devait être jugé dès l'origine par des gens à l'esprit positif, examinant seulement son aptitude à résoudre les problèmes, les sciences connaîtraient très peu de révolutions majeures. Ajoutons à cela les contre-arguments fournis par ce que nous avons appelé l'incommensurabilité des paradigmes, et il se

studies of the phlogiston theory », *Annals of science*, IV (1939), p. 113-149.

1. À propos du problème posé par l'hydrogène, voir J. R. Partington, *A short history of chemistry* (2e éd., Londres, 1951), p. 134. À propos du monoxyde de carbone, voir H. Kopp, *Geschichte der Chemie*, III (Braunschweig, 1845), p. 294-298.

pourrait que les sciences ne connaissent jamais aucune révolution.

Mais les discussions de paradigmes ne portent pas vraiment sur les possibilités relatives de résolution des problèmes, bien que, pour de bonnes raisons, on les présente généralement en ces termes. Ce qui est en jeu, c'est de savoir quel paradigme devra à l'avenir guider la recherche sur des problèmes qu'aucun des concurrents ne peut déjà prétendre avoir résolus complètement. Une décision entre des manières opposées de pratiquer la science doit intervenir, et en l'occurrence cette décision est fondée moins sur les réalisations passées que sur les promesses futures. Celui qui adopte un nouveau paradigme à un stade précoce doit souvent le faire au mépris des preuves fournies par les résolutions de problème. Autant dire qu'il lui faut faire confiance au nouveau paradigme pour résoudre les nombreux et importants problèmes qui sont posés, en sachant seulement l'incapacité de l'ancien à en résoudre quelques-uns. Une décision de ce genre ne relève que de la foi.

C'est l'une des raisons pour lesquelles la crise qui précède la révolution se révèle si importante. Les scientifiques qui n'en ont pas fait l'expérience renonceront rarement aux preuves tangibles fournies par la résolution des problèmes pour suivre ce qui risque de se révéler une chimère et sera largement considéré comme telle. Mais la crise seule ne suffit pas. Il faut aussi une base (bien qu'elle ne soit pas obligatoirement rationnelle, ni définitivement exacte) à la foi accordée au candidat choisi. Il faut que quelque chose donne, à quelques hommes de science au moins, le sentiment que la nouvelle proposition est dans la bonne voie, et parfois ce sentiment dépend seulement de considérations esthétiques personnelles et informulées, qui feront pencher la balance au moment où la plupart des arguments techniques clairement formulés indiquent l'autre direction. Quand elles furent publiées pour la première fois, ni la théorie astronomique de Copernic ni la théorie de la matière de De Broglie n'avaient beaucoup d'autre attrait valable. Même de nos jours, la théorie générale d'Einstein attire surtout pour des raisons esthétiques, attrait que peu de gens étrangers aux mathématiques ont pu ressentir.

Nous ne suggérons pas par là que les nouveaux paradigmes triomphent finalement à cause de quelque esthétique mystique. Au contraire, très peu d'hommes abandonnent une tradition pour ces seules raisons et ceux qui le font se trouvent souvent avoir été trompés. Mais, si un paradigme doit triompher un jour, il faut qu'il obtienne d'abord quelques premiers adhérents, des hommes qui le développeront jusqu'au stade où des arguments rigoureux pourront être avancés et multipliés. Ceux-ci, d'ailleurs, quand ils apparaissent, ne sont même pas, chacun en soi, décisifs. Sans doute les scientifiques étant des hommes raisonnables, un argument ou un autre finira bien par persuader nombre d'entre eux. Mais il n'y a pas d'argument unique qui puisse ou doive les persuader tous. Plutôt qu'une conversion du groupe en bloc, ce qui se produit est une modification croissante de la distribution des persuasions professionnelles.

Au début, un nouveau candidat au titre de paradigme n'a parfois que quelques partisans et dont les motifs peuvent même être suspects. Néanmoins, s'ils sont compétents, ils l'amélioreront, exploreront ses possibilités et donneront une idée de ce que ce serait que d'appartenir à un groupe guidé par lui. En même temps, si le paradigme est de ceux qui sont destinés à vaincre, le nombre et la valeur des arguments en sa faveur augmenteront ; ses adhérents se feront donc plus nombreux et l'étude du nouveau paradigme se poursuivra. Graduellement, le nombre d'expériences, d'instruments, d'articles et de livres fondés sur ce paradigme se multipliera. D'autres savants encore, convaincus de la fécondité de ces nouvelles vues, se rallieront à cette nouvelle manière de pratiquer la science normale, jusqu'à ce qu'il ne reste plus, finalement, que quelques vieux irréductibles. Et même de ceux-là, nous ne pouvons pas dire qu'ils aient tort. Bien que l'historien puisse toujours trouver des hommes – Priestley par exemple – qui ont manqué de raison en résistant aussi longtemps qu'ils l'ont fait, il ne découvrira pas un point où la résistance deviendrait logique ou antiscientifique. Tout au plus pourra-t-il être tenté de dire que l'homme qui continue à résister après la conversion de son groupe tout entier a cessé *ipso facto* d'être un homme de science.

CHAPITRE XII

La révolution, facteur de progrès

Les pages qui précèdent ont mené ma description schématique du développement scientifique aussi loin qu'il est possible dans cet essai, sans toutefois fournir de conclusion. Si cette description a bien saisi la structure essentielle de l'évolution continue d'une science, elle aura posé simultanément un problème particulier : pourquoi l'entreprise scientifique progresse-t-elle régulièrement alors que par exemple ni l'art, ni la théorie politique, ni la philosophie ne le font ? Pourquoi le bénéfice du progrès revient-il presque exclusivement aux activités que nous appelons sciences ? Les réponses les plus habituelles à cette question ont été écartées au cours de cet essai. Nous devons donc en conclusion nous demander s'il est possible de leur trouver des substituts.

Notons immédiatement qu'une partie de cette question relève entièrement de la sémantique. Dans une très large mesure, le terme « science » est réservé à des domaines où le progrès est évident. Rien ne le révèle aussi clairement que les discussions répétées sur telle ou telle science sociale contemporaine dont on se demande si elle est réellement une science. Ce genre de discussions a existé pour des spécialités que nous qualifions aujourd'hui sans hésitation de sciences, pendant la période de leur existence antérieure à leur premier paradigme. Le fond évident du problème dans ces discussions est d'arriver à définir ce terme irritant. Par exemple la psychologie, diront certains, est une science parce qu'elle possède telle et telle caractéristique. D'autres rétorquent que ces caractéristiques sont ou superflues ou insuffisantes pour qu'on puisse parler de science. L'énergie dépensée dans ces débats, les passions qu'ils suscitent étonnent souvent le spectateur extérieur. Une *définition* du mot « science » a-t-elle une si grande importance ? Une définition peut-elle assurer à quelqu'un qu'il est ou n'est pas un homme de science ? Et si c'est le cas, pourquoi les spécialistes des sciences de la nature ou les artistes ne se soucient-ils pas de la définition donnée à ce terme ? On en arrive inévitablement à supposer que l'enjeu du problème est plus fondamental. Sans doute les questions que l'on se pose réellement sont-elles plutôt : pourquoi ma spécialité ne réussit-elle pas à progresser comme la physique, par exemple ? Quels changements de technique, de méthode ou d'idéologie lui permettraient de le faire ? Ce ne sont pas là pourtant des questions auxquelles on puisse répondre en se mettant d'accord sur une définition. D'ailleurs, si l'on en juge par le précédent tiré des sciences de la nature, le problème cessera d'être préoccupant pour les sciences sociales non pas quand on trouvera une définition de la science, mais quand les groupes qui doutent aujourd'hui de leur propre statut réussiront à juger de façon unanime leurs réalisations passées et présentes. Il est peut-être significatif, par exemple, que les économistes se demandent moins que les autres spécialistes des sciences sociales si leur discipline est une science. Est-ce parce qu'ils sont sûrs de ce qu'est une science ? Ou bien est-ce plutôt sur l'économie elle-même qu'ils sont d'accord ?

Cette affirmation a une réciproque qui, bien qu'elle ne soit plus uniquement sémantique, peut contribuer à mettre en évidence combien nos notions de science et de progrès sont inextricablement liées. Pendant de longs siècles, tant dans l'Antiquité qu'au début des temps modernes, la peinture a été considérée comme *la* discipline cumulative par excellence. On estimait alors que le but de l'artiste était la représentation. Les critiques et les historiens, comme Pline et Vasari, rapportaient donc avec vénération la série d'inventions, allant du raccourci au clair-obscur, qui avaient permis d'atteindre à une représentation de la nature de plus en plus parfaite [1]. Mais, en ce temps-là, et en particulier durant la Renaissance, on n'avait pas le sentiment d'une grande division entre les sciences et les arts. Léonard, comme tant d'autres, passait librement d'une spécialité à l'autre ; ce n'est que plus tard qu'elles se sont catégoriquement divisées [2]. D'ailleurs, même après l'interruption de ces échanges réguliers, le terme « art » a continué à s'appliquer à la technologie et à l'artisanat (que l'on considérait aussi comme progressifs) autant qu'à la peinture et à la sculpture. C'est seulement quand ces dernières renoncèrent sans équivoque à faire de la représentation leur but et recommencèrent à se mettre à l'école des primitifs que la séparation que nous considérons aujourd'hui comme un fait acquis prit toute son ampleur. En revanche, si de nos jours encore nous éprouvons bien des

1. E. H. Gombrich, *Art and Illusion, a study in the psychology of pictorial representation* (New York, 1960), p. 11-12.

2. *Idem*, p. 97 ; et Giorgio de Santillana « The Role of art in the scientific Renaissance » dans *Critical problems of the history of science*, éd. M. Calgett (Madison, Wis., 1959), p. 33-65.

difficultés à voir la profonde différence qui sépare la science et la technologie, sans doute est-ce en partie du fait que le progrès est un attribut évident de ces deux secteurs.

Cependant, si c'est éclaircir le problème, ce n'est pas le résoudre que de reconnaître que nous avons tendance à considérer comme science tout domaine dans lequel le progrès est net. Il nous reste à comprendre pourquoi le progrès est la caractéristique si remarquable d'une entreprise conduite avec les techniques et les objectifs que cet essai a décrits. Cette question a de multiples aspects qu'il nous faudra considérer chacun séparément. Dans tous les cas, à une exception près, la solution dépendra en partie d'un renversement de notre façon habituelle d'envisager le rapport qui lie l'activité scientifique à la communauté qui s'y livre. Il nous faudra apprendre à reconnaître comme causes ce que l'on considère généralement comme effets. Si nous y parvenons, des expressions comme « le progrès scientifique » et même « l'objectivité scientifique » nous sembleront en partie redondantes. En fait, nous venons juste de donner un exemple de l'un des aspects de cette redondance. Une spécialité progresse-t-elle parce qu'elle est une science, ou est-elle une science parce qu'elle fait des progrès ?

Nous demandant maintenant pourquoi une entreprise comme la science normale doit progresser, nous rappellerons quelques-uns de ses traits les plus caractéristiques. Normalement, les membres d'une communauté scientifique évoluée travaillent à partir d'un paradigme unique, ou d'un ensemble de paradigmes très proches. Il est très rare que deux communautés scientifiques différentes fassent des recherches dans le même domaine et, dans ces cas exceptionnels elles possèdent en commun plusieurs paradigmes majeurs. Mais du point de vue de n'importe quel groupe, qu'il s'agisse des spécialistes ou de non-spécialistes, le résultat du travail créateur réussi *est un progrès*. Comment pourrait-il en être autrement ? Nous venons, par exemple, de noter que tant que les artistes se sont fixé la représentation pour but, les critiques aussi bien que les historiens rapportaient les progrès du groupe, uni en apparence. D'autres domaines de création permettent de constater des progrès du même genre. Le théologien qui élabore le dogme ou le philosophe qui affine les impératifs kantiens contribuent au progrès, ne serait-ce qu'à celui du groupe dont il partage les prémisses. Aucune école créatrice ne reconnaît une catégorie de travail qui soit, d'une part, un succès créateur, et ne soit pas, d'autre part, une addition à l'œuvre collective du groupe. Si nous mettons en doute, comme beaucoup de gens, que les domaines non scientifiques réalisent des progrès, cela ne peut tenir au fait que les écoles particulières n'en font aucun. C'est plutôt qu'il y a toujours des écoles concurrentes dont chacune remet constamment en question les fondements mêmes des travaux des autres. Par exemple, on prétendra que la philosophie n'a pas fait de progrès puisqu'il y a encore des aristotéliciens, mais on ne dira pas que la doctrine aristotélicienne n'a pas progressé.

Mais ces mises en question du progrès ne sont pas inconnues dans le domaine des sciences. Durant toute la période antérieure à l'adoption d'un premier paradigme, quand il y a une multitude d'écoles concurrentes, les preuves de progrès, sauf à l'intérieur même des écoles, sont très difficiles à trouver. C'est la période décrite au chapitre II comme une période durant laquelle les individus ont une activité scientifique sans que leurs résultats aboutissent à la science telle que nous la concevons. De même, durant les périodes de révolution, quand les principes fondamentaux d'une spécialité sont remis en question, on met souvent en doute la possibilité même d'un progrès continu si tel ou tel des paradigmes concurrents est adopté. Ceux qui refusaient les théories de Newton proclamaient qu'admettre des forces innées ramènerait la science au Moyen Âge. Ceux qui combattaient la chimie de Lavoisier prétendaient que rejeter les « principes » chimiques en faveur d'éléments disponibles en laboratoire, c'était rejeter des explications chimiques bien au point en se réfugiant derrière un simple nom. Un sentiment semblable, quoique exprimé avec plus de modération, semble être à la base de l'opposition de Einstein, Bohm et d'autres, à l'interprétation probabiliste dominante de la mécanique quantique. Bref, c'est seulement en période de science normale que le progrès semble à la fois évident et certain. Mais, durant ces périodes, il est impossible que le groupe scientifique considère autrement le fruit de son travail.

En ce qui concerne la science normale, donc, une partie de la réponse au problème du progrès vient seulement du point de vue adopté par le spectateur. Le progrès scientifique n'est pas, par nature, différent du progrès dans les autres domaines, mais, dans la plupart des cas, l'absence d'écoles concurrentes mettant chacune en question les buts et les normes des autres rend le progrès d'un groupe adonné à la science normale bien plus facile à voir. Ce n'est là cependant qu'une partie de la réponse, certes pas la plus importante. Ainsi nous avons déjà noté qu'un groupe scientifique, une fois libéré par la possession d'un paradigme commun de la nécessité de réexaminer constamment ses premiers principes, peut se concentrer exclusivement sur les phénomènes les plus subtils et les plus ésotériques qui l'intéressent. D'où une augmentation inévitable de l'efficacité aussi bien que de la compétence avec lesquelles le groupe dans son ensemble résout les nouveaux problèmes. D'autres aspects de la vie professionnelle scientifique témoignent mieux encore de cette efficacité très spéciale.

Certains de ces aspects dérivent de l'isolement, de l'indépendance inégalée dont jouissent les groupes scientifiques évolués par rapport aux besoins des non-spécialistes et de la vie quotidienne. Cet isolement n'a jamais été complet – c'est une question de degré. Néanmoins, dans aucun autre groupe professionnel le travail créateur individuel n'est aussi exclusivement adressé aux autres membres de la profession et jugé par eux. Le poète le plus ésotérique ou le théologien le plus abstrait sont beaucoup plus concernés que le scientifique par l'approbation des non-spécialistes, bien qu'ils puissent être encore moins concernés que lui par l'approbation en général. Cette différence se révèle riche de conséquences. Justement parce qu'il travaille seulement pour un auditoire de confrères qui partagent ses valeurs et ses convictions, l'homme de science peut considérer un certain ensemble de normes comme acquis. Il n'a pas à se soucier de ce que pensera un autre groupe ou une autre école et il peut de ce fait régler un problème, puis passer au suivant, plus rapidement que ceux qui travaillent pour un groupe plus hétérogène. Plus encore, l'isolement du groupe scientifique par rapport à la société permet à chaque homme de science individuellement de concentrer son attention sur les problèmes qu'il a de bonnes raisons de se croire capable de résoudre. À la différence de l'ingénieur, de beaucoup de médecins et de la plupart des théologiens, l'homme de science n'est pas obligé de choisir tel problème parce qu'il est urgent de le résoudre et sans considérer les outils dont on dispose. De ce point de vue aussi, le contraste entre spécialistes des sciences de la nature et spécialistes des sciences sociales se révèle instructif. Ces derniers ont souvent tendance – alors que ce n'est presque jamais le cas des premiers – à défendre leur choix d'un problème de recherche – disons les effets de la discrimination raciale ou les causes du cycle commercial – par l'importance sociale de la solution recherchée. De quel groupe – scientifiques ou spécialistes des sciences sociales – peut-on donc attendre qu'il résolve les problèmes à une allure plus rapide ?

Les effets de cette position isolée de la masse de la société sont multipliés par une autre caractéristique de la communauté scientifique professionnelle : la nature de son apprentissage. En musique, dans les arts graphiques et la littérature, le spécialiste se forme par contact avec les travaux d'autres artistes, en particulier d'artistes du passé. Les manuels, à l'exception des anthologies ou des livres d'introduction à des œuvres originales, ne jouent qu'un rôle secondaire. En histoire, en philosophie et dans les sciences sociales, les manuels ont une importance plus grande. Mais l'enseignement même dans ces domaines, pendant les premières années de faculté, fait appel à des lectures parallèles de textes originaux, dont certains sont les « classiques » de la spécialité et d'autres les comptes rendus de recherches contemporaines que les spécialistes écrivent les uns pour les autres. Par conséquent, dans n'importe laquelle de ces disciplines, l'attention de l'étudiant est toujours attirée sur l'immense variété des problèmes que les membres du groupe auquel il appartiendra ont tenté de résoudre dans la suite des temps. Fait plus important encore, il a constamment devant lui diverses solutions concurrentes et incommensurables apportées à ces problèmes, solutions sur lesquelles il devra finalement lui-même porter un jugement.

Comparons cette situation avec celle des sciences de la nature, tout au moins à l'époque contemporaine. Dans ces domaines, l'étudiant se fie principalement à ses manuels, jusqu'à ce qu'il commence ses propres recherches, trois ou quatre ans après l'obtention de ses premiers diplômes. Beaucoup de programmes d'études scientifiques ne demandent même pas à leurs étudiants de deuxième cycle de lire des textes qui ne soient pas écrits spécialement pour des étudiants. Les rares programmes qui comportent des lectures d'articles de recherche et de monographies concernent les cours les plus avancés et, d'une manière ou d'une autre, il s'agit de textes qui prennent la relève des manuels. Jusqu'aux stades vraiment ultimes de la formation d'un homme de science, les manuels sont substitués systématiquement à la littérature scientifique créatrice dont ils dérivent. Étant donné que c'est leur confiance dans leurs paradigmes qui rend possible cette technique pédagogique, peu de scientifiques accepteraient de la modifier. Pourquoi, après tout, l'étudiant en physique devrait-il lire les œuvres de Newton, Faraday, Einstein ou Schrödinger, alors que tout ce qu'il doit savoir sur ces travaux est récapitulé sous une forme beaucoup plus courte, plus précise et plus systématique dans un certain nombre de manuels modernes ?

Sans chercher à défendre les excès auxquels a parfois abouti ce type d'enseignement, qui ne reconnaîtrait qu'en général il a été extrêmement efficace ? Évidemment cette formation est étroite et rigide, plus sans doute que n'importe quelle autre, à l'exception peut-être de la théologie orthodoxe. Mais pour le travail scientifique normal, pour la résolution des énigmes dans le cadre de la tradition définie par le manuel, l'homme de science est presque parfaitement équipé. Et il est également bien équipé pour une autre tâche – celle de faire naître, par l'intermédiaire de la science normale, des crises qui ont un sens. Quand celles-ci se produisent, la formation de l'homme de science est évidemment moins adéquate. Même si les crises prolongées ont pour effet probable de rendre cet enseignement moins rigide, l'apprentissage scientifique n'est pas conçu pour produire l'homme qui découvrira facilement une nouvelle manière d'aborder les problèmes. Mais tant qu'il se trouve quelqu'un pour apporter un nouveau paradigme – d'ordinaire un homme jeune ou nouveau venu dans la spécialité –, les inconvénients de la rigidité ne touchent que l'individu. Avec une génération pour réaliser le changement, la rigidité des individus est compatible avec une communauté qui peut passer d'un paradigme à l'autre lorsque la situation le requiert. C'est cette rigidité même qui fournit au groupe un indicateur sensible prouvant que quelque chose ne va plus.

Dans son état normal, un groupe scientifique est donc un instrument extrêmement efficace pour résoudre les problèmes ou les énigmes que définissent ses paradigmes. Et le résultat de cette efficacité doit inévitablement être un progrès. Ce point est hors de doute. Il ne fait cependant que souligner le second aspect du problème du progrès dans les sciences, celui des progrès réalisés grâce à la science extraordinaire. Pourquoi le progrès est-il en apparence un phénomène universellement concomitant des révolutions scientifiques ? Cette fois encore, il est très instructif de nous demander si le résultat d'une révolution pourrait être quelque chose d'autre. Celle-ci se termine toujours par la victoire totale de l'un des deux camps opposés. Quel groupe dira jamais que le résultat de sa victoire n'a pas été vraiment un progrès ? Ce serait pour ainsi dire admettre qu'il avait tort et ses adversaires raison. Pour lui, tout au moins, il faut que le résultat de la révolution soit un progrès, et il est dans une excellente situation pour s'assurer que les futurs membres du groupe verront sous ce jour l'histoire de leur passé. Le chapitre X a décrit en détail les techniques pédagogiques qui assurent cet objectif, et nous sommes revenus il y a un instant sur un autre aspect très proche de la vie scientifique professionnelle. Quand il répudie un paradigme passé, le groupe scientifique renonce simultanément à la plupart des livres et articles fondés sur ce paradigme et qui ne sont plus pour les spécialistes des références valables. Il n'y a rien dans la formation scientifique qui soit l'équivalent du musée artistique ou de la bibliothèque de classiques, et il en résulte une distorsion parfois drastique de la perception que les scientifiques ont du passé de leur discipline. Plus que les spécialistes des autres domaines de création, ils en arrivent à croire que le passé débouche en ligne droite sur l'état actuel privilégié avancé de leur discipline. Bref, que ce passé est un progrès. Tant qu'ils restent dans la même spécialité, ils n'ont pas le choix.

Ces remarques vont inévitablement suggérer que le membre d'un groupe scientifique évolué est, comme le personnage typique de *1984* de George Orwell, victime d'une histoire récrite par les autorités constituées, suggestion qui d'ailleurs n'est pas absolument aberrante. Le bilan d'une révolution scientifique comporte des pertes aussi bien que des gains, et les scientifiques ont tendance à se montrer particulièrement aveugles à l'égard des premières [1]. Mais aucune explication des progrès attribuables aux révolutions ne peut s'arrêter là. Ce serait sous-entendre que, dans le développement scientifique, la force fait droit, expression qui, elle non plus, ne serait pas entièrement fausse si elle ne masquait pas la nature du processus par lequel un choix s'effectue entre des paradigmes et de l'autorité qui y préside. Si l'autorité seule, et en particulier une autorité non professionnelle, était l'arbitre des discussions sur les paradigmes, le résultat de ces discussions pourrait encore être une révolution, mais non plus une révolution *scientifique*. L'existence même de la science dépend du fait que le pouvoir de choisir entre des paradigmes est remis aux membres d'une communauté spéciale. À quel point cette communauté doit être spéciale pour que la science survive et se développe, on le mesure peut-être en considérant combien les liens de l'humanité avec l'entreprise scientifique sont ténus. Toutes les civilisations que nous connaissons par la reconstruction historique ont possédé une technologie, un art, une religion, un système politique, des lois, etc., bien souvent aussi développés que les nôtres. Mais seules les civilisations qui sont filles de la Grèce hellénique ont possédé autre chose qu'une science extrêmement rudimentaire. Toute la masse des connaissances

1. Les historiens des sciences rencontrent souvent ce genre d'aveuglement sous une forme particulièrement frappante. Parmi les divers groupes d'étudiants, ceux qui ont une formation scientifique sont très souvent les plus valorisants. Mais ce sont aussi généralement les groupes les plus agaçants au départ. Parce que les étudiants de science « connaissent la réponse juste », il est particulièrement difficile de leur faire analyser une science plus ancienne en ses propres termes.

scientifiques est le produit de l'Europe durant les quatre derniers siècles. Nul autre lieu, nulle autre époque n'ont permis l'existence de ces communautés très spéciales dont provient la productivité scientifique.

Quelles sont les caractéristiques essentielles de ces groupes ? Il est évident qu'elles mériteraient une étude infiniment plus vaste. Pour le moment, seules sont possibles des généralisations très problématiques. Néanmoins, certaines conditions nécessaires pour devenir membre d'un groupe scientifique sont déjà parfaitement claires. L'homme de science doit ainsi s'occuper de résoudre des problèmes concernant le comportement de la nature. De plus, bien que son intérêt à l'égard de la nature puisse être global par sa portée, les problèmes sur lesquels il travaille doivent être des problèmes de détail. Fait plus important, les solutions qui le satisfont ne doivent pas être uniquement personnelles ; il faut qu'elles soient acceptées par un groupe nombreux. Ce groupe ne peut cependant pas être tiré au hasard de la société dans son ensemble, c'est plutôt le cercle bien défini des spécialistes ayant la même activité professionnelle. L'une des règles les plus strictes, quoique non écrite, de la vie scientifique est l'interdiction de faire appel, en matière de science, aux chefs d'État ou à la masse du public. La reconnaissance de l'existence d'un groupe professionnel seul compétent et accepté comme arbitre exclusif des réalisations professionnelles a d'autres conséquences. Les membres du groupe, en tant qu'individus et en vertu de leur formation et de leur expérience commune, doivent être considérés comme les seuls connaisseurs des règles du jeu ou d'un critère équivalent de jugement sans équivoque. Douter de ces critères communs d'évaluation reviendrait à admettre l'existence de critères incompatibles de la réussite scientifique. Ce qui soulèverait inévitablement la question de l'unité de la vérité dans la science.

Cette petite liste des caractéristiques communes aux groupes scientifiques a été tirée entièrement de la pratique de la science normale, comme il se devait, puisque c'est l'activité en vue de laquelle l'homme de science est généralement formé. Notons, cependant, qu'en dépit de sa brièveté cette liste est déjà suffisante pour séparer les groupes de ce genre de tous les autres groupes professionnels. D'autre part, bien que tirée de la science normale, elle explique nombre de réactions caractéristiques du groupe durant les révolutions, et en particulier durant les débats sur les paradigmes. Nous avons déjà observé qu'un groupe de ce genre doit considérer un changement de paradigme comme un progrès. Nous pouvons maintenant constater que cette manière de voir les choses, à bien des égards, favorise les circonstances qui le rendront vrai. Le groupe scientifique est un instrument remarquablement efficace pour porter à leur maximum le nombre et la précision des problèmes résolus par le changement de paradigme.

Puisque, dans l'ordre de la réussite scientifique, le problème résolu est l'unité de base et que le groupe sait bien quels problèmes ont déjà été résolus, peu de scientifiques se laisseront facilement persuader d'adopter un point de vue qui remet en question nombre de problèmes préalablement résolus. Il faut d'abord que la nature elle-même mine insidieusement cette sécurité professionnelle en faisant paraître problématiques les performances antérieures ; puis qu'un nouveau candidat paradigme fasse son apparition. Mais même alors les scientifiques resteront réticents tant qu'ils ne seront pas convaincus que deux conditions primordiales sont remplies. Tout d'abord, le nouveau candidat doit sembler résoudre un problème primordial, reconnu comme tel, et qu'on n'a pu aborder d'aucune autre manière. En second lieu, le nouveau paradigme doit promettre de préserver une part relativement large des possibilités concrètes de résolution des problèmes que la science avait conquises grâce aux paradigmes antérieurs. La nouveauté en soi n'est pas souhaitable dans les sciences comme elle l'est dans tant d'autres domaines créateurs. Par conséquent, bien que les nouveaux paradigmes possèdent rarement, ou ne possèdent jamais, toutes les possibilités de leur prédécesseur, ils conservent généralement, dans une large mesure, ce que les performances passées avaient de plus concret et permettent toujours la solution de problèmes concrets supplémentaires.

Je ne veux pas dire par là que les possibilités de résolution des problèmes soient l'élément unique, ou un élément sans équivoque, intervenant dans le choix des paradigmes. Nous avons déjà noté plusieurs raisons qui interdisent un critère de ce genre. Mais on peut penser qu'un groupe de spécialistes des sciences fera tout ce qu'il pourra pour assurer la croissance continue des données rassemblées, qu'il peut traiter avec précision et en détail. Au cours de ces processus, il y aura quelques pertes. D'anciens problèmes devront être expulsés. En plus, la révolution réduit fréquemment l'étendue des phénomènes qui concernent le groupe, augmente son degré de spécialisation et diminue les communications possibles avec d'autres groupes, tant scientifiques que non scientifiques. Si la science croît certainement en profondeur, elle ne croît pas nécessairement en étendue ; ou, si elle le fait, cette extension se manifeste par la prolifération de nouvelles spécialités scientifiques, plutôt que par la portée d'une seule. Cependant, quelles que soient les pertes qu'enregistre tel ou tel groupe particulier, la nature de ces groupes garantit virtuellement la croissance indéfinie de la liste des problèmes résolus par la science et aussi la précision des solutions. Tout au moins, si garantie on peut avoir, la nature du groupe en fournit la meilleure possible. Quel meilleur critère pourrait-il y avoir que la décision du groupe scientifique ?

Ces derniers paragraphes indiquent dans quelles directions, me semble-t-il, on devrait chercher une solution plus précise du problème du progrès dans les sciences. Peut-être le progrès scientifique n'est-il pas exactement ce que nous avions cru. Mais un certain genre de progrès caractérisera inévitablement l'entreprise scientifique, tant qu'elle survit. Et des progrès d'un autre genre ne sont pas nécessaires à la science. Pour être plus précis, disons que nous devrons peut-être abandonner la notion, explicite ou implicite, selon laquelle les changements de paradigmes amènent les scientifiques, et ceux qui s'instruisent auprès d'eux, de plus en plus près de la vérité.

Il est temps de remarquer que, jusqu'aux toutes dernières pages de cet essai, le terme *vérité* n'a figuré que dans une citation de Francis Bacon. Et même dans ces pages, il n'apparaît que parce qu'il est la source de la conviction de l'homme de science que des règles incompatibles ne peuvent pas coexister dans la pratique des sciences, sauf durant les révolutions où la tâche principale du groupe est de les éliminer toutes, sauf une. Le processus de développement décrit dans cet essai est un processus d'évolution *à partir* d'une origine primitive

– processus dont les stades successifs sont caractérisés par une compréhension de plus en plus détaillée et précise de la nature. Mais rien de ce qui a été dit ou de ce qui sera dit n'en fait un processus d'évolution *vers* quoi que ce soit. Cette lacune aura inévitablement gêné de nombreux lecteurs. Nous sommes tous profondément habitués à voir la science comme la seule entreprise qui se rapproche toujours plus d'un certain but fixé d'avance par la nature.

Mais ce but est-il nécessaire ? Ne pouvons-nous pas rendre compte de l'existence de la science comme de son succès en termes d'évolution, à partir de l'état des connaissances du groupe à n'importe quel moment ? Est-il vraiment utile d'imaginer qu'il y a une manière complète, objective et vraie de voir la nature, le critère approprié de la réussite scientifique étant la mesure dans laquelle elle nous rapproche de ce but ultime ? Si nous pouvions apprendre à substituer l'évolution-à-partir-de-ce-que-nous-savons à l'évolution-vers-ce-que-nous-désirons-savoir, un certain nombre de problèmes agaçants disparaîtraient chemin faisant. Quelque part dans ce labyrinthe, par exemple, doit se situer le problème de l'induction.

Je ne peux pas encore préciser dans leur détail les conséquences de cette conception différente du progrès scientifique. Mais le problème s'éclaire lorsqu'on s'aperçoit que cette transposition de concepts que nous jugeons recommandable est très proche d'une autre à laquelle s'est livré l'Occident, il y a juste un siècle. D'autant que, dans les deux cas, le principal obstacle à la transposition est le même. Lorsque Darwin publia pour la première fois sa théorie de l'évolution par sélection naturelle, en 1859, ce qui préoccupa le plus grand nombre de spécialistes, ce ne fut ni la notion de changement d'espèces ni le fait que l'homme descendait peut-être du singe. Les preuves en faveur de l'évolution, y compris l'évolution de l'homme, s'étaient accumulées depuis des dizaines d'années, et l'idée d'évolution avait déjà été suggérée et largement répandue. Bien que l'évolution en tant que telle ait effectivement rencontré une résistance, en particulier de la part de certains milieux religieux, ce n'est certainement pas la plus grande des difficultés auxquelles se heurtèrent les darwiniens. Celle-ci naquit d'une idée qui était plus particulièrement propre à Darwin. Toutes les théories évolutionnistes pré-darwiniennes bien connues – celles de Lamarck, Chambers, Spencer, et des *Naturphilosophen* allemands – avaient considéré l'évolution comme un processus dirigé vers un but. L'« idée » de l'homme, de la flore et de la faune contemporaines avait été présente, croyait-on, dès la première création de la vie, peut-être dans l'esprit de Dieu. Cette idée, ou ce plan, avait fourni la direction et la force qui avaient guidé le processus évolutif tout entier. Chaque nouveau stade du développement évolutif était une réalisation plus parfaite d'un plan présent dès l'origine [1].

Pour beaucoup d'hommes, l'abolition de ce genre d'évolution téléologique fut la plus importante et la moins acceptable des suggestions de Darwin [2]. L'*Origine des espèces* ne reconnaissait aucun but fixé par Dieu ou

1. Loren Eiseley, *Darwin's century : Evolution and the men who discovered it* (New York, 1958), chap. II, IV-V.

2. On trouvera un récit particulièrement précis de la lutte menée par un éminent darwinien à propos de ce problème dans le livre de A. Hunter Dupree, *Asa Gray, 1810-1888* (Cambridge, Mass., 1959), p. 295-306, 355-383.

par la nature. À sa place, la sélection naturelle, opérant dans un environnement donné et avec les organismes réels effectivement disponibles, était responsable de l'apparition graduelle, mais régulière, d'organismes plus compliqués, plus articulés et beaucoup plus spécialisés. Même des organes aussi merveilleusement adaptés que l'œil et la main de l'homme – organes dont la structure avait jusque-là fourni de puissants arguments en faveur de l'existence d'un suprême horloger et d'un plan préétabli – étaient les résultats d'un processus qui avançait régulièrement *à partir* d'une origine primitive, mais *vers* aucun but. L'idée que la sélection naturelle, résultant de la simple compétition entre les organismes pour survivre, avait pu produire l'homme aussi bien que les animaux supérieurs et les plantes était l'aspect le plus difficile à admettre et le plus troublant de la théorie de Darwin. En l'absence d'un but précis, que pouvaient signifier les mots « évolution », « développement » et « progrès » ? Aux yeux de beaucoup de gens, ces termes parurent soudain contradictoires.

Il serait facile de pousser plus loin l'analogie entre l'évolution des organismes et celle des idées scientifiques. Mais en ce qui concerne les problèmes soulevés par ce chapitre de conclusion, elle est presque parfaite. Le processus décrit au chapitre XI comme la résorption des révolutions est la sélection par conflit, à l'intérieur du groupe scientifique, de la meilleure façon d'aborder la science future. Le résultat net d'une succession de ces sélections révolutionnaires, séparées par des périodes de recherche normale, est l'ensemble d'instruments remarquablement adaptés que nous appelons la connaissance scientifique moderne. Les stades successifs de ce processus de développement sont marqués par une augmentation de l'élaboration et de la spécialisation. Et le processus tout entier a pu se dérouler, comme nous le supposons pour l'évolution biologique, sans orientation vers un but précis, vers une vérité scientifique fixée et permanente dont chaque stade du développement de la connaissance scientifique serait un meilleur exemplaire.

Le lecteur qui aura suivi jusqu'ici cette discussion éprouvera néanmoins la nécessité de demander pourquoi le processus évolutif doit fonctionner. Comment doit être la nature, l'homme y compris, pour que la science soit possible ? Pourquoi les groupes scientifiques peuvent-ils parvenir à une unanimité solide, impossible à réaliser dans d'autres domaines ? Comment se fait-il que cette unanimité survive après un changement de paradigme ? Et comment se fait-il qu'un changement de paradigme produise toujours un instrument plus parfait, en quelque sens, que ceux que l'on connaissait auparavant ? À un certain point de vue, ces questions, excepté la première, ont déjà reçu une réponse. Mais à un autre point de vue, la discussion est aussi ouverte que lorsque cet essai a débuté. Ce n'est pas seulement le groupe scientifique qui doit être particulier. Le monde dont ce groupe fait partie doit aussi posséder des caractéristiques assez spéciales, et nous ne sommes pas plus près que nous ne l'étions au début de savoir ce qu'elles doivent être. Ce problème – comment doit être le monde pour que l'homme puisse le connaître ? – n'a pas cependant été créé par cet essai. Il est au contraire aussi vieux que la science elle-même et il reste sans réponse. Mais il n'est pas nécessaire d'y répondre ici. Toute conception de la nature compatible avec l'idée que la science se développe en se fondant sur des preuves est compatible avec la conception évolutionniste de la science développée ici. Puisque cette conception est aussi compatible avec une observation attentive de la vie scientifique, il y a des raisons valables de l'employer dans les tentatives de résolution de la multitude de problèmes qui restent encore posés.

Postface – 1969

Il y a maintenant presque sept ans que ce livre a été publié pour la première fois [1]. Dans l'intervalle, grâce aux réactions de la critique et à mon travail personnel, je suis parvenu à mieux comprendre certains des problèmes qu'il soulève. Pour les problèmes fondamentaux, mon point de vue est resté pratiquement le même, mais je reconnais maintenant qu'il y avait dans ma manière de les présenter certains aspects qui faisaient naître des difficultés et des malentendus inutiles. Puisque certains de ces malentendus ont été aussi les miens, je pense en les éliminant pouvoir gagner du terrain qui me fournira un jour les bases d'une nouvelle version de ce livre [2]. En attendant cette version définitive, je saisis l'occasion

1. Ce post-scriptum a été écrit sur la suggestion de celui qui fut jadis mon étudiant et est resté mon ami, le docteur Shigeru Nakayama de l'université de Tokyo, afin de pouvoir être incorporé à la traduction japonaise de ce livre. Je lui suis reconnaissant de cette idée, de la patience avec laquelle il en a attendu la réalisation et de la permission de l'inclure dans l'édition de langue anglaise.

2. Je n'ai pas tenté, pour cette édition, de récrire entièrement ce livre. J'ai limité les corrections à quelques erreurs typographiques, plus deux passages qui contenaient des erreurs isolables. L'un concerne la description du rôle des *Principia* de Newton dans le développement de la mécanique au XVIIIe siècle, l'autre concerne la réponse aux crises.

d'indiquer schématiquement des révisions nécessaires, de répondre à certaines des critiques les plus fréquentes et d'indiquer les directions dans lesquelles mes réflexions se développent actuellement [1].

Parmi les difficultés majeures de mon texte original, plusieurs ont leur origine dans le concept de *paradigme*, et c'est par là que j'entamerai la discussion [2]. Je suggère donc, dans la première partie de ce chapitre, qu'il serait souhaitable de dégager ce concept de la notion de communauté scientifique, j'indique comment cela pourrait se faire et j'analyse quelques-unes des conséquences importantes de cette séparation analytique. J'envisage ensuite ce qui se passe quand on recherche les paradigmes en examinant le comportement des membres d'une communauté scientifique *préalablement déterminée.* Il apparaît ainsi rapidement que, dans une grande partie du livre, le terme *paradigme* est utilisé dans deux sens différents. D'une part, il représente tout l'ensemble de croyances, de valeurs reconnues et de techniques qui sont

---

1. On trouvera d'autres indications dans deux articles récents que j'ai publiés : « Reflections on my critics », dans le livre édité par Imre Lakatos et Alan Musgrave : *Criticism and the growth of knowledge* (Cambridge, 1970) ; et « Second thoughts on paradigms », dans le livre édité par Frederick Suppe : *The Structure of scientific theories* (Urbana, Ill., 1970 ou 1971). Tous deux sont actuellement sous presse. Je citerai dorénavant le premier de ces articles sous le titre de « Reflections » et le volume dans lequel il paraît sous le titre *Growth of knowledge* ; je mentionnerai le second sous le titre de « Second thoughts ».

2. On trouvera une critique particulièrement valable de ma présentation initiale de la notion de paradigme dans l'article de Margaret Masterman, « The Nature of a paradigm », dans *Growth of knowledge*, et dans celui de Dudley Shapere, « The Structure of scientific revolutions », *Philosophical review*, LXXIII (1964), p. 383-394.

communes aux membres d'un groupe donné. D'autre part, il dénote un élément isolé de cet ensemble : les solutions concrètes d'énigmes qui, employées comme modèles ou exemples, peuvent remplacer les règles explicites en tant que bases de solutions pour les énigmes qui subsistent dans la science normale. Le premier sens du terme, que l'on peut appeler son sens sociologique, fait l'objet de la deuxième partie de ce chapitre ; la troisième partie est consacrée aux paradigmes en tant qu'accomplissements passés pouvant servir d'exemples.

Sur le plan philosophique tout au moins, ce second sens du terme *paradigme* est le plus profond des deux, et ce qu'il m'a entraîné à prétendre est la principale source de controverses et de malentendus que ce livre a fait naître, plus particulièrement de l'accusation selon laquelle je transforme la science en une entreprise subjective et irrationnelle. Ces problèmes sont étudiés dans la quatrième et la cinquième partie de ce chapitre. La première insiste sur le fait que des termes comme *subjectif* et *intuitif* ne peuvent s'appliquer à bon escient aux éléments composants d'un savoir dont j'ai montré qu'ils étaient tacitement enchâssés dans les exemples partagés par les membres du groupe. Bien qu'une connaissance de ce genre ne puisse, sans des changements essentiels, être traduite en termes de règles et de critères, elle est néanmoins systématique, elle a fait ses preuves dans le temps et elle est en un certain sens corrigible. La cinquième partie de ce chapitre applique cet argument au problème du choix entre deux théories incompatibles, pour recommander ensuite que les hommes qui soutiennent des points de vue incommensurables soient considérés comme membres de diverses communautés linguistiques et que leurs problèmes de communication doivent être étudiés sous l'angle du problème de la traduction. Trois autres problèmes sont finalement abordés dans la sixième et la septième partie qui servent de conclusion au chapitre. La première répond à l'accusation, dont ce livre a été l'objet, de présenter de la science une conception totalement relativiste. La seconde cherche d'abord à savoir si mon argumentation souffre vraiment, comme on l'a dit, d'une confusion entre les modes descriptif et normatif. Elle se termine par de brèves remarques sur un problème qui demanderait un livre à lui tout seul : dans quelle mesure les principales thèses de ce livre peuvent-elles s'appliquer à d'autres domaines que la science ?

1. Les paradigmes et la structure de communauté

Dès les premières pages de ce livre, nous avons rencontré le terme *paradigme*, et le mode de présentation de ce mot a été intrinsèquement circulaire. Un paradigme est ce que les membres d'une communauté scientifique possèdent en commun, *et*, réciproquement, une communauté scientifique se compose d'hommes qui se réfèrent au même paradigme. Tous les cercles ne sont pas vicieux (plus loin, dans cette postface, je défendrai un argument de structure similaire), mais celui-ci est vraiment une source de difficultés. Les communautés scientifiques peuvent et doivent être isolées sans recours préalable à des paradigmes ; ceux-ci peuvent être découverts ensuite par l'examen détaillé du comportement des membres d'une communauté donnée. Si je devais récrire ce livre, il commencerait donc par une étude de la structure de communauté du monde scientifique. C'est un sujet qui a récemment pris une place importante parmi les problèmes de la recherche sociologique et que les historiens des sciences commencent aussi à envisager sérieusement. Les résultats préliminaires, dont beaucoup n'ont pas encore été publiés, laissent supposer qu'il faudra pour cette recherche des techniques plus évoluées, mais que certaines sont déjà disponibles, alors que d'autres sont en train de se constituer [1]. La plupart des praticiens de la science répondent immédiatement à des questions concernant leurs affiliations à des groupes prenant pour acquis que les diverses spécialités existantes sont chacune sous la responsabilité de groupes dont la nature est au moins approximativement déterminée. Je vais supposer ici que l'on trouvera des moyens plus systématiques de les identifier. Au lieu de présenter les résultats préliminaires de ces recherches, je préfère donc préciser brièvement la notion intuitive de groupe qui sert de fondement à une grande partie des chapitres précédents de ce livre. C'est une notion qui est généralement partagée par des scientifiques, des sociologues et bon nombre d'historiens des sciences.

Selon ce point de vue, une communauté scientifique se compose de ceux qui pratiquent une certaine spécialité

1. W. O. Hagstrom, *The Scientific community* (New York, 1965), chap. IV et V. D. J. Price et D. de B. Beaver, « Collaboration in an invisible college », *American psychologist*, XXI (1966), p. 1011-1018 ; Diana Crane, « Social structure in a group of scientists : a test of the "Invisible College" hypothesis », *American sociological review*, XXXIV (1969), p. 335-352 ; N. C. Mullins, *Social networks among biological scientists* (Ph. D. diss. Harvard University, 1966) et « The Microstructure of an invisible college : the phage group », communication faite à une réunion annuelle de l'American Sociological Association, Boston, 1968.

scientifique. Tous ont eu une formation et une initiation professionnelles semblables, à un degré inégalé dans la plupart des autres disciplines. Ce faisant, ils ont assimilé la même littérature technique et en ont retiré dans l'ensemble le même enseignement. Les limites de cette littérature standard marquent habituellement les limites d'un domaine scientifique, et chaque communauté a d'ordinaire son domaine propre. Il y a en science des écoles, c'est-à-dire des groupes qui abordent le même sujet avec des points de vue incompatibles. Mais elles sont beaucoup plus rares dans ce domaine que dans les autres. Elles sont toujours en compétition et cette compétition se termine en général rapidement. Il en résulte que les membres d'un groupe scientifique se considèrent, et sont considérés par les autres, comme les seuls responsables de la poursuite d'un ensemble d'objectifs qui leur sont communs et qui englobent la formation de leurs successeurs. Au sein de tels groupes, la communication est généralement complète et les avis relativement unanimes sur le plan professionnel. En revanche, étant donné que l'attention de groupes différents est centrée sur des questions différentes, la communication professionnelle d'un groupe à l'autre est souvent difficile, aboutit souvent à des malentendus et même, si elle se poursuit, à des désaccords importants et insoupçonnés jusque-là.

Il existe, bien sûr, des communautés de ce genre à de nombreux niveaux. Le groupe le plus vaste est constitué par tous ceux qui pratiquent les sciences de la nature. À un niveau à peine moins élevé, les principales disciplines scientifiques sont des communautés : physiciens, chimistes, astronomes, zoologistes, etc. L'appartenance à ces groupes majeurs est clairement établie, sauf pour les cas limites. Certains critères, tels que la nature du plus haut diplôme obtenu, l'appartenance à des sociétés de spécialistes ou le fait de lire certains périodiques, sont généralement plus que suffisants pour la préciser. Des techniques similaires permettant d'isoler des sous-groupes majeurs : spécialistes de chimie organique (et peut-être, parmi eux, les spécialistes de la chimie des protéines), spécialistes de la physique du solide et des hautes énergies, radio-astronomes, etc. C'est seulement au niveau immédiatement inférieur que les problèmes empiriques apparaissent. Pour prendre un exemple contemporain, comment, avant sa reconnaissance publique, aurait-on isolé le groupe des spécialistes du bactériophage ? Pour répondre à une question de ce genre, il faut se fonder sur la présence aux conférences spécialisées, sur la circulation des manuscrits ou des épreuves d'articles avant leur publication, et surtout sur les réseaux de communication officiels et officieux, y compris ceux que l'on découvre dans la correspondance et dans les liens révélés par les citations [1]. Je suis certain que ce travail peut être fait et le sera, tout au moins pour le monde contemporain et les périodes historiques les plus rapprochées. En moyenne, ces procédés permettent de délimiter des groupes d'une centaine de membres, parfois beaucoup moins. Des individus, en particulier les plus doués, appartiennent en général à plusieurs de ces groupes, simultanément ou successivement.

1. Eugene Garfield, *The Use of citation data in writing the history of science* (Philadelphie : Institute of Scientific Information, 1964) ; M. M. Kessler, « Comparisons of the results of bibliographic coupling and analytic subject indexing », American documentation, XVI (1965), p. 223-233 ; D. J. Price, « Networks of scientific papers », *Science*, CIL (1965), p. 510-515.

Les groupes de ce genre sont les unités où est produite et validée la connaissance scientifique, comme l'a montré ce livre. Les paradigmes sont ce que possèdent en commun les membres de tels groupes. De nombreux aspects de la science, telle qu'elle est décrite dans les pages précédentes, peuvent difficilement se comprendre sans référence à la nature de ces éléments communs au groupe. Mais d'autres le peuvent, bien qu'ils ne soient pas présentés indépendamment dans mon texte original. Il vaut donc la peine de noter, avant de nous tourner directement vers les paradigmes, une série de problèmes qui n'exigent de se référer qu'à la seule structure du groupe.

Le plus frappant est probablement ce que j'ai appelé précédemment la transition de la période préparadigmatique à la période postparadigmatique, au cours du développement d'une spécialité scientifique. Cette transition est celle que j'ai décrite dans le chapitre I. Avant elle, un certain nombre d'écoles se disputent la domination d'un certain secteur ; après elle, et en conséquence d'une réussite scientifique notoire, le nombre des écoles est considérablement réduit, à une seule en général, et on voit s'instaurer un mode de travail scientifique plus efficace. Ce dernier est généralement ésotérique et orienté vers la résolution des énigmes ; en effet, le travail d'un groupe ne peut se situer à ce niveau que si ses membres considèrent comme certaines les bases de leurs connaissances scientifiques.

La nature de ce passage à la maturité mériterait d'être étudiée plus complètement qu'elle ne l'a été dans ce livre, en particulier par ceux qui s'intéressent au développement des sciences sociales contemporaines. En ce sens, il peut être utile de remarquer que ce passage n'est pas nécessairement (je dirais même maintenant : ne devrait pas) associé à la première acquisition d'un paradigme. Les membres de tous les groupes scientifiques, y compris les écoles de la période *préparadigmatique*, possèdent en commun le genre d'éléments auxquels j'ai donné le nom collectif de *paradigme*. Ce qui change quand le groupe arrive à maturité, ce n'est pas la présence du paradigme, mais plutôt sa nature. C'est alors seulement que l'activité normale de résolution des énigmes devient possible. Parmi les attributs d'une science évoluée que j'ai précédemment mis en rapport avec l'acquisition d'un paradigme, il en est donc beaucoup que je préférerais considérer maintenant comme les conséquences de l'acquisition d'un paradigme permettant d'identifier les énigmes stimulantes, fournissant des éléments de solution, et garantissant que le spécialiste vraiment intelligent réussira. Seuls ceux qui ont été encouragés par le fait de savoir que leur spécialité ou leur école possède des paradigmes risquent de trouver que ce changement comporte un sacrifice important.

Un second problème, plus important, tout au moins pour les historiens, est posé par l'identification implicite terme à terme que ce livre établit entre les groupes et les disciplines scientifiques. C'est-à-dire que j'ai souvent agi comme si, par exemple, l'« optique physique », l'« électricité » ou la « chaleur » devaient désigner des groupes scientifiques parce que ces termes désignent des sujets de recherche. La seule autre interprétation possible que mon texte semblait permettre est que tous ces sujets ont appartenu au groupe de la physique. Les identifications de ce genre ne résistent généralement pas à l'examen, comme mes collègues historiens me l'ont à plusieurs reprises fait remarquer. Il n'y avait, par exemple, pas de groupe de la physique avant le milieu du XIXe siècle ; ce groupe s'est alors formé par la fusion d'éléments provenant de deux groupes jusque-là séparés, les mathématiques et la physique expérimentale. Ce qui aujourd'hui est le sujet d'étude d'un seul vaste groupe était jadis distribué autrement, parmi divers groupes. D'autres sujets de recherche plus restreints, par exemple la chaleur et la théorie de la matière, ont existé pendant de longues périodes sans devenir la province particulière d'aucun groupe scientifique. Toutefois, la science normale et les révolutions qui s'y produisent sont fondées sur l'existence de ces groupes. Pour les découvrir et les analyser, il faut d'abord élucider la structure changeante des groupes scientifiques, au cours des temps. Au premier chef, un paradigme régit non un domaine scientifique, mais un groupe de savants. Toute étude d'une recherche dirigée par un paradigme, ou aboutissant à l'écroulement d'un paradigme, doit commencer par localiser le ou les groupes responsables.

Quand on aborde ainsi l'analyse du développement scientifique, il y a des chances de voir disparaître certaines des difficultés sur lesquelles se sont concentrées les critiques. Bon nombre de mes lecteurs ont ainsi utilisé l'exemple de la théorie de la matière pour montrer que j'exagère beaucoup l'unanimité des scientifiques dans leur adhésion à un paradigme. Ils font remarquer que, jusqu'à une époque relativement récente, ces théories ont été des sujets de désaccord et de discussion continuels. J'en conviens, mais je ne pense pas qu'il faille voir là un contre-exemple valable. Les théories de la matière, tout au moins jusque vers 1920, n'étaient le domaine spécial ou le sujet d'étude d'aucun groupe scientifique. Au contraire, elles servaient d'outils à bon nombre de groupes divers de spécialistes scientifiques. Les membres de groupes différents choisissaient parfois des outils différents et critiquaient le choix fait par les autres. Fait encore plus important, une théorie de la matière n'est pas le genre de sujet sur lequel les membres d'un groupe donné doivent nécessairement être d'accord. La nécessité de cet accord dépend de ce que fait le groupe. La chimie, dans la première moitié du XIXe siècle, en fournit un exemple. Bien que plusieurs des outils fondamentaux du groupe – les proportions constantes, les proportions multiples et la loi des nombres proportionnels – soient devenus la propriété commune des chercheurs à la suite de la théorie atomique de Dalton, il restait tout à fait possible pour les chimistes, après ces découvertes, de fonder leurs travaux sur l'utilisation de ces outils et de refuser, parfois avec véhémence, leur adhésion à l'existence des atomes.

Je pense que d'autres difficultés et malentendus se dissiperont de la même manière. En partie à cause des exemples que j'avais choisis et en partie parce que je n'avais pas assez précisé la nature et la taille des groupes en question, quelques lecteurs ont conclu que je m'intéressais avant tout ou exclusivement aux révolutions les plus importantes, par exemple celles qui sont associées aux noms de Copernic, Newton, Darwin et Einstein. En délimitant plus clairement la structure du groupe, il devrait être possible de faire valoir l'impression assez différente que j'ai essayé de créer. Pour moi, une révolution est un changement particulier, impliquant une certaine réorganisation des choix effectués par le groupe. Mais ce n'est pas forcément un changement majeur et il n'est pas nécessaire qu'il paraisse révolutionnaire à des chercheurs extérieurs à cette communauté, se composant peut-être de moins de vingt-cinq personnes. C'est justement parce que ce type de changement, rarement isolé et étudié jusqu'ici en philosophie des sciences, se produit si régulièrement à cette échelle réduite qu'il est tellement nécessaire de comprendre les changements révolutionnaires, par opposition aux changements cumulatifs.

Une dernière précision, très proche de la précédente, facilitera peut-être la compréhension de ce fait. Un certain nombre de critiques ont mis en doute le fait que la crise, l'impression générale que quelque chose ne va plus, précède les révolutions aussi invariablement que je l'ai donné à penser dans mon texte original. Il n'est cependant pas important pour mon argumentation que les crises soient des conditions préalables indispensables aux révolutions. Il suffit qu'elles en soient le prélude habituel et fournissent, pour ainsi dire, un mécanisme autocorrecteur permettant que la rigidité de la science normale ne persiste pas indéfiniment sans opposition. Il est également possible que les révolutions se produisent différemment, mais je pense que cela est rare. Pour finir, je voudrais souligner ce que l'absence d'étude correcte de la structure du groupe a caché jusqu'ici : les crises ne sont pas obligatoirement causées par les travaux du groupe qui les subit et qui traverse parfois ensuite une révolution. De nouveaux instruments, comme le microscope électronique, ou de nouvelles lois, comme celles de Maxwell, peuvent se développer dans un domaine tandis que leur assimilation crée une crise dans un autre domaine.

2. Des paradigmes considérés comme ensemble des engagements du groupe

Tournons-nous maintenant vers les paradigmes et demandons-nous ce qu'ils peuvent bien être. C'est là le point le plus obscur et le plus important de mon texte original. Une lectrice sympathisante, persuadée comme moi que le terme *paradigme* recouvre l'élément philosophique qui est au centre de ce livre, a préparé un index analytique partiel et en a conclu que ce terme est utilisé au moins de vingt-deux manières différentes [1]. Je pense que la plupart de ces différences sont dues à des inconsistances de style (par exemple, les lois de Newton sont tantôt un paradigme, tantôt une partie d'un paradigme, et ailleurs encore paradigmatiques). Il est possible de les éliminer assez facilement. Mais, ce travail éditorial terminé, il resterait deux emplois très différents de ce terme, et il est nécessaire de les séparer. Le sens le plus global fait l'objet de cette section ; l'autre sera considéré dans la section 3.

Après avoir isolé un groupe particulier de spécialistes à l'aide de techniques semblables à celles que nous avons indiquées, on peut à bon droit se demander : que partagent ses membres qui explique la relative plénitude des communications sur le plan professionnel et la relative unanimité des jugements professionnels ? À cette question, mon texte original permet de répondre : un paradigme ou un ensemble de paradigmes. Mais dans ce sens, contrairement au sens qui sera étudié plus loin, le terme n'est pas approprié. Les scientifiques eux-mêmes diraient qu'ils ont en commun une théorie ou un ensemble de théories, et j'aimerais que ce terme puisse finalement être repris dans ce sens. Toutefois, selon l'usage habituel en philosophie des sciences, une *théorie* dénote une structure beaucoup plus limitée, par sa nature et sa portée, que celle dont j'ai besoin ici. Jusqu'à ce que le terme

1. Masterman, *op. cit.*

puisse être débarrassé de ses implications habituelles, on évitera des confusions en en adoptant un autre. Je suggère le terme de *matrice disciplinaire* : *disciplinaire*, parce que cela implique une possession commune de la part des spécialistes d'une discipline particulière ; *matrice*, parce que cet ensemble se compose d'éléments ordonnés de diverses sortes, dont chacun demande une étude détaillée. La totalité ou la plupart des éléments faisant l'objet de l'adhésion du groupe et que mon texte original désigne sous le nom de paradigmes, parties de paradigmes ou paradigmatiques, sont les éléments constituants de cette matrice disciplinaire ; en tant que tels, ils forment un tout et fonctionnent ensemble. Cependant, ils ne doivent plus être étudiés comme s'ils étaient d'un seul tenant. Je ne tenterai pas ici d'en dresser une liste exhaustive, mais je crois bon de noter les divers éléments constituant une matrice disciplinaire ; cela rendra plus claire ma démarche actuelle et préparera la suite de cet exposé.

J'appellerai *généralisations symboliques* une catégorie importante de ces éléments constituants, désignant par là ces expressions employées sans questions ou dissensions par les membres du groupe, et qui peuvent facilement revêtir une forme logique comme (x) (y) (z) $\varnothing(x, y, z)$. Ce sont les éléments formels, ou facilement formalisables, de la matrice disciplinaire. Parfois on les trouve déjà sous une forme symbolique : $f = ma$ ou $I = V/R$. D'autres s'expriment généralement sous une forme verbale : « Les éléments se combinent dans des rapports de poids constants », ou bien : « L'action est égale à la réaction. » En l'absence d'expressions généralement acceptées comme celles-ci, il n'y aurait aucun point que les membres du groupe pourraient prendre comme point de départ de leurs puissantes techniques de manipulations logiques et mathématiques pour leurs activités de résolution des énigmes. Bien que l'exemple de la taxonomie laisse penser que la science normale peut progresser avec peu d'expressions de ce genre, la puissance d'une science semble généralement augmenter avec le nombre de généralisations symboliques dont disposent ses spécialistes.

Ces généralisations ressemblent à des lois de la nature, mais souvent leurs fonctions pour les membres du groupe ne se limitent pas là. C'est parfois le cas, par exemple dans la loi de Joule-Lenz, $H = RI^2$. Quand cette loi fut découverte, les membres du groupe savaient déjà ce que représentaient *H, R,* et *I* ; ces généralisations leur apprenaient seulement, sur la manière dont se comportent la chaleur, le courant et la résistance, quelque chose qu'ils ignoraient auparavant. Mais il est plus fréquent, comme l'indique une étude faite antérieurement dans ce livre, que les généralisations symboliques remplissent simultanément une autre fonction, généralement nettement séparée par les philosophes des sciences dans leurs analyses. Comme $f = ma$ ou $I = V/R$, elles fonctionnent en partie comme lois, mais aussi comme définition de certains des symboles qu'elles contiennent. De plus, le rapport entre leur rôle comme loi et leur rôle comme définition (rôles qui sont inséparables) varie suivant les époques. Dans un autre contexte, ces points mériteraient une étude détaillée, car la nature de l'adhésion à une loi est très différente de l'adhésion à une définition. Les lois sont souvent corrigibles par fragments, mais les définitions, qui sont des tautologies, ne le sont pas. Par exemple, une partie de ce qu'exigeait l'acceptation de la loi d'Ohm était une redéfinition des deux termes *courant* et *résistance* ; si ces termes avaient continué à signifier ce qu'ils signifiaient auparavant, la loi d'Ohm ne pouvait pas être juste ; c'est pourquoi elle fit naître une opposition si violente, ce qui n'avait pas été le cas, par exemple, pour la loi de Joule-Lenz [1]. Cette situation est probablement typique. J'ai souvent l'impression que toutes les révolutions impliquent, entre autres choses, l'abandon de généralisations dont la force avait été en partie celle de tautologies. Einstein a-t-il montré que la simultanéité était relative, ou bien a-t-il modifié la notion de simultanéité elle-même ? Ceux qui voyaient un paradoxe dans l'expression *relativité de la simultanéité* avaient-ils simplement tort ?

Considérons ensuite une deuxième classe d'éléments composant une matrice disciplinaire, dont j'ai déjà beaucoup parlé dans mon texte original sous des rubriques comme « les paradigmes métaphysiques » ou « la partie métaphysique des paradigmes ». J'entends par là le fait d'adhérer collectivement à certaines croyances comme : la chaleur est l'énergie cinétique des parties constituantes des corps ; tous les phénomènes perceptibles sont dus à l'interaction dans le vide d'atomes qualitativement neutres, ou aussi à la matière et à la force, ou à des champs. Si je récrivais mon livre aujourd'hui, je décrirais cette adhésion comme le fait de croire à certains modèles particuliers, et j'élargirais la catégorie des modèles pour y inclure aussi des variétés relativement heuristiques : le

1. On trouvera un récit des parties importantes de cet épisode dans : T. M. Brown, « The Electric current in early Nineteenth century french physics », *Historical studies in the physical sciences*, I (1969), p. 61-103, et dans Morton Schagrin, « The Resistance to Ohm's law », *American journal of physics*, XXI (1963), p. 536-547.

circuit électrique peut être considéré comme un circuit hydrodynamique en état d'équilibre ; les molécules de gaz se comportent comme de petites boules de billard élastiques, se mouvant au hasard. Bien que la force de l'adhésion du groupe varie – avec des conséquences non dépourvues d'importance – en parcourant la série qui va des modèles heuristiques aux modèles ontologiques, tous ont la même fonction : entre autres choses, ils fournissent au groupe des métaphores et des analogies préférées ou permises. Ils contribuent ainsi à déterminer ce qui sera accepté comme une explication et comme une solution d'énigme ; et, réciproquement, à déterminer l'ensemble des énigmes non résolues et l'importance de chacune. Notons, cependant, que les membres du groupe ne sont pas forcément obligés d'accepter aussi les modèles heuristiques, bien qu'ils le fassent généralement. J'ai déjà fait remarquer que le fait d'appartenir au groupe des chimistes durant la première moitié du XIXe siècle n'impliquait pas la croyance aux atomes.

Le troisième groupe d'éléments de la matrice disciplinaire que je décrirai ici est constitué par les valeurs. Elles sont en général plus largement partagées par les différents groupes que les généralisations symboliques ou les modèles, et elles contribuent beaucoup à donner aux spécialistes des sciences de la nature, comme ensemble, le sentiment d'appartenir à un groupe. Leur importance ne varie pas, mais elle prend une force particulière quand les membres d'un groupe défini doivent identifier une crise, ou, plus tard, choisir entre deux manières incompatibles de pratiquer leur discipline. Les valeurs auxquelles on tient le plus sont probablement celles qui concernent les prédictions : elles doivent être exactes ; les prédictions quantitatives sont préférables aux prédictions qualitatives ; quelle que soit la marge d'erreur tolérable, on doit la respecter avec régularité dans un domaine donné ; et ainsi de suite. Il y a aussi, cependant, des valeurs que l'on fait intervenir pour juger des théories complètes : elles doivent, avant toute chose, permettre de formuler des énigmes et d'en trouver la solution ; dans la mesure du possible, elles doivent être simples, cohérentes et plausibles, c'est-à-dire compatibles avec les autres théories ayant cours. (Je pense maintenant que c'est une faiblesse de mon texte original d'avoir accordé si peu d'attention à des valeurs comme la cohérence interne et externe, quand j'ai étudié les sources de crise et les facteurs présidant au choix d'une théorie.) Il existe également d'autres genres de valeurs – par exemple : la science devrait-elle ou ne devait-elle pas avoir une utilité sociale ? – mais ce qui précède doit faire comprendre ce que j'entends.

Il y a cependant un aspect des valeurs communes à un groupe qui demande une attention particulière. Dans une mesure plus grande que ce n'est le cas pour les autres éléments de la matrice disciplinaire, des savants peuvent avoir en commun certaines valeurs, mais différer dans leur application. Les jugements d'exactitude sont relativement, mais pas totalement stables d'une époque à une autre et d'un membre à un autre dans un groupe particulier. Mais les jugements de simplicité, de cohérence et de plausibilité, etc., varient souvent beaucoup d'un individu à l'autre. Ce qui, pour Einstein, était un manque de cohérence insupportable dans l'ancienne théorie des quanta, au point de rendre impossible la poursuite de la science normale, n'était pour Bohr et d'autres qu'une difficulté que l'on pouvait espérer résoudre par des moyens normaux. Il est encore plus important de noter que, dans les situations où l'on fait intervenir les valeurs, différentes valeurs, considérées isolément, dicteraient souvent des choix différents. Une théorie peut être plus exacte, mais moins cohérente ou plausible qu'une autre ; là encore l'ancienne théorie des quanta nous fournit un exemple. En bref, bien que l'adhésion à certaines valeurs soit largement partagée par les scientifiques, bien que cette adhésion soit à la fois profonde et constitutive de la science, l'application des valeurs est souvent considérablement influencée par les caractères individuels personnels et biographiques qui différencient les membres du groupe.

Aux yeux de bon nombre de mes lecteurs, ce caractère de l'adhésion à des valeurs partagées est apparu comme une faiblesse majeure de ma position. Parce que j'insiste sur le fait que ce qui est commun aux scientifiques n'est pas suffisant pour déterminer une adhésion uniforme sur des problèmes tels que le choix entre deux théories concurrentes, ou la distinction entre une anomalie ordinaire et une autre destinée à provoquer une crise, on m'a parfois accusé de glorifier la subjectivité et même l'irrationalité [1]. Mais c'est ignorer deux caractéristiques que présentent les jugements de valeurs dans tous les domaines. Tout d'abord, des valeurs communes peuvent être un élément déterminant important du comportement du groupe, même si les membres de ce groupe ne

1. Voir, en particulier, Dudley Schapere, « Meaning and scientific change », dans *Mind and Cosmos : essays in contemporary science and philosophy*, The University of Pittsburgh, *Series in the philosophy of science*, III (Pittsburgh, 1966), p. 41-84 ; Israel Scheffer, *Science and Subjectivity* (New York, 1967) ; voir aussi les articles de sir Carl Popper et Imre Latakos dans *Growth of knowledge*.

les appliquent pas de la même manière. (Si ce n'était pas le cas, il n'y aurait pas de problèmes philosophiques *spéciaux* concernant la théorie des valeurs ou l'esthétique.) Les hommes n'ont pas tous peint de la même manière durant les périodes où la représentation était une valeur primaire, mais le schéma du développement des arts plastiques a changé totalement quand cette valeur a été abandonnée [1]. Imaginons ce qui se produirait en science si la cohérence cessait d'être une valeur primaire. En second lieu, une certaine variabilité individuelle dans l'application des valeurs communes peut servir des fonctions essentielles à la science. Les points à propos desquels on doit faire appel aux valeurs sont aussi invariablement ceux pour lesquels il faut prendre des risques. La plupart des anomalies sont résolues par des moyens normaux ; la plupart des nouvelles théories proposées se révèlent, en fait, fausses. Si tous les membres d'un groupe réagissaient à chaque anomalie comme à une source de crise, ou adhéraient à n'importe quelle théorie nouvelle avancée par un collègue, la science cesserait d'exister. Si, d'autre part, personne ne réagissait aux anomalies ou aux théories nouvelles en acceptant des risques élevés, il n'y aurait que peu ou pas de révolutions. Dans de tels cas, peut-être, le recours du groupe à des valeurs partagées plutôt qu'à des règles partagées est une manière de répartir les risques et d'assurer le succès de l'entreprise à long terme.

Tournons-nous maintenant vers une quatrième sorte d'élément constituant la matrice disciplinaire (il en existe d'autres, mais je n'en discuterai pas ici). Pour cette catégorie, le terme *paradigme* serait parfaitement approprié,

1. Voir la discussion au début du chapitre XII, ci-dessus.

sur le plan philologique aussi bien que sur le plan autobiographique ; c'est celui qui m'a, la première fois, incité à choisir ce mot. Toutefois, comme ce terme a pris une existence indépendante, je lui substituerai ici celui d'*exemples*. J'entends par là, pour commencer, les solutions concrètes de problèmes que les étudiants rencontrent, dès le début de leur formation scientifique, soit dans les travaux de laboratoire, soit comme sujets d'examen, soit à la fin des chapitres dans les manuels scientifiques. À ces exemples communs, il faudrait ajouter au moins certaines des solutions techniques de problèmes exposées dans les publications périodiques, que les scientifiques rencontrent durant leur carrière de recherche et qui leur montrent aussi, par l'exemple, comment ils doivent faire leur travail. Bien plus que les autres éléments composant la matrice disciplinaire, les différences entre divers groupes d'exemples permettent de connaître la structure fine des groupes scientifiques. Tous les physiciens, par exemple, commencent par apprendre les mêmes exemples : des problèmes comme celui du plan incliné, du pendule conique, des orbites de Kepler, et l'usage des mêmes instruments comme le vernier, le calorimètre et le pont de Wheatstone. À mesure que leur formation avance, les généralisations symboliques qui leur sont communes sont de plus en plus illustrées par des exemples différents. Bien que les spécialistes de la physique des solides et ceux de la théorie des champs admettent également l'équation de Schrödinger, seules les applications les plus élémentaires de celle-ci sont communes aux deux groupes.

3. Des paradigmes considérés comme des exemples communs

Le paradigme en tant qu'exemple commun est l'élément central de ce qui me semble maintenant être l'aspect le plus nouveau et le moins bien compris de ce livre. Les exemples demanderont donc plus d'attention que les autres éléments de la matrice disciplinaire. Jusqu'ici, les philosophes des sciences n'ont généralement pas étudié les problèmes rencontrés par un étudiant dans ses travaux de laboratoire ou ses lectures scientifiques, car on considère qu'ils ne font que mettre en pratique ce que l'étudiant sait déjà. Il ne peut, dit-on, résoudre aucun problème tant qu'il n'a pas d'abord appris la théorie et certaines règles permettant de l'appliquer. La connaissance scientifique est enfermée dans la théorie et les règles ; on donne des problèmes pour entraîner l'étudiant à appliquer celles-ci avec plus de facilité. J'ai pourtant essayé de montrer que cette localisation du contenu cognitif de la science est erronée. Après avoir fait beaucoup de problèmes, l'étudiant ne peut que gagner en facilité s'il en résout davantage. Mais, au début et pendant un certain temps encore, résoudre des problèmes consiste à apprendre, sur la nature, des choses vraiment d'importance. En l'absence de tels exemples, les lois et les théories qu'il a déjà apprises auraient peu de contenu empirique.

Pour faire comprendre ce que j'entends par là, je reviens rapidement aux généralisations symboliques. La deuxième loi de Newton en est un exemple très répandu ; on l'écrit généralement sous la forme $f = ma$. Le sociologue, par exemple, ou le linguiste qui constate que l'expression correspondante est prononcée et reçue sans problème par les membres d'un groupe donné, devra se livrer à beaucoup de recherches supplémentaires pour savoir vraiment ce que signifient cette expression ou les termes qui y sont contenus et comment les scientifiques du groupe rattachent cette expression à la nature. En réalité, le fait qu'ils l'acceptent sans se poser de questions et l'utilisent comme point de départ de manipulations logiques et mathématiques ne signifie en aucune manière qu'ils soient d'accord sur son sens ou son application. Ils sont évidemment d'accord dans une grande mesure, sinon l'opposition se ferait rapidement sentir dans leurs conversations ultérieures. Mais on est en droit de se demander à quel point et par quels moyens ils y sont parvenus. Comment ont-ils appris, en face d'une situation expérimentale donnée, à trouver les forces, les masses et les accélérations correspondantes ?

En pratique, bien qu'on ne remarque presque jamais cet aspect de la situation, ce que les étudiants doivent apprendre est encore plus complexe que cela. Il n'est pas absolument exact de dire que les manipulations logiques et mathématiques s'appliquent directement à $f = ma$. À l'examen, cette expression se révèle être un résumé ou un schéma de loi. À mesure que l'étudiant ou le praticien scientifique vont d'un problème pratique à un autre, la généralisation symbolique à laquelle s'appliquent ces manipulations se modifie. Dans le cas de la chute libre, $f = ma$ devient $mg = m\ (d^2s\ /dt^2)$; pour le pendule simple, elle se transforme en :

$$mg \sin \theta = - ml\ (d^2\theta / dt^2)$$

pour une paire d'oscillateurs harmoniques en interaction, elle devient deux équations dont la première peut s'écrire :

$$ml(d^2s_1/dt^2) + k_1s_1 = k_2(s_2 - s_1 + d)$$

et pour des situations plus complexes, comme le gyroscope, elle prend encore d'autres formes dont la ressemblance avec $f = ma$ est encore plus difficile à découvrir. Cependant, tout en apprenant à identifier des forces, des masses et des accélérations dans diverses situations physiques jamais rencontrées, l'étudiant a aussi appris à définir la version appropriée de $f = ma$ permettant de les relier, et c'est souvent une version pour laquelle il n'a pas rencontré auparavant d'équivalent littéral. Comment a-t-il appris à le faire ?

Un phénomène familier aussi bien aux étudiants en sciences qu'aux historiens des sciences fournit une indication. Les premiers disent qu'ils ont lu un chapitre de leur manuel, l'ont parfaitement compris, mais ont eu néanmoins des difficultés à résoudre un certain nombre de problèmes à la fin du chapitre. D'ordinaire ces difficultés se dissipent de la même manière : l'étudiant apprend à voir, avec ou sans l'aide de son instructeur, que son problème *ressemble* à un problème qu'il a déjà rencontré. Une fois qu'il a vu la ressemblance et saisi l'analogie entre deux ou plusieurs problèmes distincts, il peut établir une relation entre les symboles et les rattacher à la nature d'une manière qui s'est déjà révélée efficace. Le schéma de loi, par exemple $f = ma$, a fonctionné comme un outil en indiquant à l'étudiant quelles similitudes rechercher et sous quelle forme il faut voir la situation dans son ensemble. L'aptitude qui en résulte de voir qu'un certain nombre de situations se ressemblent et sont soumises à la loi $f = ma$ (ou toute autre généralisation symbolique) est, me semble-t-il, l'essentiel de ce qu'acquiert un étudiant en faisant des problèmes à titre d'exemples, soit avec un crayon et du papier, soit dans un laboratoire bien conçu. Après en avoir résolu un certain nombre, qui varie beaucoup d'un individu à l'autre, il considère les situations devant lesquelles il se trouve placé comme scientifique sous la même forme que les autres membres de son groupe de spécialistes. Ce ne sont plus pour lui les mêmes situations que celles qu'il avait rencontrées au début de sa formation. Dans l'intervalle, il a assimilé une manière de voir autorisée par le groupe et éprouvée par le temps.

Le rôle de ces relations de similitude acquises se révèle aussi clairement dans l'histoire des sciences. Les scientifiques résolvent des énigmes en les modelant sur des solutions précédemment trouvées à d'autres énigmes, souvent avec un recours minimal aux généralisations symboliques. Galilée a découvert qu'une balle qui roule en descendant un plan incliné acquiert juste assez de vitesse pour revenir à la même hauteur verticale sur un second plan incliné de n'importe quelle pente, et il est parvenu à voir que cette situation expérimentale ressemblait à celle du pendule dont la masse oscillante est ponctuelle. Huyghens résolut alors le problème du centre d'oscillation d'un pendule physique en imaginant que la masse de ce dernier, considérée avec ses dimensions réelles, se composait en réalité de pendules galiléens et que les liens entre ceux-ci pouvaient être supprimés instantanément pour n'importe quelle position du pendule. Après la suppression des liens, les pendules ponctuels individuels se balanceraient librement, mais leur centre de gravité collectif, quand chacun atteindrait son amplitude maximale, ne s'élèverait qu'à la hauteur de laquelle était parti le centre de gravité du pendule réel, comme le faisait le centre de gravité du pendule de Galilée. Finalement, Daniel Bernoulli découvrit comment assimiler au pendule de Huyghens l'écoulement de l'eau par un orifice. Déterminons la descente du centre de gravité de l'eau dans le réservoir et le débit durant un intervalle de temps infinitésimal. Imaginons ensuite que chaque particule d'eau se déplace séparément et vers le haut, jusqu'à la hauteur maximale qu'il lui est possible d'atteindre avec la quantité de mouvement acquise durant cet intervalle. La montée du centre de gravité des particules isolées doit alors être égale à la descente du centre de gravité de l'eau dans le réservoir et le jet. Considéré sous cet angle, le problème, longtemps insoluble, de la vitesse du flux était immédiatement résolu [1].

Cet exemple devrait commencer à faire comprendre ce que j'entends quand je dis que les problèmes apprennent à voir des situations comme similaires et à les considérer comme des applications des mêmes lois, ou schémas de lois, scientifiques. Il devrait montrer en même temps pourquoi je parle d'une connaissance importante de la nature, acquise en apprenant à voir les ressemblances et mise en jeu ensuite dans une manière de considérer les situations physiques plutôt que dans des règles et des lois. Les trois problèmes ci-dessus, qui

1. À propos de l'exemple, voir René Dugas, *A history of mechanics*, traduit par J. R. Maddox (Neuchâtel, 1955), p. 135-136, 186-193 et Daniel Bernoulli, *Hydrodynamica, sive de viribus et motibus fluidorum, commentarii opus academicum* (Strasbourg, 1738), chap. III. Pour comprendre combien la mécanique a progressé dans la première moitié du XVIIIe siècle en modelant une solution de problème sur une autre, voir Clifford Truesdell « Reactions of late baroque mechanics to success, conjecture, error, and failure in Newton's Principia », *Texas Quarterly*, X (1967), p. 238-258.

tous trois servaient d'exemple aux spécialistes de physique du XVIIIe siècle, font appel à une seule loi de la nature. Connue sous le nom de principe de la *vis viva*, elle était généralement énoncée ainsi : « La descente réelle est égale à la montée potentielle. » L'application qu'en fit Bernoulli devrait montrer à quel point elle était lourde de conséquences. Pourtant l'énoncé verbal de la loi, pris en soi, est infécond. Présentons-le à un étudiant de physique contemporain qui connaît ces termes et sait faire tous ces problèmes, mais emploie maintenant des moyens différents. Imaginons ensuite ce que ces mots, bien qu'il les connût tous, auraient pu signifier pour un homme qui n'était même pas averti de ces problèmes. Pour lui, la généralisation aurait pu commencer à fonctionner seulement une fois qu'il aurait appris à reconnaître « les descentes réelles » et « les remontées potentielles » en tant que phénomènes naturels. C'est-à-dire qu'il aurait appris, avant la loi, quelque chose sur les situations qui se présentent ou ne se présentent pas dans la nature. Ce genre de connaissance ne s'acquiert pas exclusivement par des moyens verbaux. Au contraire, quelqu'un y parvient quand on lui donne des termes en même temps que des exemples concrets de leur mise en pratique ; la nature et les termes s'apprennent ensemble. J'emprunterai encore une fois l'expression utile de Michael Polanyi pour dire que ce qui résulte de ce processus est une « connaissance tacite », qui s'acquiert en faisant de la science plutôt qu'en apprenant des règles pour en faire.

4. *La connaissance tacite et l'intuition*

Cette référence à la connaissance tacite, s'accompagnant d'un rejet des règles, permet de cerner un autre problème qui a inquiété nombre de mes critiques et apparemment motivé l'accusation de subjectivité et d'irrationalité. Certains lecteurs ont eu l'impression que j'essayais de faire reposer la science sur des intuitions individuelles, impossibles à analyser, plutôt que sur de la logique et des lois. Mais cette interprétation est erronée à deux points de vue essentiels. Tout d'abord, si je parle des intuitions, elles ne sont pas individuelles. Ce sont plutôt les possessions éprouvées et communes des membres d'un groupe établi, et le novice les acquiert au cours de sa formation pour se préparer à devenir membre du groupe. En second lieu, elles ne sont pas, en principe, impossibles à analyser. Bien au contraire, je travaille en ce moment à un programme d'expérimentation sur ordinateur pour étudier leurs propriétés à un niveau élémentaire.

Au sujet de ce programme, je ne peux rien dire ici [1], mais le simple fait de le mentionner devrait faire comprendre mon argument essentiel. Quand je parle de connaissance contenue dans des exemples communs, je ne fais pas allusion à un mode de connaissance moins systématique ou moins analysable que la connaissance enfermée dans des règles, des lois ou des critères d'identification. Je pense au contraire à un genre de connaissance que l'on déforme, si on l'exprime en termes de règles qui seraient d'abord abstraites d'exemples, puis remplaceraient ceux-ci. Autrement dit, quand je parle d'acquérir à partir d'exemples la possibilité de reconnaître qu'une situation donnée ressemble, ou ne ressemble pas, à d'autres situations rencontrées antérieurement, je ne fais

1. On trouvera dans « Second thoughts » quelques renseignements sur ce sujet.

pas appel à un processus impossible à expliquer pleinement en termes de mécanismes neuro-cérébraux. Je prétends, plutôt, que l'explication, par sa nature même, ne répondra pas à la question : « Semblable par rapport à quoi ? » Cette question demande une règle, et dans ce cas particulier elle demande de connaître les critères selon lesquels des situations particulières sont réunies en groupes semblables. Je prétends qu'il faut dans ce cas résister à la tentation de rechercher des critères (ou tout au moins un ensemble complet de critères). Ce n'est pas au système que je m'oppose, mais à une certaine sorte de système.

Pour donner du corps à mon assertion, il me faut faire une brève digression. Ce qui suit me paraît maintenant évident, mais dans mon texte original, le recours constant à des expressions comme *le monde change* permet de penser qu'il n'en a pas toujours été ainsi. Si deux personnes se tiennent au même endroit et regardent dans la même direction, nous devons, au risque de solipsisme, en conclure qu'ils reçoivent à peu près les mêmes stimuli. (Si tous deux pouvaient mettre leurs yeux au même endroit, les stimuli seraient identiques.) Mais ce ne sont pas des stimuli que voient les gens ; la connaissance que nous avons de ceux-ci est extrêmement théorique et abstraite. Au lieu de stimuli, les gens ont des sensations, et rien ne nous oblige à supposer que les sensations de nos deux spectateurs sont les mêmes. (Les sceptiques pourront se rappeler que le daltonisme n'avait pas été remarqué avant la description qu'en donna John Dalton en 1794.) Au contraire, beaucoup d'élaborations par les processus neurologiques se situent entre la réception du stimulus et la conscience d'une sensation. Voici quelques-unes des quelques certitudes que nous avons à ce sujet : des stimuli très différents peuvent produire les mêmes sensations ; le même stimulus peut produire des sensations très différentes ; enfin, le trajet entre le stimulus et la sensation est en partie conditionné par l'éducation. Les individus élevés dans des sociétés différentes se conduisent, en certaines occasions, comme s'ils voyaient des choses différentes. Si nous n'étions pas tentés d'établir une correspondance terme à terme entre stimuli et sensations, nous nous rendrions peut-être compte qu'ils voient réellement des choses différentes.

Remarquons maintenant que deux groupes dont les membres ont des sensations systématiquement différentes, au reçu des mêmes stimuli, vivent, en *un certain sens*, dans des mondes différents. Nous posons l'existence des stimuli pour expliquer nos perceptions du monde, et nous posons leur immuabilité pour éviter l'accusation de solipsisme social ou individuel. Sur aucun de ces postulats je n'ai la moindre réserve. Mais notre monde est peuplé au premier chef, non par des stimuli, mais par les objets de nos sensations, et celles-ci ne sont pas nécessairement les mêmes d'un individu ou d'un groupe à l'autre. Dans la mesure, évidemment, où des individus appartiennent au même groupe et partagent de ce fait une éducation, une langue, une expérience et une culture, nous avons de bonnes raisons de supposer que leurs sensations sont les mêmes. Sans cela, comment pourrions-nous comprendre la plénitude de leur communication et le caractère collectif de leurs réactions comportementales à l'environnement ? Il faut bien qu'ils voient les choses et qu'ils traitent les stimuli de manière presque semblable. Mais dès qu'il y a différenciation et spécialisation des groupes, nous n'avons aucune preuve semblable de l'immuabilité des sensations. Seul l'esprit de clocher, me semble-t-il, nous fait supposer que le trajet des stimuli aux sensations est le même pour tous les membres de tous les groupes.

Pour en revenir maintenant aux exemples et aux règles, voici ce que j'ai essayé de suggérer, bien que sous une forme préliminaire : l'une des techniques fondamentales par lesquelles les membres d'un groupe, qu'il s'agisse d'une culture entière ou d'un sous-groupe de spécialistes à l'intérieur de celle-ci, apprennent à voir les mêmes choses quand ils se trouvent devant les mêmes stimuli, réside dans le fait qu'on leur montre des exemples de situations que leurs prédécesseurs dans le groupe ont déjà appris à voir comme se ressemblant entre elles, et différant d'autres situations. Ces situations semblables peuvent être des présentations sensorielles successives du même individu, par exemple de la mère qui est finalement reconnue à la vue en tant qu'elle-même et en tant que différente du père ou de la sœur. Elles peuvent être aussi des présentations de membres de « familles naturelles », par exemple de cygnes d'une part, et d'oies d'autre part. Ou encore elles peuvent, pour les membres de groupes plus spécialisés, être des exemples de situations de caractère newtonien, c'est-à-dire de situations qui se ressemblent en ceci qu'elles sont soumises à une version de la formule symbolique $f = ma$ et qu'elles diffèrent des situations auxquelles s'appliquent, par exemple, les lois-schéma de l'optique.

Admettons pour l'instant qu'il se passe effectivement quelque chose de ce genre. Devrions-nous dire que ce qui a été acquis à partir des exemples, ce sont les règles et l'aptitude à les employer ? Cette description est tentante parce que notre capacité de voir une situation comme semblable à d'autres rencontrées antérieurement doit être le résultat d'un processus neurologique entièrement gouverné par des lois physiques et chimiques. En ce sens, une fois que nous en avons fait l'apprentissage, cette reconnaissance de la ressemblance doit être aussi totalement systématique que le battement de nos cœurs. Mais ce parallèle même suggère que la reconnaissance peut aussi être involontaire, que c'est un processus sur lequel nous n'avons pas de contrôle. Dans ce cas, il n'est pas exact de le concevoir comme quelque chose que nous faisons en appliquant des règles et des critères. En parler en ces termes implique que nous avons une possibilité de choix, que nous pouvons par exemple désobéir à une règle, ou appliquer un critère à tort, ou faire l'expérience d'une autre manière de voir [1]. Mais ce sont justement là des choses qui nous sont impossibles.

Ou, plus précisément, ce sont des choses que nous ne pouvons pas faire avant d'avoir eu une sensation ou perçu quelque chose. Alors nous cherchons souvent des critères et les mettons en œuvre. Et nous pouvons nous engager dans l'interprétation, processus réflexif par lequel nous choisissons entre les termes d'une alternative, comme nous ne pouvons pas le faire dans la perception elle-même. Peut-être, par exemple, y a-t-il quelque chose de bizarre dans ce que nous avons vu (rappelons-nous les cartes à jouer anormales). Au coin d'une rue, nous voyons notre mère entrer dans un grand magasin à une

1. Il n'aurait jamais été nécessaire d'insister sur ce point si toutes les lois étaient comme celles de Newton et toutes les règles comme les Dix Commandements. Dans ce cas, l'expression « enfreindre une loi » perdrait son sens, et le fait de rejeter une règle ne semblerait pas impliquer un processus non gouverné par une loi. Malheureusement, les lois régissant la circulation et autres produits de la législation peuvent être enfreintes, ce qui facilite la confusion.

heure où nous la croyions à la maison. En réfléchissant à ce que nous avons vu, nous nous exclamons tout à coup : « Ce n'était pas ma mère parce qu'elle avait les cheveux roux. » En entrant dans le magasin, nous revoyons cette femme et nous ne comprenons pas comment nous avons pu la prendre pour notre mère. Ou bien, nous voyons peut-être les plumes de la queue d'un oiseau aquatique qui mange quelque chose au fond d'une mare peu profonde. Est-ce un cygne ou une oie ? Nous réfléchissons à ce que nous avons vu, en comparant mentalement les plumes de la queue avec celles de cygnes ou d'oies que nous avons vus auparavant. Ou bien, comme nous sommes de futurs scientifiques, nous désirons simplement connaître certaines caractéristiques générales (la blancheur des cygnes par exemple) des membres de cette famille naturelle que nous savons déjà facilement reconnaître. Là encore, nous réfléchissons à ce que nous avons vu antérieurement, en recherchant ce que les membres de cette famille donnée ont en commun.

Tous ces processus sont réflexifs et en les employant nous recherchons et faisons intervenir des critères et des règles. C'est-à-dire que nous cherchons à interpréter des sensations qui sont déjà là, à analyser ce qui pour nous est le donné. Quelle que soit la manière dont nous le faisons, les processus mis en jeu doivent finalement être neurologiques, et ils sont de ce fait gouvernés par les mêmes lois physico-chimiques qui gouvernent la perception d'une part et les battements de nos cœurs d'autre part. Mais le fait que le système obéisse aux mêmes lois, dans les trois cas, ne nous donne pas lieu de supposer que notre appareil neurologique est programmé pour opérer de la même manière dans l'interprétation et dans la perception ou dans le battement de nos cœurs. Ce à quoi je me suis opposé dans ce livre est donc la tentative, traditionnelle depuis Descartes mais pas avant lui, visant à analyser la perception sous l'aspect d'un processus interprétatif, d'une version inconsciente de ce que nous faisons après avoir perçu.

Si l'intégrité de la perception vaut la peine qu'on y insiste, c'est évidemment parce que tant d'expérience passée est enfermée dans le processus neurologique qui transforme les stimuli en sensations. Un mécanisme perceptif convenablement programmé a une valeur pour la survie. Dire que les membres de différents groupes peuvent avoir des perceptions différentes, face aux mêmes stimuli, n'implique pas qu'ils puissent avoir absolument n'importe quelles perceptions. Dans certains environnements, un groupe qui ne savait pas distinguer les loups des chiens ne pouvait pas survivre. Pas plus que ne pourrait survivre aujourd'hui, en tant que scientifiques, un groupe de spécialistes de physique nucléaire incapables de reconnaître les traces de particules alpha et d'électrons. C'est justement parce qu'il est si peu de manières de voir qui conviennent, que celles qui ont subi l'épreuve de l'usage du groupe valent la peine d'être transmises de génération en génération. C'est également parce qu'elles ont été choisies en raison de leur succès au cours des âges que nous devons parler de l'expérience et de la connaissance de la nature contenues dans le trajet allant du stimulus à la sensation.

Il est possible que *connaissance* ne soit pas le mot qui convienne, mais il y a des raisons pour l'employer. Ce qui est incorporé dans le processus neurologique qui transforme les stimuli en sensations possède les caractères suivants : cela a été transmis par l'éducation ; cela s'est révélé, à l'essai, plus efficace que ses concurrents historiques, dans l'environnement courant d'un groupe ; et finalement cela peut subir des changements soit par suite de l'éducation ultérieure, soit par suite de la découverte de certaines désadaptations par rapport à l'environnement. Ce sont là les caractères de la connaissance et c'est pourquoi j'utilise ce terme. Mais l'usage reste étrange, car un autre caractère manque. Nous n'avons pas d'accès direct à ce que nous connaissons, pas de règles ou de généralisations nous permettant d'exprimer cette connaissance. Les règles qui nous fourniraient cet accès se rapporteraient aux stimuli, non aux sensations, et nous ne pouvons connaître les stimuli qu'à travers une théorie élaborée. En l'absence de cet accès, la connaissance incorporée dans le trajet allant du stimulus à la sensation reste tacite.

Bien que tout cela n'ait évidemment qu'une valeur préliminaire et n'ait pas besoin d'être correct dans tous ses détails, ce qui a été dit sur les sensations doit être pris dans son sens littéral. C'est au moins une hypothèse sur la vision qui devrait être susceptible de recherches expérimentales, mais probablement pas d'une vérification directe. Des propos comme ceux-ci concernant la vision et la sensation ont aussi ici des fonctions métaphoriques comme c'était déjà le cas dans le corps du livre. Nous ne *voyons* pas les électrons mais plutôt leurs traces ou des bulles dans la chambre de Wilson. Nous ne voyons pas du tout les courants électriques, mais plutôt l'aiguille d'un ampèremètre ou d'un galvanomètre. Dans les pages qui précèdent, et en particulier dans le chapitre I, j'ai à plusieurs reprises parlé comme si nous percevions effectivement des entités théoriques telles que les courants, les électrons et les champs, comme si nous apprenions à le faire en regardant des exemples, et comme si, dans ces cas-là aussi, c'était une erreur de parler de critères ou d'interprétations à la place de vision. La métaphore qui permet de passer de la vision à des contextes de ce genre ne saurait constituer une base suffisante pour ces affirmations. Il sera nécessaire par la suite de l'éliminer en faveur d'une façon de parler plus littérale.

Le programme sur ordinateur auquel j'ai déjà fait allusion commence à suggérer comment cela pourrait se faire, mais ni l'espace dont je dispose ici ni l'étendue de mes connaissances présentes ne me permettent d'éliminer ici cette métaphore [1]. Je tenterai plutôt de l'appuyer brièvement. La vue de petites gouttes d'eau ou d'une aiguille se déplaçant sur une échelle numérique est une expérience perceptive primitive pour quelqu'un qui n'est

1. Aux lecteurs de « Second thoughts », les remarques suivantes, bien que peu explicites, apporteront peut-être des éclaircissements. La possibilité de reconnaissance immédiate des membres d'une famille naturelle dépend de l'existence, après le processus neurologique, d'espaces perceptifs vides entre les familles à distinguer. Si, par exemple, il y avait une suite perçue et ininterrompue allant des oies aux cygnes, nous serions contraints d'introduire un critère spécifique pour les distinguer. Il est possible de faire une remarque semblable pour des entités non observables. Si une théorie physique n'admet l'existence de rien de semblable au courant électrique, un petit nombre de critères, qui peuvent varier considérablement d'un cas à l'autre, suffiront à identifier les courants, même s'il n'y a aucun ensemble de règles spécifiant les conditions nécessaires et suffisantes de son identification. Ce dernier point suggère un corollaire plausible qui peut être plus important. Étant donné un ensemble de conditions nécessaires et suffisantes pour identifier une entité théorique, cette entité peut être éliminée de l'ontologie d'une théorie par substitution. En l'absence de règles de ce genre, cependant, ces entités ne sont pas éliminables ; la théorie exige leur existence.

pas familiarisé avec les chambres de Wilson et les ampèremètres. Il faut donc faire preuve d'esprit de réflexion, d'analyse et d'interprétation (ou bénéficier de l'intervention d'une autorité extérieure) avant de pouvoir en tirer des conclusions concernant les électrons et les courants. Mais la position de celui qui a appris ce que sont ces instruments et en a eu l'expérience par des exemples est très différente, de sorte qu'il y a des différences correspondantes dans la manière dont il réagit aux stimuli lui arrivant de ces instruments. Considérant la vapeur dans son haleine par un après-midi froid d'hiver, ses sensations seront peut-être les mêmes que celles du profane ; mais en regardant une chambre de Wilson il voit (ici littéralement) non pas des gouttelettes d'eau, mais les traces d'électrons, de particules alpha, etc. Ces traces sont, si vous voulez, des critères qu'il interprète comme indices de la présence des particules correspondantes, mais ce trajet est à la fois plus court et différent de celui qu'emprunte l'homme qui interprète les gouttelettes.

Considérons aussi le scientifique qui examine un ampèremètre pour déterminer le nombre devant lequel l'aiguille s'est arrêtée. Ses sensations sont probablement les mêmes que celles du profane, surtout si ce dernier a l'habitude de lire d'autres genres de compteurs. Mais il a vu l'ampèremètre (là encore souvent littéralement) dans le contexte du circuit tout entier, et il sait quelque chose de sa structure interne. Pour lui, la position de l'aiguille est un critère, mais seulement de la *valeur* du courant. Pour l'interpréter, il lui suffit de déterminer à quelle échelle le compteur doit être lu. Pour le profane, au contraire, la position de l'aiguille n'est le critère de rien en dehors d'elle-même. Pour l'interpréter, il faut qu'il examine tout l'ensemble des fils, intérieurs et extérieurs, qu'il fasse des expériences avec des batteries, des aimants, etc. Dans le sens métaphorique, non moins que dans le sens littéral du mot *vue*, l'interprétation commence là où cesse la perception. Les deux processus ne sont pas les mêmes, et ce que la perception laisse compléter à l'interprétation dépend éminemment de la nature et de l'étendue de la formation et de l'expérience préalables.

5. *Exemples, incommensurabilité et révolutions*

Ce qui précède fournit une base permettant de clarifier un autre aspect de ce livre : mes remarques sur l'incommensurabilité et ses conséquences pour les scientifiques qui débattent du choix entre deux théories successives [1]. Dans les chapitres IX et XI, j'ai soutenu que, dans ces discussions, les deux partis voient inévitablement de manière différente les situations expérimentales ou les situations d'observation auxquelles ils font tous deux appel. Étant donné que le vocabulaire dans lequel ils discutent se compose toutefois, en grande partie, des mêmes termes, ils doivent établir entre ces termes et la nature un rapport différent, ce qui rend leur communication inévitablement partielle. En conséquence, la supériorité d'une théorie sur l'autre ne peut se prouver par la discussion. J'ai insisté sur le fait que, au lieu de prouver, chaque parti doit essayer de convertir l'autre par persuasion. Seuls les philosophes se sont sérieusement mépris sur l'intention de cette partie de mon argumentation. Selon quelques-uns d'entre eux, je serais convaincu que

1. Les points suivants sont traités plus en détail dans les chap. V et VI de « Reflections ».

les promoteurs de théories incommensurables ne peuvent pas du tout communiquer entre eux [1] ; que, par conséquent, dans une discussion concernant le choix d'une théorie, il ne saurait y avoir de recours à de *bonnes* raisons ; que les théories doivent être choisies pour des raisons en fin de compte personnelles et subjectives et qu'un certain genre d'aperception mystique est à l'origine de la décision à laquelle on aboutit. Plus qu'aucune autre partie du livre, les passages sur lesquels reposent ces erreurs d'interprétation sont à l'origine des accusations d'irrationalité.

Considérons d'abord mes remarques sur la preuve. Ce que j'ai voulu dire est simple et depuis longtemps familier à la philosophie des sciences. Les discussions sur le choix d'une théorie ne peuvent pas prendre la forme d'une preuve logique ou mathématique. Dans ces dernières, les prémisses et les règles de référence sont précisées dès le début. S'il y a un désaccord sur les conclusions, ceux qui ont participé à la discussion peuvent reprendre leurs arguments en sens inverse, en vérifiant chacun par rapport aux stipulations antérieures. À la fin de ce processus, l'un ou l'autre doit admettre qu'il a fait une erreur, violé une règle préalablement acceptée. Après quoi, il n'a plus de recours et est obligé d'admettre la preuve de son adversaire. C'est seulement si les deux partis découvrent qu'ils diffèrent sur le sens ou l'application des règles admises, que leur accord primitif ne fournit pas de base suffisante pour une preuve, qu'alors le débat continue sous la forme qu'il prend inévitablement durant les révolutions scientifiques. C'est

1. Voir les ouvrages cités dans la note 1, p. 301, et aussi l'article de Stephen Toulmin dans *Growth of knowledge*.

un débat sur les prémisses et il a recours à la persuasion comme prélude à la possibilité d'une preuve.

Rien dans cette thèse relativement familière n'implique ni qu'il n'y ait pas de bonnes raisons de se laisser persuader, ni que ces raisons ne soient pas, en dernier ressort, décisives pour le groupe. Cela n'implique même pas que ces raisons de choix soient différentes de celles qu'admettent généralement les philosophes des sciences : exactitude, simplicité, fécondité, etc. Ce qu'on voudrait faire comprendre, cependant, c'est que ces raisons agissent en tant que valeurs et peuvent, de ce fait, être différemment appliquées, sur le plan individuel ou collectif, par des hommes qui sont d'accord pour les admettre. Si deux scientifiques ne sont pas d'accord, par exemple, sur la fécondité relative de leurs théories, ou s'ils sont d'accord sur ce point mais ne le sont pas à propos de l'importance relative de la fécondité et, disons, de la portée lorsqu'ils parviennent à un choix, aucun d'entre eux ne peut être convaincu d'erreur. Aucun d'entre eux ne sort non plus des limites de la science. Il n'y a pas d'algorithme neutre pour le choix d'une théorie, pas de procédure systématique de décision, qui, appliquée à bon escient, doive conduire chaque individu du groupe à la même décision. En un sens, c'est le groupe des spécialistes plutôt que ses membres individuels qui prend la décision effective. Pour comprendre le développement de la science, il n'est pas nécessaire de démêler les détails de la biographie et de la personnalité qui amènent chaque individu à un choix particulier, bien que ce sujet soit passionnant. Ce qu'il importe de comprendre, toutefois, c'est la manière dont un ensemble particulier de valeurs communes entre en interaction avec les expériences particulières communes au groupe de spécialistes de telle sorte que la plupart des membres du groupe trouvent finalement qu'un ensemble d'arguments est plus décisif qu'un autre.

Ce processus relève de la persuasion, mais il présente un problème plus profond. Deux hommes qui perçoivent différemment la même situation, mais emploient néanmoins le même vocabulaire pour en discuter, utilisent forcément les mots différemment. C'est-à-dire qu'ils discutent à partir de ce que j'ai appelé des points de vue incommensurables. Comment peuvent-ils seulement espérer communiquer et encore moins se persuader ? Pour donner une réponse, même préliminaire à cette question, il faut préciser davantage la nature de la difficulté. Je suppose qu'elle prend, tout au moins en partie, la forme suivante.

La pratique de la science normale dépend de la capacité, acquise à partir d'exemples, de grouper des objets et des situations en ensembles semblables, qui sont primitifs en ce sens que le groupement est effectué sans répondre à la question : « Semblable par rapport à quoi ? » L'un des aspects principaux de toute révolution est donc que certains des rapports de similitude changent. Des faits qui étaient groupés dans le même ensemble, auparavant, sont groupés ensuite dans des ensembles différents, et vice versa. Prenons l'exemple du Soleil, de la Lune, de Mars et de la Terre avant et après Copernic ; celui de la chute libre, du pendule et des mouvements planétaires avant et après Galilée ; ou celui des sels, des alliages et d'un mélange de soufre et de limaille de fer avant et après Dalton. Comme la plupart des objets, même dans les ensembles modifiés, continuent à être groupés ensemble, les noms des groupes sont généralement conservés. Néanmoins, le déplacement d'un ensemble secondaire entraîne ordinairement un changement critique dans le réseau de rapports qui les relie. Le fait de transférer les métaux du groupe des composés au groupe des éléments a joué un rôle essentiel dans l'apparition d'une nouvelle théorie de la combustion, de l'acidité et des combinaisons physiques et chimiques. Ces changements se sont immédiatement répandus à travers toute la chimie. Il n'est donc pas surprenant qu'à l'occasion de ces redistributions, deux hommes qui, jusque-là, s'étaient en apparence parfaitement compris dans leurs conversations, découvrent tout à coup qu'ils réagissent au même stimulus par des descriptions et des généralisations incompatibles. Ces difficultés ne se sentiront même pas dans tous les secteurs de leurs entretiens scientifiques, mais elles surgiront et se cristalliseront de manière plus dense autour des phénomènes dont dépend surtout le choix de la théorie.

Bien qu'ils apparaissent d'abord dans les communications, de tels problèmes ne sont pas seulement linguistiques, et ils ne peuvent pas se résoudre simplement en précisant les définitions des termes gênants. Étant donné que les mots sur lesquels se cristallisent les difficultés ont été appris en partie par l'application directe à des exemples, les interlocuteurs qui ne se comprennent plus ne peuvent pas dire « j'utilise le mot *élément* (ou *mélange*, ou *planète* ou *mouvement libre*) d'une manière qui est déterminée par les critères suivants ». C'est-à-dire qu'ils ne peuvent pas avoir recours à un langage neutre que tous deux utiliseraient de la même manière, qui conviendrait à l'expression de leurs deux théories ou même des conséquences empiriques de ces deux théories. Pour une part, les divergences sont antérieures à l'utilisation des modes d'expression, qui les reflètent néanmoins.

Toutefois, il faut bien que ceux qui se trouvent dans de telles difficultés de communication aient un recours. Les stimuli qui agissent sur eux sont les mêmes. Il en est de même de leur appareil neurologique en général, bien qu'il soit différemment programmé. De plus, à l'exception d'un secteur d'expérience réduit mais d'importance capitale, leur programmation neurologique doit aussi être très proche car ils ont en commun le même passé, sauf le passé immédiat. Par conséquent, dans leur vie quotidienne et la plus grande part de leur vie scientifique, ils vivent dans le même monde et emploient le même langage. Étant donné qu'ils ont tout cela en commun, ils devraient pouvoir trouver pourquoi ils ne sont pas d'accord. Mais les techniques nécessaires ne sont ni simples ni agréables, et ne font pas habituellement partie de l'arsenal des scientifiques. Les scientifiques les reconnaissent rarement pour ce qu'elles sont, et les utilisent rarement plus longtemps qu'il n'est nécessaire pour aboutir à une conversion, ou se convaincre qu'il est impossible d'y aboutir.

En bref, la possibilité qui reste à des interlocuteurs qui ne se comprennent pas est de se reconnaître comme membres de groupes linguistiques différents et de devenir alors des traducteurs [1]. Prenant les différences entre

1. L'ouvrage de référence déjà classique pour les différents aspects de la traduction est celui de W. V. O. Quine, *Word and Object* (Cambridge, Mass. et New York, 1960), ch. I et II. Mais Quine semble supposer que deux hommes recevant le même stimulus doivent avoir la même sensation et, de ce fait, parle peu du niveau jusqu'où un traducteur doit être capable de *décrire* le monde auquel fait allusion le langage que l'on traduit. Sur ce dernier point, voir E. A. Nida, « Linguistics and ethnology in translation problems », dans le recueil édité par Del Hyme, *Language and Culture in society* (New York, 1964), p. 90-97.

leur discours intra-groupal et leur discours intergroupal comme un sujet d'étude, ils peuvent tout d'abord tenter de trouver les termes et locutions qui, employés sans problèmes à l'intérieur de chaque groupe, sont néanmoins des foyers de divergences pour les discussions entre groupes. (Les locutions qui ne font pas surgir ces difficultés peuvent être traduites homophoniquement.) Après avoir isolé les secteurs de divergence dans leurs communications scientifiques, ils peuvent avoir recours au vocabulaire quotidien qui leur est commun et tenter un nouvel effort pour venir à bout de leurs difficultés. C'est-à-dire que chacun peut essayer de trouver ce que l'autre verrait et dirait en présence d'un stimulus pour lequel sa propre réponse verbale serait différente. S'ils parviennent à refréner suffisamment leurs tendances à expliquer un comportement anormal par l'erreur ou la folie, il se peut qu'ils arrivent très bien, au bout d'un temps, à prédire le comportement l'un de l'autre. Chacun aura appris à traduire la théorie de l'autre, ainsi que ses conséquences, dans son propre langage, et à décrire simultanément dans son langage le monde auquel s'applique cette théorie. C'est ce que font (ou devraient faire) habituellement les historiens des sciences quand ils ont affaire à des théories anciennes.

La traduction, si elle est poursuivie, permet aux interlocuteurs en difficulté de vivre, en se mettant à la place de l'autre, quelque chose des mérites et des défauts de son point de vue ; elle est de ce fait un outil puissant de persuasion et de conversion. Mais la persuasion elle-même ne réussit pas obligatoirement et, si c'est le cas, n'est pas inévitablement accompagnée ou suivie de conversion. Les deux expériences ne sont pas les mêmes, distinction importante que je commence seulement à reconnaître pleinement.

Persuader quelqu'un, me semble-t-il, c'est le convaincre que l'on a un point de vue supérieur, qui devrait donc remplacer le sien. On arrive parfois à ce résultat sans recours à la traduction. En son absence, beaucoup des explications et des formulations de problèmes acceptées par les membres d'un groupe scientifique seront incompréhensibles à l'autre parti. Mais les groupes de chaque tendance peuvent habituellement produire, dès le début, quelques résultats de recherches concrets qui, bien que possibles à décrire en phrases comprises de la même manière par les deux groupes, ne peuvent pourtant pas être expliqués par l'autre groupe en ses propres termes. Si le nouveau point de vue dure un certain temps et continue à être fécond, les résultats de recherches exprimables en ces termes augmenteront probablement en nombre. Pour certains, de tels résultats seront suffisants. Ils peuvent dire : je ne sais pas comment les adeptes du nouveau point de vue réussissent, mais il faut que j'apprenne ; quoi qu'ils fassent, il est clair qu'ils ont raison. Cette réaction est surtout facile à des hommes qui entrent juste dans la profession, car ils n'ont pas encore adopté le vocabulaire spécial ou les engagements de l'un des deux groupes.

Les arguments exprimables dans le vocabulaire que les deux groupes emploient de la même manière ne sont cependant pas décisifs, en général, en tout cas pas avant un stade avancé de l'évolution des points de vue opposés. Parmi ceux qui font déjà partie du groupe professionnel, peu de gens seront persuadés, à moins d'un recours aux comparaisons plus étendues permises par la traduction.

Bien que ce soit au prix d'une longueur et d'une complexité extrême des phrases (songeons à la controverse Proust-Berthollet conduite sans utiliser le mot « élément »), il est possible de *traduire* du langage d'un groupe à celui de l'autre, beaucoup de résultats supplémentaires de recherches. À mesure que la traduction avance, par ailleurs, certains membres de chaque groupe commenceront peut-être aussi à comprendre, en se mettant à la place de l'autre, comment une affirmation jusque-là incompréhensible pour eux peut faire figure d'explication pour les membres du groupe opposé. La possibilité d'utiliser des techniques comme celles-ci ne garantit évidemment pas la persuasion. Pour la plupart des gens, la traduction est un procédé inquiétant, et il est totalement étranger à la science normale. Les arguments contraires sont, de toute façon, toujours disponibles, et aucune règle ne dit comment on doit établir le bilan. Cependant, à mesure que les arguments s'accumulent, que les défis sont victorieusement relevés, il faudrait un entêtement aveugle pour continuer à résister.

Dans ce cas-là, un second aspect de la traduction, familier depuis longtemps aux historiens et aux linguistes, prend une importance cruciale. Traduire une théorie ou une conception du monde dans son propre langage, ce n'est pas la faire sienne. Pour cela, il faudrait utiliser cette langue comme langue maternelle, découvrir qu'on pense et qu'on travaille dans cette langue qui était auparavant étrangère, et ne pas seulement la traduire. Cette progression n'est cependant pas de celles que l'on puisse faire ou ne pas faire suite à une délibération et à un choix, quelles que soient les bonnes raisons que l'on ait. Au contraire, à un certain point du processus d'apprentissage de la traduction, on s'aperçoit que la transition s'est effectuée, que l'on s'est laissé aller à utiliser le nouveau langage sans l'avoir décidé. Ou bien, comme nombre de ceux qui ont pour la première fois rencontré la relativité, par exemple, ou la théorie des quanta, au milieu de leur vie, on s'aperçoit que l'on est pleinement persuadé de la justesse de la nouvelle théorie, mais néanmoins incapable de l'intérioriser et de se sentir à l'aise dans le monde qui en découle. Un homme, dans ce cas-là, a fait son choix sur le plan intellectuel, mais la conversion nécessaire lui échappe en réalité. Il peut néanmoins utiliser la nouvelle théorie, mais il le fera comme un étranger dans un cadre qu'il connaît mal, et cette possibilité ne lui est accordée que parce qu'il y a déjà des indigènes. Par rapport à leurs travaux, le sien est un parasite, car il lui manque l'ensemble des habitudes mentales que les futurs membres du groupe acquerront dès leur formation.

L'expérience de la conversion, que j'ai comparée au changement de point de vue dans la théorie de la forme, reste donc au cœur du processus révolutionnaire. De bonnes raisons en faveur du choix fournissent des raisons de conversion et un climat dans lequel elle est plus susceptible de se produire. De plus, la traduction peut fournir les points de départ pour la réorganisation des processus nerveux qui, bien qu'impossible à déceler à ce stade, est sous-jacente dans toute conversion. Mais ni les bonnes raisons ni la traduction ne constituent la conversion, et c'est ce processus-là que nous devons expliciter pour comprendre une sorte essentielle de changement scientifique.

6. Les révolutions et le relativisme

Une conséquence de la position qui vient d'être définie a particulièrement inquiété nombre de mes critiques [1]. Ils trouvent mon point de vue relativiste, en particulier tel qu'il est développé dans le dernier chapitre de ce livre. Mes remarques sur la traduction mettent en lumière les raisons de cette accusation. Les adeptes de théories différentes sont comparables aux membres de groupes linguistiques différents. Le fait de reconnaître cette ressemblance suggère que, en un certain sens, les deux groupes peuvent avoir raison. Appliquée à la culture et à son développement, cette position est relativiste.

Mais appliquée à la science, elle peut ne pas l'être, et en tout cas, elle est loin du *simple* relativisme, à un point de vue qui a échappé à mes critiques. Considéré comme un groupe ou dans des groupes, les praticiens des sciences évoluées sont fondamentalement, comme je l'ai montré, ceux qui résolvent les énigmes. Bien que les valeurs auxquelles ils font appel au moment du choix de la théorie puissent être influencées aussi par d'autres aspects de leur travail, la preuve qu'il est possible avec cette théorie de définir et de résoudre les énigmes présentées par la nature est le critère dominant, aux yeux de la plupart des membres d'un groupe scientifique. Comme toutes les autres valeurs, cette aptitude à résoudre les énigmes se révèle équivoque à l'usage. Deux hommes qui la possèdent tous deux peuvent néanmoins différer dans les jugements qu'ils déduisent de son usage. Mais le comportement d'un groupe qui en fait une valeur importante

---

1. Shapere, « Structure of scientific revolutions » ; et voir aussi Popper dans *Growth of knowledge*.

sera très différent de celui qui n'en fait pas une. Dans les sciences, me semble-t-il, la grande valeur accordée à l'aptitude à résoudre les énigmes a les conséquences suivantes.

Imaginons un arbre représentant l'évolution et le développement des spécialités scientifiques modernes à partir de leurs origines communes, par exemple la spéculation primitive et l'artisanat. Une ligne tracée de bas en haut de cet arbre et ne revenant jamais sur elle-même, depuis le tronc jusqu'à l'extrémité d'une branche, relierait une succession de théories issues les unes des autres. En considérant deux de n'importe lesquelles de ces théories, choisies à des points pas trop proches de leur origine, il devrait être facile de dresser une liste des critères qui permettraient à un observateur neutre de distinguer chaque fois la théorie antérieure de la plus récente. Parmi les plus utiles, on trouverait : l'exactitude des prédictions, en particulier des prédictions quantitatives ; l'équilibre entre les recherches ésotériques et celles concernant la vie courante ; et le nombre des différents problèmes résolus. Des valeurs comme la simplicité, l'ampleur et la compatibilité avec les autres théories seraient moins utiles dans ce but, bien que ce soient des éléments déterminants importants de la vie scientifique. Ces listes ne sont pas encore celles dont on aurait besoin, mais je ne doute pas de la possibilité de les compléter. Si cela se peut, le développement scientifique est, comme le développement biologique, un processus unidirectionnel et irréversible. Les théories scientifiques de date récente sont meilleures que celles qui les ont précédées, sous l'aspect de la solution des énigmes, dans les contextes souvent fort différents auxquels elles s'appliquent. Ce n'est pas là une position de relativiste, et elle précise en quel sens je crois fermement au progrès scientifique.

Comparée à la notion de progrès la plus répandue parmi les philosophes des sciences et les profanes, cette attitude se révèle cependant dépourvue d'un élément essentiel. On trouve une théorie scientifique meilleure que les précédentes non seulement parce qu'elle est un meilleur instrument pour cerner et résoudre les énigmes, mais aussi parce qu'elle donne en un sens une vue plus exacte de ce qu'est réellement la nature. On entend souvent dire que des théories successives se rapprochent toujours plus de la vérité ou en donnent des approximations de plus en plus exactes. Apparemment, des généralisations comme celle-ci ne concernent pas la résolution des énigmes et les prédictions concrètes qui dérivent d'une théorie, mais plutôt son ontologie, c'est-à-dire l'adéquation entre les entités dont la théorie peuple la nature et « ce qui s'y trouve réellement ».

Il y a peut-être une autre manière de sauver la notion de *vérité* pour l'appliquer à des théories entières, mais celle-ci ne convient pas. Il n'existe, me semble-t-il, aucune possibilité d'expliciter le sens d'une expression comme « ce qui s'y trouve réellement », en dehors d'une théorie particulière ; la notion d'une adéquation entre l'ontologie d'une théorie et sa contrepartie *réelle* dans la nature me semble par principe une illusion. Par ailleurs, en tant qu'historien, je suis frappé par le caractère peu plausible de ce point de vue. Je ne doute pas, par exemple, que la mécanique de Newton ne soit une amélioration par rapport à celle d'Aristote, ou que celle d'Einstein ne soit meilleure que celle de Newton en tant qu'instrument pour la résolution des énigmes. Mais je ne vois, dans leur succession, aucune direction cohérente de développement ontologique. Au contraire, par certains caractères importants – pas par tous –, la théorie générale de la relativité d'Einstein se rapproche davantage de celle d'Aristote qu'aucune des deux ne se rapproche de celle de Newton. Je comprends que l'on soit tenté de qualifier cette position de relativiste, mais je pense quand même que ce terme est inexact. Réciproquement, si cette position est du relativisme, je ne vois pas ce qui manquerait à un relativiste pour rendre compte de la nature et du développement des sciences.

7. La nature de la science

J'étudierai pour conclure deux réactions fréquentes envers mon texte original, l'une critique, la seconde favorable, ni l'une ni l'autre, me semble-t-il, parfaitement exactes. Bien qu'il n'y ait aucun lien entre elles, ni avec ce que j'ai dit jusqu'ici, toutes deux ont été assez fréquentes pour demander au moins une réponse.

Quelques lecteurs de mon texte original ont remarqué que je passe à plusieurs reprises du mode descriptif au monde normatif, et inversement ; ce passage est particulièrement net dans des paragraphes qui commencent par : « Mais ce n'est pas ce que font les scientifiques » et se terminent en disant que les scientifiques ne devraient pas faire ainsi. Certains critiques ont dit que je confonds description et prescription, violant ainsi un principe scientifique, depuis longtemps reconnu : *est* ne peut impliquer *devrait* [1].

1. On trouvera l'un de ces nombreux exemples dans l'article de Feyerabend, dans *Growth of knowledge.*

Ce théorème est devenu un cliché en pratique et il n'est plus honoré partout. Un certain nombre de philosophes contemporains ont trouvé des contextes importants dans lesquels les modes descriptif et normatif sont inextricablement mêlés [1]. *Est* et *devrait* ne sont absolument pas aussi nettement séparés qu'il avait semblé. Mais il n'est pas nécessaire d'avoir recours aux subtilités de la philosophie linguistique pour préciser ce qui a paru confus dans cet aspect de ma position. Les pages qui précèdent présentent un point de vue ou une théorie sur la nature de la science, et, comme les autres philosophies des sciences, la théorie a des conséquences concernant la manière dont les scientifiques devraient se comporter, si leur entreprise doit réussir. Bien que cette théorie ne soit pas forcément plus exacte qu'une autre, elle est légitime comme base pour des *doit* ou *devrait*. Réciproquement, un ensemble de raisons qui font prendre la théorie au sérieux est que les scientifiques, dont les méthodes ont été mises au point et choisies en raison de leurs succès, se comportent bien en fait comme le prescrit la théorie. Mes généralisations descriptives sont des preuves de la théorie justement parce qu'elles peuvent aussi en dériver, tandis que, par rapport à d'autres conceptions de la nature de la science, elles constituent des comportements anormaux.

Je ne pense pas que le caractère circulaire de cet argument soit vicieux. Les conséquences du point de vue étudié ne sont pas épuisées par les observations sur lesquelles il reposait au départ. Même avant la première

1. Stanley Cavell, *Must we mean what we say?* (New York, 1969), chap. I.

publication de ce livre, j'avais constaté que certaines parties de la théorie qu'il présente constituaient un outil utile pour l'exploration du comportement et du développement scientifiques. Une comparaison entre ce postscriptum et le texte original permet de voir qu'il continue à jouer ce rôle. Un point de vue strictement circulaire ne pourrait pas servir ainsi de guide.

Ma réponse à la dernière réaction suscitée par ce livre doit être d'un genre différent. Un certain nombre de ceux qui ont pris plaisir à le lire l'ont fait moins parce qu'il met en lumière le développement scientifique que parce qu'ils considèrent que ses thèses principales peuvent aussi s'appliquer à bien d'autres domaines. Je vois ce qu'ils veulent dire et ne voudrais pas décourager leur désir d'élargir ma thèse, mais leur réaction m'a néanmoins surpris. Dans la mesure où ce livre décrit le développement scientifique comme une succession de périodes traditionalistes, ponctuées par des ruptures non cumulatives, ses thèses sont sans aucun doute applicables à de nombreux domaines. Et elles doivent l'être, car elles sont empruntées à d'autres domaines. Les historiens de la littérature, de la musique, de l'art, du développement politique et de beaucoup d'autres activités humaines ont depuis longtemps décrit leur domaine d'étude de la même manière. La division en périodes séparées par des ruptures révolutionnaires dans le style, le goût, et les structures institutionnelles comptent depuis longtemps parmi leurs outils principaux. Si j'ai eu une attitude originale vis-à-vis de concepts de ce genre, c'est surtout en les appliquant aux sciences, domaine dont on a longtemps pensé qu'il se développait différemment. Il est possible que la notion de paradigme en tant que réalisation concrète ou exemple soit une seconde contribution.

Je suppose par exemple que certaines difficultés notoires qui entourent la notion de style en art disparaîtraient si l'on pouvait considérer que les tableaux se modèlent les uns sur les autres plus qu'ils ne se conforment à certains canons abstraits [1].

Ce livre était cependant destiné à présenter une idée d'un autre genre, qui, elle, est apparue moins clairement à nombre de lecteurs. Bien que le développement scientifique puisse ressembler à celui des autres domaines plus étroitement qu'on ne l'avait supposé, il en diffère aussi de manière frappante. Il ne peut être entièrement faux de dire, par exemple, que les sciences, tout au moins à un certain stade de leur développement, progressent d'une manière qui n'est pas celle des autres domaines, quel que puisse être le progrès lui-même. L'un des objectifs de ce livre était de préciser ces différences et de commencer à les expliquer.

Considérons, par exemple, la façon dont j'ai insisté à plusieurs reprises, dans les chapitres précédents, sur l'absence ou tout au moins la rareté relative des écoles concurrentes dans les sciences développées. N'oublions pas que j'ai fait remarquer que, pour une grande part, les membres d'un groupe scientifique donné constituent les seuls spectateurs et les seuls juges du travail de ce groupe. Pensons encore à la nature spéciale de la formation scientifique, au but que constitue la résolution des énigmes, au système de valeurs auquel le groupe scientifique fait appel en période de crise et de décision. Ce

---

1. On trouvera des remarques à ce sujet et une étude plus approfondie de ce qui est particulier aux sciences dans l'article de T. S. Kuhn, « Comments (on the relations of science and art) », *Comparative studies in society and history*, XI (1969), p. 403-412.

livre isole d'autres caractéristiques semblables, dont aucune n'est nécessairement limitée à la science, mais qui dans leur ensemble mettent cette activité à part.

Sur toutes ces caractéristiques de la science, nous avons encore beaucoup à apprendre. J'ai commencé ce post-scriptum en insistant sur la nécessité d'étudier la structure des groupes scientifiques, et je le terminerai en soulignant le besoin d'une étude semblable, surtout comparative, des groupes correspondants dans d'autres domaines. Comment choisit-on un groupe et comment y est-on admis, qu'il s'agisse ou non d'un groupe scientifique ? Quels sont le processus et les étapes de la socialisation du groupe ? Quels sont les buts que le groupe reconnaît comme siens ? Quelles déviations, individuelles ou collectives tolérera-t-il ? Comment contrôle-t-il l'aberration intolérable ? Une meilleure compréhension de la science dépendra aussi de réponses à d'autres genres de questions, mais il n'est pas de domaine dans lequel elles nous soient aussi nécessaires. Comme le langage, la connaissance scientifique est intrinsèquement la propriété commune d'un groupe, ou bien elle n'est pas. Pour la comprendre, il nous faudra connaître les caractéristiques spéciales des groupes qui la créent et l'utilisent.

TABLE

Cet ouvrage a été mis en pages par

<pixellence>

N° d'édition : L.01EHQN000938.A002
Dépôt légal : mars 2018
Imprimé en Espagne par Novoprint (Barcelone)